熱帯アジアの人々と森林管理制度
―― 現場からのガバナンス論

People and Forest Management in Tropical Asia:
Local-level Impacts of Diverse Governance Systems

市川昌広・生方史数・内藤大輔 編

人文書院

目次

序章　森林管理制度の歴史的展開と地域住民　7
市川昌広・生方史数・内藤大輔

1　本書の狙い
2　19世紀における環境主義の勃興と帝国林業──「従来型」森林管理制度の形成
3　地域住民による保全の称揚──「住民参加型」の森林管理
4　新たなグローバル環境主義の台頭──「市場志向・グローバル型」の制度形成
5　各章で取りあげている森林管理制度と本書の構成

第Ⅰ部　「従来型」森林管理制度の形成と浸透

第1章　マレーシア・サラワク州の森林開発と管理制度による先住民への影響　25
── 永久林と先住慣習地に着目して
市川昌広

1　サラワクにおける永久林と先住慣習地
2　永久林と先住慣習地が設定された経緯
3　森林開発に対する先住民の抵抗
4　国際市場に影響され変化する森林管理制度と先住民の暮らし

第2章　バングラデシュ・モドゥプール国立公園における森林管理制度と地域住民の対立　44
── 経緯と展望
東城文柄

1　管理制度と社会的公正
2　調査地の背景
3　エコ・パーク化事業をめぐる行政と地域住民の対立の経緯
4　何が問題だったのか──森林管理制度と住民運動の建設的側面をつなぐ回路の不在
5　結論と討論──住民参加によって森林管理制度はよくなるのか？

第3章　森林破壊につながる森林政策と「よそ者」の役割
　　　　　——ラオスの土地・森林分配事業を事例に

東 智美

1　ラオスの土地・森林分配事業（LFA）
2　LFAが焼畑民の暮らしに与えた影響——ウドムサイ県パクベン郡の事例から
3　LFAの失敗の要因と人々の抵抗
4　新たな森林管理制度のあり方を求めて——NGOの試みと「よそ者」の役割

第II部　「住民参加型」森林管理の実践

第4章　フィリピンにおけるコミュニティ森林管理
　　　　　——自治による公共空間の創造につながるのか

葉山アツコ

1　コミュニティ森林管理プログラムの登場
2　国有林地管理主体の交代はどのように起こったのか
3　国有林地管理の前線に立つコミュニティとは
4　コミュニティによる国有林管理——ねらいは国家管理強化、実態は市場による翻弄
5　真の森林管理パラダイム転換への道

第5章　コミュニティ林政策と要求のせめぎあい
　　　　　——タイの事例から

生方史数

1　住民参加型森林管理の氾濫
2　コミュニティ林運動とコミュニティ林政策
3　実態としての共有林管理
4　自生的制度と理念的設計

第6章 インドネシアにおけるコミュニティ林（Hkm）政策の展開 *128*
　　　　── ランプン州ブトゥン山麓周辺地域を事例として
島上宗子

1　インドネシアの林業法制度の基本的枠組み
2　Hkm政策の枠組みとその展開
3　ランプン州ブトゥン山麓地域におけるHkm政策の展開
4　Hkm政策と地域社会へのインパクト──SA村を事例に
5　Hkmの可能性と課題

第Ⅲ部　「市場志向・グローバル型」制度の登場

第7章　マレーシアにおける森林認証制度の導入過程と 先住民への対応 *151*
　　　　── FSC・MTCC認証の比較から
内藤大輔

1　熱帯地域における森林認証制度導入の背景
2　マレーシアにおける森林認証制度の現状
3　MTCCの導入過程
4　FSC認証の事例
5　森林認証制度の果たす役割

第8章　インドネシアにおける地域住民を対象とした 森林認証制度 *168*
　　　　── 地域社会への適用と課題
原田一宏

1　森林認証制度に求められているもの
2　インドネシアにおける森林認証制度の台頭
3　東南スラウェシにおけるFSCのグループ認証
4　中部ジャワにおけるLEIのPHBML認証
5　地域からの持続的な認証材供給に向けて

第9章 インドネシアにおける環境造林と地域社会
　　――CDM植林をめぐって　　　　　　　　　　　　　　　　　　　　*188*

増田和也

1. 環境問題と造林
2. CDM植林の仕組みと問題点
3. 慣習林をめぐる2つの問題――リアウの事例から
4. おわりに――CDM植林がくるとき

第10章 REDD実施が村落に果たす役割と課題
　　――カンボジアの事例より　　　　　　　　　　　　　　　　　　　*206*

百村帝彦

1. 奇妙な看板
2. REDD概略
3. カンボジアにおけるREDDプロジェクト
4. REDDが森林管理に果たす役割と課題

第11章 生物多様性条約の現状における問題点と可能性
　　――ボルネオ島の狩猟採集民の生活・文化の現実から　　　　　　　*222*

小泉 都・服部志帆

1. 生物多様性条約
2. 地域社会の現実
3. 生物-文化多様性の尊重に向けて

終章　ローカル、ナショナル、グローバルをつなぐ　　　　　　　　　*243*

生方史数・市川昌広・内藤大輔

1. 制度から現場へ、現場から制度へ
2. 4つの留意点
3. つながる機会、つなげる力――よりよい森林ガバナンスのために

あとがき……*263*
索　引……*265*
執筆者略歴……*276*

熱帯アジアの人々と森林管理制度
——現場からのガバナンス論

People and Forest Management in Tropical Asia:
Local-level Impacts of Diverse Governance Systems

序章

森林管理制度の歴史的展開と地域住民

市川昌広・生方史数・内藤大輔

1　本書の狙い

　21世紀は「環境の世紀」であるといわれる。過去数世紀にわたる経済発展のなかで、私たち人類は、地球上の地表や植生のいたるところを意図するままに改変し、自然からの恵みや自然のもつ浄化作用に正当な評価を与えることなく利用してきた。その結果、自らが住む環境自体に対して意図せざる悪影響を与えることになってしまったのである。今日では、この環境問題を身近な地域や国のレベルだけではなく、グローバルなレベルで考えざるをえない状況に立たされている。今世紀中に私たちは、自らが作りだしたこの課題に対していかに対処していくか、抜き差しならない選択をしていかなければならない。

　ところで、一言で環境問題といっても、さまざまな問題が存在する。本書では、そのうち森林の劣化・減少問題に焦点をあてたい。これは人類史上もっとも古い環境問題のひとつであり、かつ近年のグローバルな気候変動問題などにも関連する新しい問題でもある。古代の森林破壊の例としては、過度の森林破壊によってイースター文明が滅亡したことなどがよく知られている(Diamond 2005)。後述するように、19世紀には、文明の盛衰や気候の変化と森林との関係が欧米で議論になり、科学的森林管理の必要性がさけばれた(Barton 2002)。

　一方、現代の森林の劣化・減少は、単なる一国の資源管理の問題を超え、地球規模で取り組まれるべき問題として国際社会に認識されるようになってきている。豊かな生物多様性や炭素ストックをもつ森林の価値が国際的に認められるようになってきたことに加えて、熱帯地域で進行している森林劣化・減少が、地球規模の気候変動を左右する要因として注目されるようになってきたからである。その結果、さまざまな国際的な取り決めが、国家による規制の枠を越えて、次第に効力をもつようになってきている。

その典型的な例は、国際的な制度構築の舞台に現れる。1997年に京都で開催された気候変動枠組条約第3回締約国会議（COP3）では、温室効果ガスの削減目的を定めた京都議定書が採択され、森林も二酸化炭素の吸収源・貯留源として注目されるようになった。さらに、2007年にインドネシアのバリ島で開かれた気候変動枠組条約第13回締約国会議（COP13）では、国際的な交渉の結果、今後、途上国における森林減少・劣化からの温室効果ガスの排出削減を次期枠組みに組みこむ方向での検討が開始され[1]、これからは森林の劣化・減少をくいとめることも炭素クレジットとして換算されることになった（第10章参照）。

　今後、この会議の成果を反映した政策・制度が、国際レベル・国レベルで決定され、現場へ降りていくことが予想される。さらに、2010年10月には、名古屋で生物多様性条約の第10回締約国会議が予定されている。やはり、同じような交渉が繰りかえされ、生物多様性を守るための施策が世界各国の森林の現場でみられることになるだろう。

　このようなグローバルなイニシアティブによって、もっとも影響を受けると考えられるのが、保全される森林とかかわりながら暮らす地域住民である。たとえば、東アジアから東南アジアにかけては、森林やその周辺で森林を利用しながら暮らしている人々がいる。マレーシアやインドネシアに住むイバン、プナン、あるいはタイ、ラオス、ビルマ、中国雲南省に住むカレン、モンといった少数民族は、森林での狩猟採集や焼畑移動耕作によって生計を立ててきた。彼らほどではないにせよ、東南アジア大陸部の低地に住むタイ、ラオス系の住民や、島嶼部のマレー系、ミナンカバウ系の住民たちは、森林を開墾したあと定着的な農業をしながらも、森林からの産物にも依存しつつ生業・生活を営んできた。

　彼らと森林との間には、日々の糧として森林の産物を得るような物質的・経済的なつながりばかりでなく、森林が信仰の対象となり、儀礼をとりおこなうなど文化的なつながりも強い。その森林は、木材伐採、農業開発、ダム建設などさまざまな大規模開発によって、とくに1970年以降、急速に劣化・消失していき、森林に頼って暮らす地域住民は大きな影響をこうむってきた（Hong 1987）。とりわけ東南アジアを中心とする熱帯アジア地域は、過去数十年間で、世界でもっとも高い経済成長を成しとげてきた地域のひとつであり、同時に世界でもっとも森林破壊の激しかった地域のひとつでもあったため、地域住民に与える影響は甚大であった。

　開発による森林の劣化・減少ばかりが彼らの暮らしに影響を与えてきたのではない。森林を保全するための制度も、ときに彼らの森林利用を大きく規制し、彼

らの暮らしに打撃を与えることがある。東南アジアを含む多くの地域の発展途上国では、19世紀以降、国家が森林を所有することになり、原則として個人による無許可の利用を禁じる法律が制定されてきた。したがって、国立公園の指定などによる森林の囲い込みにともない、そこに暮らしてきた地域住民は「不法占拠者」として犯罪者のレッテルを貼られ、強制的に移転を迫られることがしばしばみられるようになった。森林開発あるいは保全の多くの現場において、彼らがもっていた森林に対する権利の多くは無視され、結果として彼らは経済発展に「乗り遅れた」存在、さらには国家の法律に背いた「犯罪者」となってしまっているのである。

このように、森林の問題は、古くからみられる環境問題であるとともに、グローバル、ナショナル、およびローカルな領域を包摂する新たな環境問題として顕在化してきている。今後、森林保全はますます重要視されるだろう。しかし、そのために森林とかかわりながら暮らす地域住民の生活が損なわれていいはずがないし、過去に森林保有国政府が犯した過ちを繰りかえしてはならない。上記のような森林の環境問題としての変容や、森林管理や政策をめぐる変化は、残された森林やそこで暮らす地域住民にとって何を意味するのであろうか。地域住民が森林管理の制度をうまく使いこなし、森林を持続的に利用していくには何が必要なのであろうか。

本書では、東南アジアを中心とした熱帯アジア地域（図1）の森林保全や利用に関連する制度（森林管理制度）がローカルな森林の現場に与える影響について事例報告をすることで、制度の現状と問題点を洗いだし、管理の枠組みと地域住民とが織りなす多様で複雑な関係の諸相についての理解をめざす。そして、その理解をベースとして、最終的にはローカル、ナショナル、グローバルな領域をつなぐ、よりよい森林ガバナンスのあり方を検討したい。

森林保全や利用に関する制度は数多くみられる。そもそも森林と一言でいっても原生林、人手が入った二次林、植栽された人工林などさまざまなタイプがある。それらの森林を保全する場合でも、厳正な保護から持続的な林産物生産をめざしたものまで、その保全の目的やあり方はさまざまであろう。本書では、その目的が保護であれ生産の維持であれ、森林をそこに存続させていくために必要な作業や手続きを「管理」と呼び、森林管理制度を「森林に関連するさまざまなアクターが、森林を管理するためにつくってきた仕組みや枠組み」と定義することにする。したがって、ここであつかう森林管理制度には、さまざまなタイプの森林とその利用目的を有する幅広い制度が含まれることになる[2]（表1）。

森林管理制度（章）	概要, 成り立ち	普及状況	運営主体
森林開発政策, 土地利用区分（第1,3章）	森林の保全・利用のために, 森林あるいは地域住民が利用する範囲を囲いこむ。目的に応じて対象となる森林タイプは多様である。	森林に限らず土地利用管理のために世界各国に一般的に広く普及している手法。	国, 州などの政府機関。
保護区, 国立公園（第2章）	国立公園の第1号は1872年のアメリカにおけるイエローストーン。その後, イギリスの植民地やイギリスから独立後のコモンウエルズ諸国に次々と設立される。原生林など自然状態がよく希少価値のある森林が対象となる。森林局などの管轄下にある保存林でも保護対象となることがある。	世界各国で国立公園などの保護区は, 2003年現在, 10万2102カ所, 総陸地面積の12％余りを占める(IUCN 2003)。	国, 州などの政府機関。
コミュニティ林管理（第4,5,6章）	地域住民を軽視した「従来型」の森林管理に対する批判から, 1980年代よりコミュニティにもとづく森林管理の政策・制度が登場した。コミュニティ近縁の保存林, 二次林, 人工林などが対象となる。	1980年代以降, 多くの途上国で実施されている。対象森林規模は比較的小さいことが多い。	コミュニティが主体となり政府やNGOが支援。
森林認証制度（第7,8章）	生態系保全や地域社会に配慮して生産された木材を第三者機関が認証する。認証材の購入を推進することにより, 持続的な森林管理の普及をめざす。天然林, 人工林のほかにコミュニティ林業も対象となる。	現在, 世界的には約3億haの認証林があるが, 熱帯地域ではその1割にも満たない(UNECE and FAO 2008)。	民間企業, 政府, コミュニティ。
クリーン開発メカニズム（CDM）植林（第9章）	先進国の政府や企業と途上国が共同でCO$_2$排出削減・吸収のために植林を実施し, 削減されたCO$_2$の一部が先進・企業のクレジットとなる。人工林の造成をおこなう。	現時点では, いくつかの制約のため(9章参照), 熱帯におけるCDM植林の進捗はかんばしくない。	先進国の政府・企業と途上国の共同。
森林減少・劣化からの温室効果ガス排出削減（REDD）（第10章）	途上国の森林管理を強化し, その減少・劣化を防ぐことにより, 温室効果ガス排出量を削減する。削減された量は, クレジット換算されたり, カーボンオフセットに利用される。おもに二次林や人工林が対象となる。	いくつかの途上国で試験的に始まっている。	途上国政府やNGO, 先進国からの支援。
生物多様性条約（第11章）	1993年に発効。生物多様性の保全, その持続的利用, 利用によって生じた利益の公正な配分を目的とする。森林では, 生物多様性の高い原生林, 二次林, 人工林が対象となる。	2008年10月現在で190カ国が加盟している。加盟国は生物多様性国家戦略・行動計画を策定する。	締約国会議（COP）, 加盟国政府。

表1　本書であつかうおもな森林管理制度の概要

本書では、熱帯アジアの国々で森林とかかわりながら暮らす地域住民に影響を与えてきた、あるいは今後、影響を与えるだろうそれらの制度を3つの類型、すなわち1)従来型、2)住民参加型、3)市場志向・グローバル型に分類している。ここで従来型は、19世紀以降に国家が採用していった国家主導の森林管理の枠組みをさす。住民参加型は、従来型制度によって生まれた地域住民と国家との対立を緩和すべく導入された住民参加型資源管理の枠組みをさす。そして、市場志向・グローバル型は、上述したように1990年代以降に導入されるようになった、グローバルな地球環境問題への対策としての制度をさし、その多くはグローバルな金融の仕組みや経済的インセンティブを取り入れている。

　各々の制度は、国や地域ごとの社会的、文化的、生態的な環境を背景として、その効用や地域住民への影響は異なってくる。また、これらの制度は相互に関連するものであるため、必ずしも厳密に区別できるわけではない。しかし、森林管理政策が従来の国家一辺倒の管理から住民参加型および市場志向・グローバル型の2つの方向へと向かってきたという認識を示す分類として有効であろうと考える。以下の節では、森林管理政策の方向性に関するこのような認識にもとづき、これら3つに分類した制度の概要と成立の経緯について、森林管理制度の歴史的な展開に沿ったかたちで簡単にふり返っておきたい。

2　19世紀における環境主義の勃興と帝国林業
——「従来型」森林管理制度の形成

　本書で従来型とよんでいる森林管理制度は、森林のもつさまざまな機能を捨象して単純に森林資源として切りとり、保存林、保護区などとして囲いこみ、地域住民を追いだすことで管理する制度のことをさしている。その多くが、帝国主義の時代に生みだされた森林管理制度・政策に起因している。帝国林業は、19世紀にインドで始まったといわれる。ここでは、水野(2006)やBarton(2002)にもとづいて、19世紀のインドにおける林業政策についてみていこう。

　19世紀後半から20世紀前半におけるイギリス帝国は、史上最大の植民地を有した。そのなかでインドは、早い時期から森林管理体制が確立され、それが帝国林業としてイギリス植民地はもとより他の国々へと広まった。インドでは、19世紀にはいるとイギリスの造船のためのチーク材の需要の増加、農業開発や鉄道網の拡大にともなう木材伐採により、森林減少が懸念されるようになった。適切な森林管理が求められるなか、1864年には森林局が設立される。初代から3代目

までの森林局長官は、当時、林業先進国であったドイツから招かれた。森林は3つに分類され、有用な森林はすべて森林局の下で管理されることになった。すなわち、木材伐採が永続的におこなわれる保留林(Reserved Forest)、将来的に保留林とする保護林(Protected Forest)、村落に利用の権限がある村落林(Village Forest)である。このような「領域化」によって資源の権利主体と権利内容を明確にし、一方で地元に古くからあった重層的な権利関係を無視する手法は、近代的な領域国家形成の根幹を成すものであった(Vandergeest and Peluso 1995)。

以上のようなコンセプトのもと、保留林や保護林では、もともと森林の周辺に暮らしていた地域住民が立ち退きを強いられた。インドでは、森林地帯に人が暮らしていることが多いため、村落林というカテゴリーが設けられたが、そこでさえも村人の利用には規制がかかったうえに、もともとの面積自体が小さかった。このため、村人と森林局の間にしばしば対立が起こった。今日でも途上国にみられる森林保護区や伐採区と地域住民との軋轢は当時からすでにみられたのである。

資源・環境問題もすでにこのころからイギリス帝国内では議論されていた。第一次大戦後、帝国内各地で木材資源の開発が盛んに進められた結果、資源の枯渇が問題視されるようになった。1920年から1935年にかけてイギリス帝国内の各植民地代表が集まり、帝国林学会議が計4回開催された。そこでは、森林減少にともなう乾燥地化や水保全、土壌浸食の問題について盛んに議論された。焼畑耕作が森林減少の原因になっていることも熱帯のいくつかの植民地代表から指摘された。今日でもみられるような森林にかかわる資源・環境問題は、少なくとも1920年代にイギリス植民地各地で深刻化していたことがわかる。このような状況の下、インドで確立した森林管理は、帝国林業としてイギリス植民地各地へ普及し、今日にいたる各国の森林政策の基盤となった。

たとえば、アメリカ合衆国の初代森林局局長であるギフォード・ピンショーは、20世紀初頭、本国アメリカにおいて国立公園制度を整備するとともに、植民地であるフィリピンにも同様の森林管理システムを導入した(葉山 2003)。20世紀の中ごろまでイギリス人によって統治されていたマレーシアのサラワクでは、1919年には森林局が設立され、国家による森林管理体制が強化された。政府は国家の所有である森林を一定の契約にもとづいて民間業者に貸しだす制度を確立した(Kaur 1998)。オランダ領東インドでは、1865年に科学的林業を基本にした森林管理システムがジャワ・マドゥラ島を対象として導入され、1870年には特定個人の所有権が確認できない土地を国有地とする土地制度が導入された。これにより、植民地政府は起業家に長期にわたるコンセッションを付与できるシステム

を確立した(Peluso 1992)。さらに、独立国であったタイでもイギリス人森林官スレードが英領インドから招かれ、当地の森林管理システムを移植するかたちで制度が整備された。1896年には、これまで地方貴族の利権であったコンセッション付与の権利と森林管理を中央集権化する目的で森林局が設立され、彼はその初代長官となった(Pragtong and Thomas 1990; Chaiyapechara 1992)。この時期に確立した各国の森林管理制度は、独立後も基本的には各国政府に引き継がれ、現在にいたっている。

このように、19世紀末に成立した森林管理制度は、今日の多くの国々にみられる森林政策・制度に大きな影響を与えている。しかし、このことは、同時に森林をめぐる国家と地域住民との鋭い対立を、現在にいたるまで世界各地にはびこらせる大きな原因にもなった。そしてそれは、現在議論されているグローバルな環境主義が、ローカルな領域にどのような影響を与えるかを真剣に考慮する必要性を、改めて私たちに投げかけてくれるのである。

3 地域住民による保全の称揚——「住民参加型」の森林管理

以上で述べたように、従来型の森林保全の枠組みは、地域住民のこれまでの慣習的な森林への権利を無視し、侵害することが多かったため、森林をめぐる地域住民と国家との対立を招いた。しかし、1980年代以降、このような対立を非難する社会運動や政府側の反省から、地域住民への影響に配慮して、住民参加型などローカルな視点に立とうとする森林管理制度が登場してきた。その典型的な試みが、コミュニティにもとづく天然資源管理(Community-Based Natural Resource Management: CBNRM)の枠組みである。

この枠組みは、地域住民が慣習的に森林などの資源を持続的に管理している事例を参考にしながら、住民主導の資源保全を推進するという代替的な枠組みとして提案されてきた。そのなかでも重要なパラダイム転換は、コモンズ、すなわち「自然資源の共同管理制度、および共同管理の対象である資源そのもの」(井上 2001: 11)の再評価である。かつて、森林とかかわりながら暮らす地域住民は、彼らの慣習的な土地利用慣行に従って森林を利用し、ときには管理してきた。たとえば、ミャンマーのカレン族が焼畑耕作をする際には、集落の周囲は開墾せず、水源林や薪炭採取地として保全することが、コミュニティ内の合意事項になっている(竹田ら 2007)。また、Gadgilら(1998)は、インドの先住民による「鎮守の森(sacred forest)」を保全する慣行がインド各地で存続してきたことを述べ、それ

らをエコロジカルな「避難場所」として高く評価している。

　しかし、これらの慣行は、さまざまな理由から、近代化のなかで排斥されてきた。慣行の内容はコミュニティやエスニシティによって大きく異なり、税金を効率的に徴収したい国家にとって複雑で把握しにくいものであった。したがって、これらを無視、侵害することで、森林管理や土地利用を国家統治の機構にとってみえやすいように単純化する政策がとられていったのである（Scott 1998; 佐藤 1999）。学問的にも、これらの慣行にとって不利な結論が導かれていた。このような地域住民による共同の管理制度によって、彼らが過剰に森林資源を使ってしまい「コモンズの悲劇」を引き起こすとされたのである。そのため森林の国有化か私有化による所有権の確立がさけばれてきたのである（Demsetz 1967; Hardin 1968）。

　このような近代化路線は、1980年代になって、再検討の時をむかえる。前述した国家と地域住民との対立、国家管理の人員と予算の不足、森林保全よりも地域開発を優先する開発政策などによって、発展途上国の森林は減少の一途をたどった。森林の国家管理の多くは、森林を効率的に保全することはできなかったし、しばしば国営企業等を通じて無駄な搾取を助長した（Ascher 1999）。このようななかで、インドにおけるチプコ運動など、森林とかかわりながら暮らす地域住民が国家や企業による開発に対抗する住民運動も盛んになっていった（Guha 2000）。

　政府の失敗が顕在化し、一方で地域住民による多くの資源管理の成功事例が報告されるにつれ、これらを見なおす研究がおこなわれるようになる。人類学者たちは、地域住民による成功事例や住民運動を検討することで、従来型森林管理を批判していった（McCay and Acheson 1987）。そして1980年代以降、コミュニティにもとづく資源の共同管理が「コモンズの悲劇」をどのように克服するのか、その仕組みと条件が政治学者や経済学者によって理論化され、コモンズ研究として定着していったのである（Wade 1988; Ostrom 1990; Bromley 1992; Baland and Platteau 1996）。

　現在、コミュニティにもとづく天然資源管理は、一方では天然資源の効率的な保全の方策として、他方では地域住民のエンパワーメントの手段として、開発援助関係者の広範な支持を集めており、数多くの開発計画に含まれるようになっている（Brosius et al. 1998）。途上国各国も、このような国際開発の風潮をふまえ、住民参加型の資源管理を政策のなかに取り入れるようになってきている。その典型的な例が、インドで1990年に導入された共同森林管理（Joint Forest Management: JFM）であり、本書で論じられているフィリピンのコミュニティに

もとづく森林管理（CBFM）の枠組み（第4章）や、タイのコミュニティ林運動・政策（第5章）である。

このように、1980年代以降注目されるようになった住民参加型の森林管理であるが、管理の対象となる森林は、多くの場合小規模であり、大規模な森林保全を望むナショナル、グローバルなアクターのイニシアティブとうまくかみ合わないことも多い。したがって、これらのアクターとどのように「協治」（井上 2004）をおこなっていくかが、今後の住民参加型森林管理のひとつの方向となるであろう。とくに、次に述べるグローバルな環境主義とどう関連していくかは、今後の重要な鍵となるにちがいない。

4　新たなグローバル環境主義の台頭
──「市場志向・グローバル型」の制度形成

上述したように、近代的な森林管理制度の起源は、19世紀末から20世紀初頭にかけての帝国主義の時代、世界経済が自由貿易体制をとっていた「グローバルな」時代にさかのぼる。この時期には、歴史上はじめて環境問題が地域的な問題としてだけではなく、国家的、さらには国際的な問題として認識されるようになった。

その後、1920年代の大恐慌時代とファシストの台頭、それにつづく第二次世界大戦によって、自由貿易とグローバルなイニシアティブは一時的に後退した。しかし、第二次大戦後、状況は大きく変化した。東・東南アジアの多くの国々が独立していく一方、いわゆるブレトンウッズ体制の下、アメリカや日本などの先進国が世界の経済の牽引役を果たし、国際間の貿易がふたたび盛んになった。たとえば、東南アジア島嶼部において、戦後みられた木材輸出の量は、それ以前の林産物交易量とは比べものにならないほど短期間に膨大なものになった（Hong 1987）。木材のほとんどは日本に輸出され、石油などの地下資源とともに、1960年代以降の日本の高度経済成長を支えた。

先進諸国の経済の急速な発展と石油資源や自然資源の消費にともない、次第に地球環境の将来が懸念されるようになった。1972年にはローマクラブが『成長の限界』を発表し、将来的な資源や食糧の枯渇および環境破壊を警告した。同年、ストックホルムで開かれた国連人間環境会議において、地球規模での環境劣化は世界各国の共通認識となった。この会議の決議を受けて、国連環境計画が設立されるなど、環境問題を国際的な課題として議論する仕組みが整備されるようにな

る。本書の第2章であつかう国立公園など保護区の数や面積は、世界的には1970年代以降、急速に増えていく（薄木 1990）。なお、1973年には米ドルが変動相場制に移行することによってブレトンウッズ体制が崩壊した。世界の貿易体制は固定為替相場制から変動相場制に移行、冷戦構造崩壊後のワシントン・コンセンサスと相まって貿易・投資・金融の自由化・グローバル化をさらに推し進めることになった。それは現在気候変動の枠組みを通じてグローバルな環境主義と金融が結びつく契機にもなっている。

1980年代は、地球規模の環境問題に対処するための国際環境条約や議定書が多く締結され、国家の枠組みを超えた環境問題に対処するための枠組みが急速に整備されていった。1987年にはオゾン層破壊物質に関する議定書が採択され、1988年には気候変動に関する政府間パネル（IPCC）第1回会議が開催された。1992年には、国連環境開発会議（いわゆる地球サミット）がリオデジャネイロにおいて開催された。そこでは今後の森林管理に大きな影響を及ぼしていくであろう、生物多様性条約（第11章参照）の調印、気候変動枠組条約の採択がなされた。一方で、森林の劣化・減少問題については、法的拘束力のない森林原則声明が調印されるにとどまった。森林には先進国、途上国間などさまざまな利害関係者が関与しており、条約レベルの合意が難しかったためである。

しかし、世界的規模で森林の劣化・減少はその後も続き、森林の生態系や公益機能への影響ばかりでなく、森林とかかわりながら暮らす地域住民への影響も懸念されるようになった。このようななか、国同士の協議では利害対立によってなかなか交渉が進まない事態を打開するため、国際社会による森林問題に対する取り組みが生まれた。森林施業の際の国際的な基準を設けたり、市場メカニズムを利用し、森林の持続的な利用を誘導するような制度が考案されたりするようになった。そのひとつが本書でもあつかっている森林認証制度である（第7、8章参照）。森林認証制度では、生態系の保全や地域の人々の暮らしに配慮して生産されている木材を一定の基準で評価・認証する。認証された材の購入を推進することによって、持続的な森林管理の普及がめざされる。1990年代から始まった新しい制度であるが、認証林は世界ですでに約3億haに広がっている。しかしながら、その多くが欧米に分布しており、木材伐採と地域住民の間で問題が起きている熱帯地域での認証林は1割にも満たない状況である。

気候変動枠組条約に関連して、近年、話題になっているのが本書の第10章であつかっている「途上国における森林減少・劣化からの温室効果ガスの排出削減（REDD）」である。熱帯地域における森林劣化・減少を二酸化炭素排出の観点か

ら重視し、熱帯林を劣化・減少させないことに対してクレジットを与えようという制度である。REDDや排出権取引にみられるように、近年の議論では、現在のグローバルな金融資本主義を反映し、国際的な規制に加えてグローバルな経済・金融のインセンティブをいかにして有効活用するかが大きな焦点になってきた。

　すでに述べたとおり、19世紀後半には、森林劣化・減少問題の対応策として森林が囲いこまれていくなかで、もともと森林とかかわりながら暮らしてきた地域住民との軋轢がすでにみられた。これらに対する反省のもと、住民参加型森林管理が導入される事例が出てきている。その一方で、近年では、より包括的な意味で環境問題がグローバル化してきている。気候変動や生物多様性などの問題は、全世界が協調しない限り対処が難しい。森林を含む環境の劣化についても地球規模での環境問題との関連で議論され、そのグローバルな解決策が模索されるようになってきている。しかしその解決策は、ともすれば、住民参加といった地域からの視点が抜け落ち、よりグローバルな条約・規則、また市場原理にもとづいた、国を超えた強固な制度となって、地域に降りてくる可能性がある。その制度が地域住民にどのような影響を与え、新たな軋轢を生みうるのか検討し、それにどのように対応していくのかを考える必要に迫られているのである。

5　各章で取りあげている森林管理制度と本書の構成

　本書では、熱帯アジアの森林に暮らす地域住民に影響を与えてきた、あるいは今後、影響を与えるだろう森林管理制度を従来型、住民参加型、市場志向・グローバル型に分類し、各制度がローカルな森林の現場に与える影響について各章で検討している。各章の執筆者は、ひとつの地域に話題を限定し、森林管理制度について説明したあと、個々の事例について、対象となる森林やそこに暮らす地域住民の特徴など地域性を十分考慮した議論をおこなっている。執筆は、東南アジアを中心とする熱帯アジア各地(図1)の森林問題と地域住民について、これまでフィールドワークにもとづき研究をおこなってきた研究者によっている。終章では、その理解をベースとして、ローカル、ナショナル、グローバルな領域をつなぐ、よりよい森林ガバナンスのあり方を検討したい。

　本書の構成は、これら3つの分類に対応した3部構成になっている。まず第Ⅰ部は、「従来型」制度の検討である。すでに述べたとおり、19世紀にはインドをはじめとしたイギリスの植民地各地で森林局がつくられ、森林の囲い込みなど保

全のための施策が実施され、森林保全を進める植民地政府と、地域住民との間の軋轢はみられていた。じつは、森林管理制度と地域住民との軋轢についての議論は、1970年代から1980年代にも盛んにおこなわれた (Kemf 1993)。先述のとおり1970年代以降、世界的に拡大した森林保護区によって森林とかかわりながら暮らす地域住民の森林利用が大きく制限を受けたのである。古くは19世紀からみられた森林の囲いこみによる、あるいは1970年代、1980年代に顕著になった保護区の設定による地域住民との軋轢は今日ではどうなっているのだろうか。第Ⅰ部では、それらの問題が今日においても多くの地域で、共通したあるいは異なる背景の下にみられることを指摘する。

　第Ⅱ部では、「住民参加型」森林管理の枠組みを検討している。地域住民への影響に配慮して、1980年代以降、住民参加型などローカルな視点に立とうとする森林管理制度が登場した。その典型的な試みが、コミュニティにもとづく天然資源管理の枠組みであり、天然資源管理との組み合わせでおこなわれる住民主導の村おこし的な開発である。これらの制度は、はたしてうまく機能しているのだろうか。第Ⅱ部では、東南アジアの異なる国にみられるコミュニティ林についての事例を検討することで、地域住民の視点からのこれらの制度への評価、住民参加型などの制度が機能する条件、制度の限界あるいは今後に向けての見通しについて論じている。

　そして第Ⅲ部では、「市場志向・グローバル型」の森林管理制度の事例をあつかっている。1990年代以降、「地球」全体の便益重視の風潮、金融・経済のグローバル化の風潮のなかで、国際的な枠組みや市場メカニズムを利用した制度が台頭してきた。その典型的なものが、国際環境条約にもとづく制度化であり、一方ではグローバルな社会運動を反映した代替的な貿易の枠組みである。前者は環境保全のためのグローバルな規制に加えて、先進国の数値目標達成や保全事業への資金調達の手段としてさまざまな金融取引の仕組みを包含している。後者は適正な森林管理を評価する規準を設定し、第三者による認証等を取得することで、環境基準に適合した財のみを取引することを目的としている。それらの制度は森とかかわりながら暮らす地域住民にどのような影響を与えているか、あるいは与える可能性があるのかについて第Ⅲ部では議論する。あつかっている制度は、森林認証制度 (第7、8章)、クリーン開発メカニズム (CDM) 植林 (第9章)、先述のREDD (第10章) および生物多様性条約 (第11章) である。

　以上のような制度がある場所で実行に移されるとき、地域住民に負の影響を与える場合がある。あるいは何らかの工夫が凝らされることによって、その影響が

軽減されたり、正の影響に転じたりすることもある。各章ではそのような事例をくわしく紹介している。

終章では、これらの事例から得られる知見をまとめ、グローバル環境時代にどのようにローカル、ナショナル、グローバルな領域をつないでゆけばよいのか、住民の立場からよりよい森林ガバナンスのあり方を検討している。

すでに述べたとおり、本書で取りあげた制度はさまざまであり、各々の制度による森林保全の特徴や効果も異なる。そこで、本書であつかうおもな制度の概要（内容、運営主体、規模、対象森林タイプなど）についてまとめた（表1）。本書では、このような特徴について各章で説明したうえで、制度の実施が及ぼす地域住民への影響を議論している。制度の特性が異なり、制度が適用される国が異なるため、各章間における厳密な意味での比較は難しい。しかし、終章で示しているように、各章の事例の論点には多くの共通点もみられ、本書ではその点を議論していきたい。

本書がおこなった試みが、私たちがこれからどのように環境を管理してゆけばよいのか、人と自然の関係をどう再構築してゆけばよいのか、そしてグローバルな見方や動向と、地域に根差した視点や生活が、どう折り合いをつけていけばよいのかを理解する一助になれば幸いである。

注
(1) <http://www.mofa.go.jp/mofaj/gaiko/kankyo/kiko/cop13_gh.html>
(2) 国家や国際機関によるフォーマルな制度に加えて、住民による森林利用の慣習やルールといったインフォーマルな仕組みも対象としてあつかっている。

参考文献
井上真 2001「自然資源の共同管理制度としてのコモンズ」井上真・宮内泰介編『コモンズの社会学：森・川・海の資源共同管理を考える』1-28頁，新曜社．
―――― 2004「コモンズの思想を求めて――カリマンタンの森で考える」岩波書店．
薄木三生 1990「国立公園・保護地域」橋本道夫ら編『地球規模の環境問題II』171-214頁，中央法規出版
佐藤仁 1999「森のシンプリフィケーション――タイ国の場合」石弘之・樺山紘一・安田喜憲・義江彰夫編『ライブラリ相関社会科学6 環境と歴史』69-88頁，新世社．
竹田晋也・鈴木玲治・フラマウンテイン 2007「ミャンマー・バゴー山地におけるカレン焼畑土地利用の地図化」『東南アジア研究』45(3): 334-342.

葉山アツコ 2003「フィリピンにおける森林管理の100年——地域住民の位置づけをめぐって」『経済史研究』7: 87-105.
水野祥子 2006『イギリス帝国からみる環境史——インド支配と森林保護』岩波書店.

Ascher, W. 1999. *Why Governments Waste Natural Resources: Policy Failures in Developing Countries*. Baltimore: The Johns Hopkins University Press(『発展途上国の資源政治学——政府はなぜ資源を無駄にするのか』佐藤仁訳,東京大学出版会,2006年).
Baland, J.-M. and J.-P. Platteau. 1996. *Halting Degradation of Natural Resources: Is There a Role for Rural Communities?* Oxford: Oxford University Press.
Barton, G. A. 2002. *Empire Forestry and the Origins of Environmentalism*. Cambridge: Cambridge University Press.
Bromley, D. W. 1992. "The Commons, Property, and Common-Property Regimes." In D. W. Bromley (ed.) *Making the Commons Work*, 3-16. San Francisco: Institute for Contemporary Studies.
Brosius, J. P., A. L. Tsing and C. Zerner. 1998. "Representing Communities: Histories and Politics of Community-Based Natural Resource Management." *Society and Natural Resources* 11: 157-168.
Chaiyapechara, S. 1992. *Study of National Forest Policy in Thailand*. Regional Expert Consultation on Forestry Policy Developments and Research Implications in Asia and Pacific, 5-9 October 1992, Bangkok: FAO Regional Office for Asia and the Pacific.
Demsetz, H. 1967. "Towards a Theory of Property Rights." *American Economic Review* 57 (2): 347-359.
Diamond, J. 2005. *Collapse: How Societies Choose to Fail or Succeed*. London: Penguin Group(『文明崩壊:滅亡と存続の命運を分けるもの』上・下,楡井浩一訳,草思社,2005年).
Gadgil, M., N. S. Hemem and B. M. Reddy. 1998. "People, Refugia, and Resilience." In F. Berkes and C. Folke (eds.) *Linking Social and Ecological Systems: Management Practices and Social Mechanisms for Building Resilience*, 30-47. Cambridge: Cambridge University Press.
Guha, R. 2000. *The Unquiet Woods: Ecological Change and Peasant Resistance in the Himalaya,* Expanded Edition. Berkeley and Los Angeles: University of California Press.
Hardin, G. 1968. "The Tragedy of Commons." *Science* 162: 1243-1248.
Hong, E. 1987. *Natives of Sarawak*. Kuching: Institut Masyarakat.

IUCN. 2003. *United Natins List of Protected Areas*. Cambridge: UNEP World Conservation Monitoring Center.

Kaur, A. 1998. "A History of Forestry in Sarawak." *Modern Asian Studies* 32 (1): 117-147.

Kemf, E. (ed) 1993. *The Law of the Mother*. San Francisco: The Sierra Club Books

McCay, B. J. and J. M. Acheson. 1987. "Human Ecology of the Commons." In B. J. McCay and J. M. Acheson (eds.) The *Question of the Commons: The Culture and Ecology of Communal Resources*, 1-34. Tucson: The University of Arizona Press.

Ostrom, E. 1990. *Governing the Commons: The Evolution of Institutions for Collective Action*. Cambridge: Cambridge University Press.

Peluso, N. L. 1992. *Rich Forests, Poor People*. Berkeley: University of California Press.

Pragtong, K. and D. E. Thomas. 1990. "Evolving Management Systems in Thailand." In M. Poffenberger (ed.) *Keepers of the Forest: Land Management Alternatives in Southeast Asia*, 167-186. West Hartford: Kumarian Press.

Scott, J. C. 1998. *Seeing Like a State: How Certain Schemes to Improve the Human Condition Have Failed*. New Haven and London: Yale University Press.

United Nations Economic Commission for Europe (UNECE) and Food and Agriculture Organization (FAO). 2008. *Forest Products Annual Market Review 2007-2008*. <http://www.unece.org/timber/docs/fpama/2008/FPAMR2008.pdf>

Vandergeest, P. and N. L. Peluso. 1995. "Territorialization and State Power in Thailand." *Theory and Society* 24: 385-426.

Wade, R. 1988. *Village Republics: Economic Conditions for Collective Action in South India*. Cambridge: Cambridge University Press.

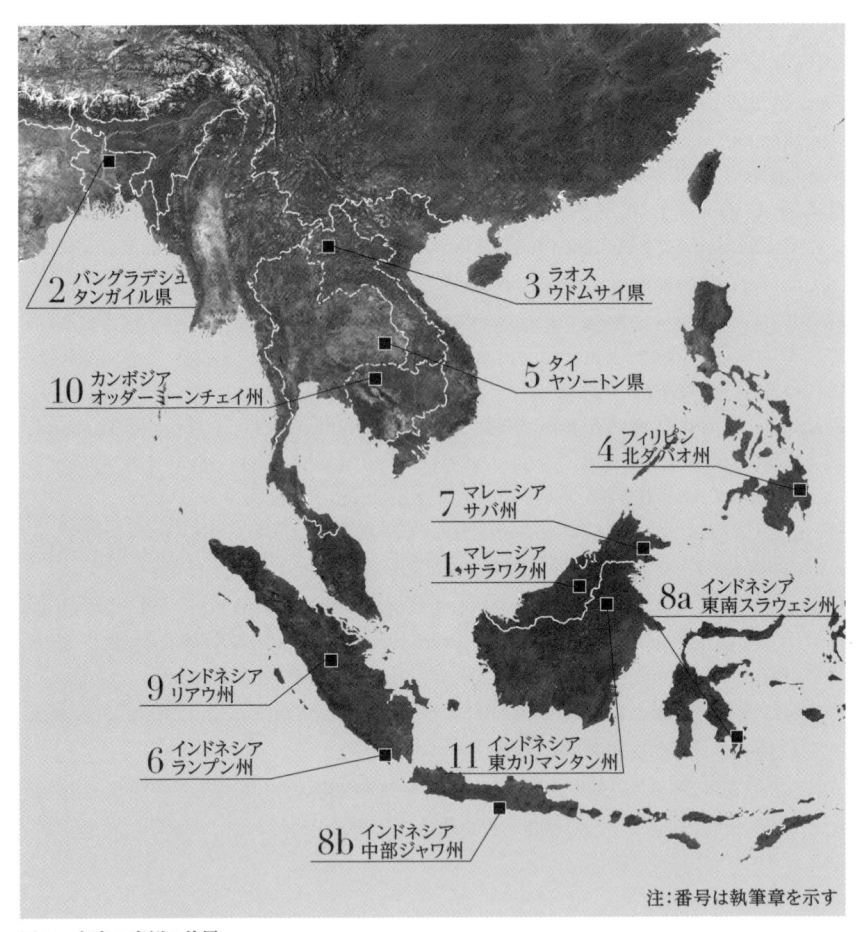

1 マレーシア サラワク州
2 バングラデシュ タンガイル県
3 ラオス ウドムサイ県
4 フィリピン 北ダバオ州
5 タイ ヤソートン県
6 インドネシア ランプン州
7 マレーシア サバ州
8a インドネシア 東南スラウェシ州
8b インドネシア 中部ジャワ州
9 インドネシア リアウ州
10 カンボジア オッダーミーンチェイ州
11 インドネシア 東カリマンタン州

注:番号は執筆章を示す

図1　各章の事例の位置

第Ⅰ部
「従来型」森林管理制度の形成と浸透

2003年8月9日に首都ダッカで開かれた、先住民族（アディバシ）記念祭典の日の風景。毎年この日には、ガロを含めバングラデシュで30〜40前後存在する少数民族が首都に集まって、民族的伝統（歌・踊り等）の披露や政治的アピールをおこなっている。ガロのエコ・パークに対する反対運動も、先住民全体の問題としてこの日大きくとりあげられた。バングラデシュの先住民族の多くは、国内でも森林（山地）地帯に分布している。エコ・パークの問題は森林を含む彼らの土地をめぐる、政府との交渉の試金石のひとつとみなされ、他の先住民も大きな関心を寄せていた。（撮影：東城文柄）

第1章

マレーシア・サラワク州の森林開発と管理制度による先住民への影響
―― 永久林と先住慣習地に着目して

市川昌広

1 サラワクにおける永久林と先住慣習地

　本章では、熱帯雨林が分布するマレーシア・サラワク州（以下、サラワク、序章図1）を事例に、永久林（Permanent Forest Estate）と先住慣習地（Native Customary Land）に焦点をあて、それらの設定が森林管理と先住民の暮らしに与える影響について検討する。熱帯雨林は、今日、生物多様性の高さや二酸化炭素の貯留源といった点で国際的に注目されている。恵まれた自然環境下、生物生産量は極めて高い一方、人間にとっては必ずしも暮らしやすい場所とはいえず人口は希薄である（坪内 1986）。そのような特徴をもつ地域において、序章で述べられた「従来型」の制度がどのようにみられるのかを検討したい。

　後に詳述するように、サラワクの土地は法律によって、混合地、先住地、先住慣習地、保留地、内陸地の5つに分類されている。本書の第Ⅰ部であつかう典型的な「従来型」制度は、森林を囲いこむ国立公園などの保護区の設定であろう。保護区は上の土地分類では保留地に含まれる。近年、サラワクにおいて保護区は増加傾向にあるとはいえ、州の4％程度の面積を占めるにすぎない（Department of Statistics Malaysia 2008）。

　一方、サラワクには、森林管理をひとつの目的として設定された土地分類がほかにもある。本章で取りあげる永久林（保留地に含まれる）と先住慣習地である[1]。永久林と先住慣習地がサラワクに占める面積は、それぞれ37％（同書）および25％（Cramb and Dixon1988）と広い。しかも、これら2つの土地分類の境界あたりで政府と先住民の軋轢が頻繁に生じており、先住民の暮らしが脅かされ、それゆえ彼らによる抵抗運動が起きている。

　サラワクにおける永久林設定の主目的は、木材など林産物の生産で、そこは「永久」的に森林として利用されることになっている。熱帯雨林には多種多様な

樹木が生育しており、木材伐採の場合、そのなかで伐採対象となる有用木は1haあたり数本程度と少ない。したがって、伐採の基準を定め、伐採量を規制すれば天然更新が可能となり、永久的に良好な森林のままで利用ができると政府は主張する。

先住慣習地は、森林保全とは一見関係ないように思われるかもしれない。サラワクにおいて、そこは先住民の土地の権利を経済力のある華人から保護することと同時に、先住民の「無秩序」な移住や焼畑の拡大による森林資源の消失を防ぐことを目論んで設定された経緯がある (Pringle 1970)。元来、熱帯雨林気候下ではほとんどの土地が森林で覆われているため、そこでの焼畑は、即、森林に影響を及ぼすことになる。また、先住民は、熱帯雨林に広く分散する動植物資源を採集するため、広い範囲を頻繁に移動している。移住も盛んで、新たな地域に移り、そこで焼畑が始められる (Pringle 1970)。そのため政府は、彼らを囲いこんで焼畑の拡大や移住を制限すれば、森林資源は保全されると考えた。

こうした囲い込みで林産物を生産する区域と先住民の利用区域を明確に分けることにより、森林が持続的に利用され、先住民の暮らしが守られてきたのだろうか。結論的にいえば、永久林では持続的な木材生産がなされなかったうえに、その指定はたやすく解除され農地に転換されてきている。先住慣習地では、その範囲が不明瞭であるため、先住民の土地の権利は森林開発によって脅かされている。森林開発と先住民の慣習的な土地利用をめぐってはこれまでさまざまな問題が生じてきた。

本章では、最初に永久林と先住慣習地という土地区分がみられるようになった過程を植民地期よりふり返る。つぎに、それらの制度をめぐって、森林保全や先住民の暮らしへの影響、あるいは先住民の抵抗がどのようにみられたのかについて、木材伐採が盛んであった時期、および近年のプランテーション造成が盛んな状況下での様子を述べる。最後に永久林と先住慣習地を含めたサラワクの森林管理制度が有する特徴と、それが先住民の暮らしに与える影響についてまとめている。

本論に入る前に本章でいう先住民について簡単に説明しておこう。今日、サラワクには約200万人強の人々が暮らしている (Department of Statistics Malaysia 2008)。このなかで先住民とは、ここ1、2世紀の間に移住してきたおもに華人（州人口の3割弱）を除く人々である。憲法のなかでは、サラワクの先住民として20グループが指定されている。先住民は大きく2つに分けられる。河川の下流域に多く住み、イスラーム教を信じるマレー人やムラナウ人（両者で3割弱）と、

中・上流域に多い非イスラーム教の人々(4割強)である。後者は多くの先住民グループからなり、森との関わりが強い暮らしをしている。おもに彼らが本章に登場する先住民である。焼畑など作物栽培をおこなう農耕民がほとんどであるが、少数ながら動物の狩猟や非木材林産物の採集で生計をたてている狩猟採集民もいる。

2　永久林と先住慣習地が設定された経緯

サラワクにおける政府と先住民との特徴的な関係

　一般的に植民地統治には、植民地政府が強権的に自然資源やそこに暮らす人々を含めた領土を支配するイメージがいだかれているだろう。しかし、サラワクの場合、少々事情が異なる。ブルックというひとりのイギリス人が王(Rajah)となり、19世紀中ごろより、イギリス政府の後ろ盾を得つつも個人的につくった政府によって統治していた[2](Pringle 1970)。下述のように、ブルック政府にとって森林からとれる非木材林産物は重要であった。熱帯雨林は地球上でもっとも生物多様性が高い場所である。したがって、有用な資源は存在するが、個々の資源は広大な森に分散しており探しだすのが大変である。そのような資源を採集できるのは、森やその近くに暮らし、森について熟知している先住民ということになる。

　たとえば、19世紀中ごろからペルカゴム(*Palaquium gutta*)という野生ゴムの需要が欧米で高まった[3]。スマトラ島やボルネオ島では、先住民が森の中からペルカゴムの木を探しだし、採集した。当時の熱帯雨林の中心的な生産物は木材ではなく、先住民の知識や技術を駆使して集められる非木材林産物であった。その採集は彼らの裁量にゆだねられるところが大きかった。

　ペルカゴムをはじめとし、先住民が集めてくる数々の非木材林産物は輸出され、1900年代前半までのサラワクにおける歳入の大きな部分を占めた(Kaur 1998; 増田 1995)。1839年にサラワク西部のクチンに到着したブルックは、そこから東へ向けて新たな土地をサラワク領として次第に獲得していった。新たな領地では非木材林産物の多寡とそれを採集する先住民の状況が調べられた。ブルック政府は、先住民人口が多かったサラワク西部から先住民が少ないサラワク東部の地域へ彼らの移住をうながし、非木材林産物の採集に役立てた(Pringle 1970)。

　このように20世紀前半までのサラワクでは、政府の歳入を支えるために先住民の働きが必要不可欠であった。ちなみに、1920年代には、植栽ゴム(*Hevea brasiliensis*)の輸出に占める割合が増してきた。おもに先住民が世帯単位で彼らの土地に小ゴム園を造り栽培したので、ここでも先住民はサラワク経済にとって

重要な役割を果たしていた。

　ブルック政府は、20世紀初頭までにはほぼ現在と同じサラワク領の範囲を支配するにいたっている(4)。その過程でブルック政府はたびたび先住民の強い抵抗を受けたが、自らの軍隊を持たなかったため、先住民の一部を味方につけ、抵抗する先住民と戦わせることによって領土を拡大していった。先住民との戦いでは、敵味方合わせて1000人以上の死者がでる壮絶なものもあった (Pringle 1970)。

　つまり、先住民は、政府に抵抗してくる敵にもなりえ、逆に統治を進めるうえで重要な味方でもあり、さらに、政府が歳入を得るための非木材林産物を採集する重要な担い手でもあった。このようなことから、政府は先住民に対してある程度の配慮をせざるをえなかったのである。

先住民を囲いこむ制度

　ブルック政府は、首狩りなど「野蛮」な風習を禁じ、先住民同士の争いを仲介して収めるなど彼らの社会に介入した。しかし、上述のような背景のなかで、基本的には先住民の暮らしの規範となる慣習 (adat) を尊重しつつ統治を進める姿勢をとった。だが、先住民の慣習はしばしば統治の妨げになることもある。ブルック政府にとって厄介であったのは、先住民の焼畑と移住であった。

　焼畑では、二次林を伐採・火入れして拓いた場合、通常、米や根菜類を1回収穫したあと、そこを10年ほど栽培せずに放置し森林に戻す。したがって、焼畑の周りには休閑中の二次林が広がるわけだが、ブルック政府にはそこが所有者のいない放棄地にみえた。しかし、そこを華人などの外部者が使おうとすると焼畑耕作者との間でトラブルが生じた。ブルック政府は、先住民の慣習的利用とそうでない考え方との間に生じる軋轢に頭を痛めたのである。

　焼畑と休閑林は先住民の移住によって拡大した。ブルック政府が領土を拡大した20世紀初頭までは、先住民は新たに焼畑開墾できる原生林や利益のでる非木材林産物を求めて、新たに獲得されたサラワク領に移住していった。前述のようにブルック政府も彼らを非木材林産物の採集者として歓迎し、移住をうながしていた。一方で先住民が多く、入植が必要ないサラワク西部では、無秩序な移住とその後の焼畑による森林開拓を規制した。1940年代後半にサラワクの焼畑について調査した研究者は、原生林を次々に開墾していく先住民を「森の蚕食者」とよび、批判的に考察している (Freeman 1955)。サラワクにおいて1960年代以降、木材伐採の対象となるフタバガキ科の樹木は、1900年代前半までは重要な森林資源とはみなされていなかった。しかし、ブルック政府は、焼畑を非効率で原始

的な農業であるとし、将来の森林資源を保全するために先住民の焼畑や移住を制限しようとしたのである。

　焼畑や移住を制限するためにブルック政府が発効した法令等については Hong (1987) や Potter (1967) にまとめられている。たとえば、1863年にはすでに「1863年土地規則」を制定し、農業がおこなわれているところ以外の未占有・未利用な土地はすべて政府の所有であるとした。これによって先住民コミュニティの領域外の森林を新たに開墾する場合は政府の許可が必要になった。1899年に発効された「1899年果樹命令」は、先住民の移住を制限する項目を有する。その後も先住民の「無秩序」な開拓を制限する政策や法令を出していった。優良な森林と同時に、先住民の暮らしている地区を囲いこんでいったのである。1920年の「土地命令第8号」と「同第9号」は、都市と近郊地、および農村地と先住民居住地を区分している。

　その後も引きつづきいくつかの土地利用区分やその利用についての法令が出されたが、最終的にサラワクの土地区分は、ブルック政府の統治が終わり、イギリス統治下の1958年土地法（Land Code）にまとめられ、今日にいたっている。そこでは、サラワクの土地は、混合地（Mixed Zone Land）、先住地（Native Area Land）、先住慣習地、保留地（Reserved Land）、内陸地（Interior Area Land）の5つに区分されている。

　ここで、混合地とは、先住民でもそれ以外の人々でも保有することができる地区である。サラワクでは19世紀中ごろに農業開発を目的として中国からの移住者を入れた。のちに彼ら華人たちはサラワクにおいて、商業や木材伐採（おもに1960年代以降）、プランテーション開発（おもに1980年代以降）などの経済活動を中心的におこなうようになる。混合地はおもに彼らの居住地として設定され、町や地方都市およびその近郊に多い。州の8％ほどを占めている。先住地とは、先住民のみが土地を保有できる地区である。ブルック政府が先住民の入植をうながしたサラワク州東部のミリ省に広く、州全体では7％ほどを占める。本章で話題とする先住慣習地は、やはり、先住民のみが保有・利用できる土地であるが、地図上にその範囲が示されているわけではない。土地法は、1958年1月1日（以下、1958年）以前までに先住慣習権（Native Customary Rights）が設定された土地に対して先住民の保有権を認めており、先住慣習地はその範囲になる。

　土地法上では、先住慣習権の設定は、1）原生林の伐採とその伐採地の占有、2）果樹栽培、3）土地の占有ないし耕作、4）埋葬地あるいは聖地としての土地利用、5）土地区分に従った固有の利用、6）他の正当な法的方法による利用、の6つ

によってなされる。農耕をおこなう先住民にとって一般的な先住慣習権の獲得は、焼畑などを作るために未開の原生林を切り拓き、開墾することによってなされる。その土地には開墾者の慣習権が認められ、その権利は子孫へ相続できる。土地法は、つまり、1958年以前にそのようにして設定された土地の先住慣習権は認めるが、その期日以降に原生林が開墾されたとしてもその土地への慣習権は認めないとした。

　このように、ブルック政府の時代から発効されてきたいくつもの政策や法令によって、先住民の移住や焼畑が徐々に制限されるようになった。最終的に1958年土地法により、彼らが利用できる土地は完全に囲いこまれたのである。

木材伐採のための森林を囲いこむ制度

　1958年土地法に定める保留地とは、政府がさまざまな目的で利用するために保留する地区である。森林に関しては、永久林、国立公園、野生動物保護地区などが含まれる。保留地のうち木材伐採と関係するのは前述のとおり永久林であるが、その説明をする前にサラワクの木材伐採の経緯を概観しておこう。

　サラワクにおいて、木材伐採が盛んになってくるのは1960年代以降である。当初の伐採対象は、泥炭湿地林に生育しているアラン（*Shorea albida*）であったが、次第に山地の森林に生育するフタバガキ科の樹木に移っていった。山地の森林でも当初は河川沿いの限られた範囲で伐採がおこなわれ、木材は河川を通じて下流へ搬出された。1960年代後半以降、ブルドーザーなどの重機が入り、伐採道路の建設が容易になると、中・上流にいたる広い範囲の山地林全般が伐採対象になった。チェンソーの導入により伐採のペースも上がった。

　木材伐採では、政府が一定範囲の森林の伐採権を企業に有料で一定期間わたし、その企業が木材の伐採や搬出を請け負う。当初は森林局の森林官が専門的な立場から適正な森林管理に考慮しつつ、森林を利用していく体制であった。しかし、1963年にサラワクがイギリスから独立してマレーシアへ編入した後、日本からの木材需要が急速に増えた。伐採による収入の高まりから、州政府の一部の有力政治家が伐採権を独占し、企業へ高額で渡すようになった[5]（Ross 2001; アッシャー 2006）。

　先述のように、熱帯雨林の伐採は択伐でおこなわれるため、森林へのダメージは小さいとされているが、管理が行き届かなければ伐採量が計画以上に多くなったり、伐倒時あるいは搬出時に伐採木の周りの立木に大きな影響を与える。一時的に伐採対象地区の4割が裸地化するという報告もある（Lanley 1982）。加えて、

森林の回復期間を十分にとらずに繰りかえし伐採が入ったために、森林は劣化していった。後述の国際熱帯木材機関(ITTO)[6]の調査報告書は、サラワクでは持続可能な生産量を越えて過剰伐採となっていることを指摘し、生産量の3割削減を勧告した(Mission Established Pursuant to Resolution I (VI) 1990)。

サラワクにおいて、森林は統計上61％(2007年)を占める[7](Department of Statistics Malaysia 2008)。その森林は1953年の森林法の下で管理されている。森林法では、森林を州有林(Stateland Forest)と永久林に分けており[8]、両者において企業による伐採を認めている。ただし、永久林は、森林局の管理の下で[9]木材や他の林産物を恒久的に森林のままで生産しつづける場とされている。木材の場合、伐採が認められる樹種、太さ、年間伐採量が決められており、作業計画を毎年提出して森林局からの承認を受け、その管理下で伐採が進められる。これに対して州有林では、永久林と比べて木材伐採の際の基準がゆるく、そこを森林として永続させる必要は必ずしもない。

1960年代以降、盛んになった木材伐採は、州有林および永久林の両地区でおこなわれた。永久林として囲われたところは、優良な材がある森林であるため、木材伐採にとっての重要性はより高い。すでに述べたように、伐採はフタバガキ科の大径木を抜き切りすることによっておこなわれるため森林自体は残り、未伐採の樹木が生長するので回復期間をおけば持続的に木材伐採が続けられるとされている。永久林は大きく保存林(Forest Reserve)と保護林(Protected Forest)に分けられている[10]。両者とも、一見、森林が保護される地区のような名称だが実際には、上述のように、森林局の管理の下で木材伐採が認められてきた。両者の違いは保護林では先住民による伝統的な森林利用が許可を得れば認められるのに対し、保存林では認められていないことである。

永久林の設定が、先住民に慣習的に利用されている領域と重なってなされてしまうことがしばしばある。先住民が知らぬ間に永久林が設定され、後述のように、木材伐採が始まるといった問題が生じている。このような問題が起きるひとつの要因として、永久林の設定のプロセスがあげられる(Hong 1987)。永久林の指定に先立ち森林局は、その範囲を告示することになっている。異議のある者は告示日から60日以内に申し立てできる。異議がなく永久林に指定されれば、そこにたとえ先住慣習権があったとしても、それは認められなくなる。

このような手続きが定められているものの、実際には奥地で生活し、文字が読めないことが多い先住民が告知の情報を知ることは非常に難しい。告知は官報のほか、新聞や省役所の前の掲示板になされる(写真1)。たとえばサラワク東部の

写真1　永久林設定予定地の告知
ミリ省の役場の前の掲示板に英語のチラシが張りだされていた。

ミリ省の場合、河川の上流域に暮らす先住民が海岸沿いの地方都市ミリまで出てくるのに、今日では伐採道路によって時間が大幅に短縮されたとはいえ、4輪駆動の自動車で丸1日かかるし、費用も高い。

とはいえ、もちろん政府は先住慣習権にまったく気を使っていないわけではない。永久林を設定する際、候補地の土地区分の指定状況や権利関係を調査するプロセスがあり、それは土地測量局でおこなわれる。先住慣習地の存在については、先述のように候補地が1958年以前に開墾されていたのか否かが問われる。土地測量局は、過去から今日にいたるまでサラワクにおいて撮影されたすべての航空写真を管理しており、それによって先住民による開墾の有無を判定している。

土地測量局は、1958年以降から1960年代前半にサラワク全土で撮影された航空写真を判読し、原生林とすでに開墾が入った土地を色分けした縮尺25万分の1の地図を有している。その地図において、候補地が完全に原生林の範囲内に含まれていることが確認できれば、そこには先住慣習地はないと判断する。候補地がすでに開墾地と重なっていたり、開墾地に近接して判定が難しい場合には、航空写真に戻ってくわしく判読しなおすことになる。

航空写真の縮尺は1万から2万5000分の1で、原生林であれば樹木ごとの林冠が判読できるほどの精度がある。実際に航空写真をみると原生林のところでは比較的大きな樹冠が一様に広がっている。一方、一度焼畑などのために切り拓かれたあと回復した二次林は、樹冠が小さく、やぶも交じって乱雑な景観を呈する。通常、農耕をする先住民は、彼らの住居であるロングハウスを拠点にし、周囲の原生林を開墾していく。したがって、原生林と既開墾地の間の境は、航空写真上に比較的明確に現れる。その境界に沿って線引きするのである。

だからといって、航空写真によってある森林が原生林であるか、すでに開墾が入っているか、すなわち先住慣習権の有無をつねに的確に読みきれるわけではな

く、不明瞭な範囲が生じる。その範囲をめぐって、あとに述べるような、先住民と森林開発を進める政府・企業との間に問題がたびたび生じている。森林開発のひとつは、とくに1970年代後半以降、広範囲で盛んにおこなわれた企業による木材伐採である。

3　森林開発に対する先住民の抵抗

木材伐採への抵抗

　木材伐採のペースは、とくに1970年代後半以降から1990年代までうなぎ上りであった。伐採道路が奥地に向かって建設されるとともに、伐採地区も広範に及んだ。先住民のなかでも、暮らしへの影響がとくに大きかったのは狩猟採集民である。彼らは、原生林を開墾せず、動物の狩猟、漁撈、非木材林産物の採集によって暮らしている。ひとところに定住せず、点々と移動するので、彼らの暮らしに使っている森林は広大である。

　農耕民の焼畑後の休閑林は、先住慣習権が認められやすいうえに、大径木が残っていないため伐採対象になりにくい。一方、狩猟採集民が利用している森は、たとえ1958年以前から使われていたとしても、開墾跡が残らないから先住慣習権が認められない。しかも未伐採の森で大径木が多いため、格好の伐採対象になってしまう。

　1980年代後半、環境NGOの支援を受けた狩猟採集民プナンを中心とする先住民は、伐採道路にバリケードを作って封鎖し、伐採反対運動をおこなった。これが国際的に報道されたため、マレーシアはとくに西欧を中心とする先進国から非難を浴びることになった。いくつかの先進国では熱帯材の不買運動がおき、熱帯材産出国は経済的にもダメージを受けた。このような国際的な圧力がマレーシアにかかるなか、1990年代前半、サラワク州政府は国際熱帯木材機関による木材伐採に関する査察を認め、その結果である同機関からの勧告を受け入れたのである。その勧告にしたがって、木材伐採量は削減された。

　一方で先住民やNGOによる反対運動は、国家治安法（Internal Security Act）によって強く規制されるようになった。1987年には森林法が改正され、伐採道路に障害物を置く行為が禁じられた。以後、伐採道路の封鎖にかかわった者が多数逮捕されるようになった（金沢 2009）。同時に、森林局は伐採企業に対して、伐採地区やその周辺に暮らす先住民への配慮を求めるようになった。先住民による慣習的な利用がみられる範囲で伐採をおこなう場合、たとえ先住慣習権の有無が

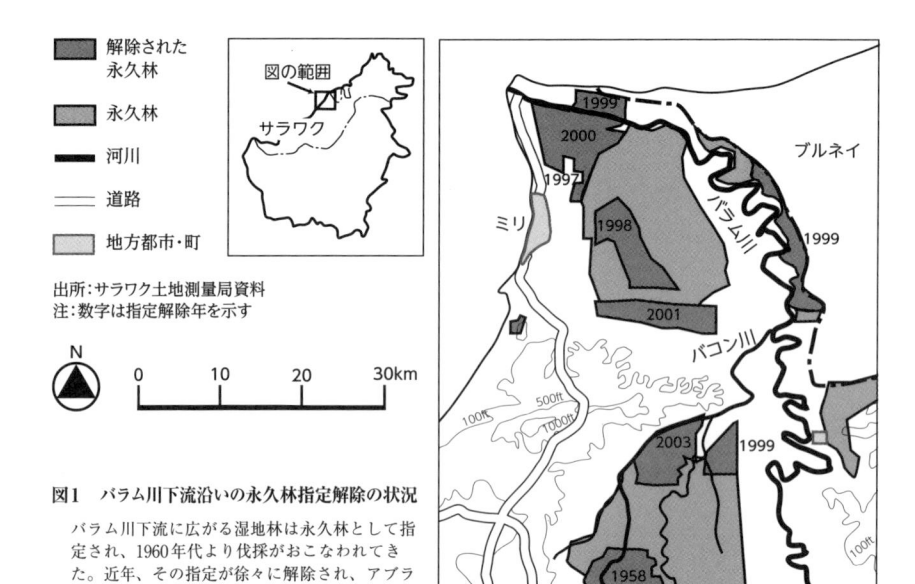

図1 バラム川下流沿いの永久林指定解除の状況

バラム川下流に広がる湿地林は永久林として指定され、1960年代より伐採がおこなわれてきた。近年、その指定が徐々に解除され、アブラヤシ・プランテーションに転換されている。

凡例：
- 解除された永久林
- 永久林
- 河川
- 道路
- 地方都市・町

出所：サラワク土地測量局資料
注：数字は指定解除年を示す

明確でなくても、企業は事前に先住民と交渉をおこなう。その結果、企業は、たとえば補償金の支払い、ロングハウスまでの道の建設、発電機の供与などをおこない、先住民の不満を抑えこむようになった。さらに、国際的な熱帯林保護運動が低調になったこともあり、伐採反対運動は徐々に下火になった。

しかし、木材伐採など森林開発による先住民の暮らしへの影響がなくなったわけではない。1980年代以降、木材伐採に加えてアブラヤシのプランテーション造成も盛んになった。木材伐採は抜き切りでおこなわれるため、質は劣っていても森林は残る。これに対してプランテーションの造成では、森林は皆伐され、そこに単一作物が植えられる。そのため、造成地周辺に住む先住民にとって、彼らの森林利用への影響は木材伐採のときよりはるかに大きい。つぎに、サラワクにおけるプランテーション造成について概観しよう。

永久林と先住慣習地のプランテーション化

サラワクにおいて、はじめてアブラヤシのプランテーションが造成されたのは1960年代後半である。その後、とくに1980年代からその面積は急速に増えつづけた。今日では、マレーシアはインドネシアに次いで世界第2位のパーム油の輸出国である。プランテーションは、おもに海岸沿いに広がる低地に分布してお

り、とくにサラワクの東部に多い。海岸沿いの低地は地形的に造成が容易なうえに、道路がすでに整備されているので収穫物の運搬の便がよい[11]。サラワク東部は、西部にくらべて先住民による開拓が遅れたため先住慣習地が少なく、プランテーション造成が自由にできる土地が豊富である。

どのような場所にプランテーションが造成されていくかくわしくみていくと、永久林に指定されていたところもプランテーションに転換されていることがわかる（図1）。永久林は森林のままで恒久的に利用していく場所として、先住民の利用を規制し囲いこんだはずである。しかし、木材伐採がすでに何度か入り、木材の供給の場としての価値が下がった低地の永久林は、土地区分を混合地に一度変更されプランテーションが造成されている。アブラヤシ・プランテーションは森林ではなく農地である。そこで、企業による農地開発が可能な混合地に土地区分を換えるわけである。

写真2　ミリ省のバラム川中流域に広がるアカシアマンギウム・プランテーション

土地区分の転換許可や企業のプランテーション造成の認可は、最終的にはサラワク計画資源管理省で決定される。その大臣はサラワク州でもっとも力をもつ政治家である首席大臣が兼務している。このように、森林のままで恒久的に利用するといった取り決めはいとも簡単に破られ、プランテーション開発は木材伐採と同様、利権が強く絡んで進んでいく。この背景として、多くの先住民グループからなるサラワクでは、政治家たちの政治的基盤がぜい弱であるため、彼らは利権あさりをおこない、その分配によって幅広い支援を得るということがある（アッシャー 2006）。

プランテーションは、海岸沿いの低地にばかり造成されているのではない。内陸の山がちな場所では、アカシアマンギウムのプランテーション造成が進められている。アカシアマンギウム材はパルプや合板の原材料となる。すでに、相当広い範囲をプランテーション化する計画があり、大手の木材業者数社にプランテーションに転換するための森林が割り当てられている。アカシアマンギウムのプランテーションは森林として認められているため、その造成時に永久林の指定をは

ずす必要はない。森林は一度皆伐され、そこに単一樹種が植えられていく(写真2)。

じつは近年、サラワクの永久林は、拡大傾向にある。その面積は1984年では3.2万 km^2 (Hong 1987)であったが、2007年では4.7万 km^2(Department of Statistics Malaysia 2008)になっている。先述のとおり、海岸沿いの低地の永久林はその指定が解除されているが、河川の中・上流域では、新たな永久林を設定しているのである。これは、アカシアマンギウムのプランテーション用地を確保することが目的ではないかと憶測されている。当初、天然林を持続的に利用していくはずだった永久林であったが、ここでもその性格が変更されてきている。

プランテーション造成の波は、先住慣習地にも及ぶようになってきた。1960年代以降、植栽ゴムの国際市場での価格が低迷しだすと、州政府にとって、それまで植栽ゴムの生産の場であった先住慣習地の重要性は低下してくる。州政府は、先住民の村々に広がる焼畑後の休閑林を「遊んでいる」土地であると指摘し、経済的な利益が出るような土地利用に換えていくべきであると主張するようになった。短期的な儲けだけを考えれば、企業が投資して大規模なプランテーションを造成するやり方が最適であろう。しかし、先住慣習地は、先述のとおり、先住民だけが保有・利用できる土地なので、企業がプランテーションを造成することはできない。

そこで、州政府はひとつのやり方を考案した。すなわち、ある村の先住民、そこを開発する企業および州政府がひとつの法人をつくる。先住民は、企業に通常60年間の契約で先住慣習地を貸し、企業はそこでプランテーションを造成する。政府は2者間の契約が適正に履行されるかのお目付け役になる。儲けの一定の割合が先住民(3割)と政府(1割)に配分される。つまり、先住慣習地におけるプランテーション造成は、法人に先住民が入っているために許可されるのだが、実際はほぼ企業によっておこなわれる。州政府は1994年にこのやり方を「新しいコンセプト」(Ministry of Land Development 1997)による開発として実施しはじめた。

訴訟による森林開発への抵抗

「新しいコンセプト」による開発への先住民の反応はさまざまである。ひとつの村のなかでさえ、企業とともにプランテーション化を進めようという賛成派と、そう簡単には土地をわたさないとする反対派に分かれ、表立った対立に発展することもある。反対する理由としてよく聞かれるのは、企業に60年間の長期で土地を貸せば、知らぬ間に土地が企業のものになってしまう。たとえ、60年後に

戻ってきても、孫子の代にはどこが誰の土地であるのかわからなくなってしまうというものである（祖田 2008）。

　村のなかの個人ごとの土地が、測量・登記されていることは稀である。沢や尾根などの地形、竹や果樹などの植物による境界が村人の間で認識されている。プランテーションが造成されてしまえば、植物などの目印はなくなってしまうし、森から離れた生活をすることになる子孫は60年後に境界など覚えていないというのである。場所によっては賛成意見が多いところもある。たとえば、道路がまだ村にいたっていないところでは、プランテーション造成にともない道路がつくことを期待する。

　このように「新しいコンセプト」には賛否両論ある。だから、先住慣習地におけるプランテーション造成は一気に進んでいるわけではないが、徐々にその数を増やしている。2009年までに27カ所において、計約1100 km^{2}のプロジェクトが進行中である（サラワク土地開発省での聞き取り）。先住慣習地は、元来、経済力のある華人などによる開発から先住民の土地の権利を守ることをひとつの目的として設定されたが、近年ではその開発が可能な制度が考案されたのである。

　ここ20、30年の間に急速に進んだプランテーション開発は、先住慣習地あるいは州有地のいずれでおこなわれるにしろ、先住民の暮らしに大きな影響を与えている。木材伐採のときと同様、先住民が慣習的に利用してきた土地にプランテーション企業が入りこんできたことにより、トラブルが生じることもしばしばある。企業と先住民が対立し、死傷者が出る騒動になったこともある。このように先住民による文字どおり「体をはった」抵抗は、小さいいざこざを含めれば今日でも各地でみられる。

　一方、先住民の抵抗のしかたには、1990年代以降、変化がみられる。先述のとおり、体をはった反対運動は労力がかかり、逮捕されるなどリスクが大きい。先住民は政府と企業を相手どり、裁判に訴えるようになったのである。1999年には原告の先住民が高等裁判所（High Court）で勝訴を勝ちとり、画期的であるとされた判決がある（Ian 2001）。その概略を紹介しよう。

　ビントゥル省の先住民イバンの村の領域にプランテーション企業が突然入りこみ、造成を始めた。そこは村人が何世代も以前から利用してきた土地であった。彼らは、その企業や州の土地測量局を相手どり裁判を起こしたのである。原告の先住民は、先祖代々の土地には、当然、先住慣習権があるとする。これに対して、土地測量局は1951年と1963年の航空写真から読みとれる土地利用情報を根拠とし反論した。問題となる土地は、1951年の航空写真ではすべて原生林に覆われ

写真3　ミリ近郊のイバン人の村の領域にある保存林プラウ・ガラウ内。ロングハウス建設などの木材を確保するために伐採が規制されている森林

ており、1963年ではごく一部が二次林になっていた。したがって、先住慣習権が生じる1958年以前の原告の利用はなかったとしたのである。

判決では、ブルック政府時代から今日までの土地と先住民の慣習法に関する法令や政策が見返され、慣習法にもとづく土地利用は合法的に認められることが確認された。

さらに、イバンが慣習的に利用してきた領域として、プマカイ・ムノア (*pemakai menoa*) というイバン語の概念が引き合いに出された。プマカイは食べ物、ムノアは人が暮らす里といった意味なので、プマカイ・ムノアは「糧をえるための里」といった意味になる。先住民は焼畑だけで暮らしてきたのではない。森での狩猟や非木材林産物の採集も糧を得るための重要な活動であった。住居を建設するための材木を得るために、木を伐採せずに残しておく森プラウ・ガラウ (*pulau galau*) もある (写真3)。プマカイ・ムノアには、そういった未伐採の森が含まれるとした。

村人と地元NGOは、GPSを用いて村の過去からの居住地の変遷や森林利用を描いた地図を作り、訴えている土地がプラウ・ガラウであることを説明した。裁判ではその地図が証拠として採用され、訴えられた土地は、たとえ未伐採であってもプラウ・ガラウとして村人が長年利用してきたプマカイ・ムノアに含まれるとし、そこに先住慣習権は認められると結論づけた。判決では、慣習法にもとづいて、プマカイ・ムノアにはその村に暮らしてきた人々の利用権があるとした。これは、1958年土地法により先住慣習権が認められる先述の6番目の要件「他の正当な法的方法 (lawful method) による利用」にあたるとしたのである。

この判決によれば、たとえ1958年において未伐採の森でも、先住民が彼らの慣習法にもとづき、生活の糧をえるなどのために利用された範囲は先住慣習権が認められることになる。この判断は、狩猟採集民の先住慣習権の問題にも影響を及ぼすかもしれない。彼らは、焼畑などの農業をせずに広い範囲の森の中を遊動

しながら狩猟、漁撈、非木材林産物の採集などによって暮らしてきた。したがって、これまでは森林の開墾あとなどの利用された証拠が残らず、このため彼らの先住慣習地は認められてこなかった。慣習法にもとづく先住民の領域の権利を認めたこの判決は、狩猟採集民にも先住慣習地が認められる可能性をひらいたのである[12]。

4　国際市場に影響され変化する森林管理制度と先住民の暮らし

　サラワクにおいては、ブルック政府が統治していた時代から今日まで、財政は森林資源や農業生産物を輸出することによって支えられてきたため、それらの生産は非常に重要であった。20世紀前半あるいはそれ以前は非木材林産物の採集、1920年代からは先住民による植栽ゴムの栽培、1960年代以降から1990年代までは木材伐採、1980年代から今日まではプランテーションによるアブラヤシ栽培が盛んにおこなわれてきた。サラワクの財政を支えてきた主生産物は、国際市場の動向にしたがって変化してきたことがわかる。

　非木材林産物は森林内に広く分布するため、その採集が盛んであった20世紀当初までは、政府が特定の森林を限定して囲いこむことはなかった。ブルック政府は、先住民を非木材林産物の採集者として重宝した一方で、先住民の焼畑や移住による「無秩序」な森林開墾にも頭を悩ませていた。このため、森林資源の管理をひとつの目的として、焼畑の拡大や移住を制限する彼らの囲い込みを始めた。囲い込みは時代とともに厳しくなり、1958年の土地法によって、その年より以前に利用されていた土地のみが先住慣習地として認められることになった。

　木材伐採が盛んになると、政府は優良な木材が多い森林を永久林として囲いこむようになった。そこでは森林局の管理の下、「永久」に森林として持続的な利用がなされるはずであった。しかし、伐採による収益が増えてくると、特定の政治家の判断によって伐採権が企業に発給されるようになり、森林では乱伐が進んだ。アブラヤシによるプランテーション開発が盛んになってくると、その造成に好都合な下流域の低地では、永久林の指定が政治家の判断によりいとも簡単に解除され、プランテーションに換えられていった。中・上流域の山地では永久林の指定が増えているが、将来的にそこはアカシアマンギウムによるプランテーションに転換されていく可能性が高い。

　木材伐採あるいはプランテーション造成が盛んになるとともに、先住民の暮らしへの影響も顕著にみられるようになった。1980年代後半より盛んになった先

住民の反対運動に対して、政府は抵抗する彼らを逮捕できるように法令を変更する一方、伐採対象地域の先住民に現金や物を与えて懐柔するという硬軟とり合わせたやり方で抑えつけようとした。近年、土地争いをめぐる裁判で先住民が勝訴した場合でも、政府は土地法の規定を改めることにより先住慣習地の締めつけを強化し対抗している。さらに、政府は、企業が先住慣習地にプランテーションを造成できる制度を考案した。経済力がある華人から先住民の土地の権利を守ることを目的のひとつに設定された先住慣習地であったが、この点でも政策が転換されたことになる。

このようにサラワクでは、ときどきで利益のでる輸出農林産物の生産が効率的におこなわれるように制度がつくられ、あるいは制度が容易に変更されてきたことがわかる。本章の結論として、永久林に関しては、当初の思惑どおりの保全的な木材伐採はおこなわれなかったばかりか、そこの一部は今日、永久林の指定がはずされ森林からプランテーションに転換されている。先住慣習地に関して、森林保全の点からは、その囲い込みによって先住民の焼畑の拡大は封じられ、原生林の二次林化は多少なりともくい止められたであろう。その代わり、守られた原生林の多くは企業によって伐採され、その後、プランテーションが造成されていった。

先住慣習地について、先住民の土地の権利を守るという点からは、その範囲をめぐって、政府・企業と先住民の間にしばしば食い違いがあり、争いがみられてきた。この背景には、祖田 (2009) が指摘するように、慣習法にもとづく先住慣習地が認められているサラワクにおいて、先住民は近代的な土地法が有する土地の権利概念になじめないということがあろう。現状の先住慣習地では、外側からは木材伐採やプランテーションなどの森林開発に取り囲まれて、その範囲はますます限定的となり、内側からは華人企業によるプランテーション開発が始まっている。先住民の土地の権利を守るという先住慣習地の当初の目的からは大きく離れてきているのである。

これまでをふり返ると、森林を保全するうえで、サラワク政府にもっとも大きな圧力を加えられたのが、1990年前後の欧米の熱帯林保護運動とそれにともなう国際社会からの非難であろう。最終的にサラワク政府は国際熱帯木材機関の勧告を受け入れ、伐採量を削減した。輸出産品の買い手からの圧力がもっとも効くということである。そういった点からは、本書の第Ⅲ部であつかっている市場や国際的な取り決めを利用した制度への期待は高まっていこう。ただし、本書が課題としているように、そのような制度はしばしば先住民の暮らしに負の影響を

及ぼす。彼らへの注視がつねに求められる。

　今日、サラワクにおいては、プランテーションやダムの造成など森林地域における開発計画が目白押しである[13]。これらは、森林保全にとって脅威であると同時に、先住民の暮らしをさらに脅かすことになろう。今後のサラワクにおける森林保全と先住民の暮らしは、国内政治の状況や上述の国際社会との関係に左右されるであろう。それらの状況に大きな影響を与えるのが先住民の主張や抵抗運動である。本書の第II部であつかっている地域住民の参加やエンパワーメントが、先住民の暮らしを守るとともに、森林保全の重要な鍵になる。

注
(1) 序章で述べているように、永久林や先住慣習地に似た制度は、熱帯林業発祥の地であるインドでもみられ、イギリス帝国内外各地に広まり適用された経緯がある（水野 2006）。
(2) 1841年から1941年の間、イギリス人のブルックとその甥、さらにその子が3代にわたってサラワクを統治した。1941年から1963年までのイギリスによる統治を経て、1963年にマレーシアへ編入した。ブルック政府による統治は特殊にみえるかもしれないが、東南アジアの熱帯雨林が広がる地域においては、ヨーロッパ諸国による直接的な強い統治ではなく、間接的な統治がみられた。たとえば、今日のマレーシア・サバ州は、イギリスより統治権が与えられたひとつの企業によって間接的に統治された（Leong 1982）。サラワクの南側のカリマンタンでは、19世紀中ごろ以降にオランダがそれ以前にくらべれば積極的に介入してきたものの、実際には森林や住民はゆるやかに統治されていた（井上 2000）。
(3) 島や大陸間を結ぶ通信用の海底ケーブルの絶縁体の材料として利用された。
(4) その過程におけるブルック政府と先住民との関係についてはPringle（1970）にくわしい。
(5) マレーシアへの編入の際の条件として、サラワクで産出する石油や天然ガスからのロイヤリティのほとんどを連邦政府の収入とすることになった。その代わり、森林や土地に関する税の徴収や管理についてはサラワク州政府に権限がある。このような政治的背景から、サラワク州の政治家にとって森林開発をめぐる利権は一層大きくなった（アッシャー 2006）。
(6) 1983年に設立された国際機関。熱帯林の持続可能な経営を促進し、合法的な伐採がおこなわれた森林からの熱帯木材の国際貿易を発展させることを目的とする。
(7) 永久林と州有林の合計面積である。先住民の村に広がる休閑二次林は含まれてい

(8) すでに述べたように、永久林は土地法の土地区分のなかでは保留地に含まれる。州有林は土地法の区分のなかには定められていない。混合地、先住地、内陸地のいずれにも州有林は含まれる。

(9) 2003年にサラワク林業会社(SFC)の運営が始まり、以後、木材伐採はそこが管轄するようになった。

(10) 村落林(Communal Forest)という区分もあるがごく小面積である。

(11) アブラヤシの実に含まれる油は、収穫されると酸化による劣化が急速に始まる。このため、速やかに搾油工場に運び、処理しなければならない。したがって、運搬のための道路インフラの存在は重要である。

(12) この係争は、その後、被告側が控訴裁判所(Court of Appeal)に上告した。そこでは、慣習法にもとづく先住民の領域の権利は認めるが、訴えられた場所がその領域にあたるのか証拠が不十分であるとされ、原告側が敗訴した。原告側は、最高裁判所に上告したが、上告は棄却された。しかし、本件における高等裁判所の判決は、その後の同様な土地争いの裁判でも判例として取りあげられ、訴えた先住民側が勝訴した。

(13) たとえば、「サラワクにおける再生可能資源回廊」計画では、ダムやアブラヤシ・プランテーションの開発などに言及している (http://www.sarawakscore.com.my/)。

参考文献

アッシャー,ウィリアム 2006『発展途上国の資源政治学』佐藤仁訳 東京大学出版会.
井上真 2000「地域発展のかたち――カリマンタン」原洋之介編『地域発展の固有論理』245-298頁,京都大学学術出版会.
金沢謙太郎 2009「熱帯雨林のモノカルチャー――サラワクの森に介入するアクターと政治化された環境」信田敏宏・真崎克彦編『東南アジア・南アジア 開発の人類学』121-156頁,明石書店.
祖田亮二 2008「サラワクにおけるプランテーションの拡大」秋道智彌・市川昌広編『東南アジアの森に何が起こっているか――熱帯林とモンスーン林からの報告』223-251頁,人文書院.
祖田亮二 2009「マレーシア・サラワク州における環境改変と『環境問題』」『史林』92(1): 130-160.
坪内良博 1986『東南アジア人口民族誌』勁草書房.
増田美砂 1995「植民地支配と森林」北川泉編『森林・林業と中山間地域問題』13-31頁,日本林業調査会.
水野祥子 2006『イギリス帝国からみる環境史』岩波書店.

Cramb R. A. & Dixon G. 1988. " Development in Sarawak: An Overview." In R. A.Cramb and R. H. W. Reece (eds.) *Development in Sarawak*, 1-19. Oakleigh South: Morphet Press.

Department of Statistics Malaysia (Sarawak). 2008. *Yearbook of Statistics Sarawak 2008*. Kuching.

Freeman, J. D. 1955. *Iban Agriculture: A Report on the Shifting Cultivation of Hill Rice by the Iban of Sarawak*. London: H.M.S.O.

Hong, E. 1987. *Natives of Sarawak*. Kuching: Institut Masyarakat.

Ian, C. J. 2001. "Nor Anak Nyawai & Ors v Borneo Pulp Plantation Sdn Bhd & Ors." *The Malaysian Law Journal* 6: 241-299.

Kaur, A. 1998. A History of Forestry in Sarawak. *Modern Asian Studies* 32(1): 117-147.

Lanley, J. P. 1982. *TropicalForest Resources*. Rome. FAO.

Leong, C. 1982 . *Sabah*. Kuala Lumpur: Percetakan Nan Yang Muda.

Ministry of Land Development. 1997. *Handbook on New Concept of Development on Native Customary Rights (NCR) Land*. Kuching: Ministry of Land Development, Sarawak.

Mission Established Pursuant to Resolution I (VI). 1990. *Report submitted to the International Tropical Timber Council*.

Potter, A. F. 1967. *Land Administration in Sarawak*. Kuching: Government Printing Office.

Pringle, R. 1970. *Rajahs and Rebels: The Iban of Sarawak Under Brook Rule, 1841-1941*. Ithaca: Cornell University Press.

Ross, M. L. 2001. *Timber Booms and Institutional Breakdown in Southeast Asia*. Cambridge: Cambridge University Press.

第2章

バングラデシュ・モドゥプール国立公園における森林管理制度と地域住民の対立
―― 経緯と展望

東城文柄

1 管理制度と社会的公正

　本章では、森林管理制度と人々の暮らしの間に生じている問題のうち、保護区域（Protected Area）、とくに国立公園（National Park）における問題をあつかう。序章でも述べたとおり、保護区域の短期間かつ急激な拡大は、世界中の多くの地域の人々の生活や社会・文化に大きな影響を与えた。保護区域に含まれる地域の住民の多くは、それまで地域の自然資源や土地に基礎をおいた生活を営み、土地に根ざした社会・文化を形成していた。しかし保護区域化によって自然資源や土地の利用が禁じられると、多くの住民の生活がしばしば困窮した。保護区域の設置にともなうなかば強制的な移住によって、少なからぬ地域コミュニティが消滅してきた（Ghimire and Pimbert 1997）。

　近年の生態系サービスの議論などにおいては、"文化的サービス"などとして、保全においても人々の生活や文化的な側面への配慮が言及されるようになった。しかしここでも、生物多様性保持機能、地球温暖化阻止のための炭素ストック、土壌浸食防止・水源涵養機能など、グローバルな環境問題における森林の役割に向けられている関心の大きさに比べて、森林管理制度の導入に付随する上記のような問題は見過ごされがちで、問題の解決に向けた動きも不十分である。このように、森林管理制度と人々の暮らしの間の軋轢は、古くて新しい問題である。

　本章は2002年12月から2004年1月に著者がおこなった長期フィールド調査の結果にもとづいて、バングラデシュ中央北部に位置するモドゥプール国立公園において、国立公園の設置以降、地域住民がどのような立場におかれてきたかという経緯と、2003年以降新たに導入された国立公園事業がもたらした、行政と地域住民の対立の事例を紹介する。ただし、国立公園制度と人々の暮らしの関係といった一般的な関心からは、このバングラデシュの事例は典型的とは少々いいが

たい。バングラデシュという国は、世界でも有数の人口稠密地であると同時に貧困問題が深刻だ。そのうえ、林野率は5.9%ときわめて低い。したがってこの国には、少ない森林資源に対する過大な利用圧が確かに存在する。こうした自然・社会的背景を考慮に入れると、ここでの対立は極端な事例であるという見方も成り立つかもしれない。

国立公園制度が森林を保護するという目的をもって導入されている以上、森林の保全にとって大きな障害となる人々との間に、何らかの摩擦をともなうことはやむをえないことなのだろうか。この問いが示す保全をめぐる社会的公正に関するジレンマは、必ずしも本章の事例のように極端なかたちではないにせよ、国立公園制度の導入につねに付きまとってきた。加えて、前述した"文化的サービス"のような例外はあるにせよ、制度はあくまでも森林保全の達成を基準に是非が判断されるべきで、人々の不満や困窮の解消は、制度にとっては副次的なことがらにすぎないという見方が、一般にも根強く存在している。本章の事例の場合も同様である。

以上のようなジレンマへの認識とその解消に対する消極論に対して、本章ではまず事例における対立のコンテクストを極力具体的に描く。これをとおして、一見極端な対立の事例でさえ、対立の最大の要因となっていたのは、国立公園制度とそれに付随する事業の内容が国・地方の政治背景や力学のなかで歪められているという点であることを述べる。そして、それが除かれれば十分に対立は回避し得たという事実を示す。

Scott (1998) が指摘するように、森林を含む環境を管理・保全するための制度の導入には、それまでローカルの慣習や論理で用いられてきた空間や資源を、中央権力が制御しやすいように配置しなおし、国の定める単位と規則に応じて規格化するという側面がともなう。このため、既得的な空間・資源利用慣行との摩擦から、制度に対する現地住民による反発が生まれやすい。さらに保護区の設置に際しては、森林保全という本来の目的より、地域住民を排除し、土地を独占的に管理しようとするような政治的な目的が著しく目立つ場合もある。佐藤 (2002) はこのことを、アジアを含めた発展途上国の多くが、土地とそこから得られる資源に経済の大きな部分を頼っていることと強い関係があると指摘している。バングラデシュでも、たとえばチッタゴン丘陵県 (Chittagong Hill Tracks) などで、低地からの移民と、原住民である少数民族の土地をめぐる対立が激化し、大量の少数民族が隣接するインド・トリプラ州などへの移住を余儀なくされている。

こうした土地問題の背景には、森林管理制度の一環としての、植林政策や焼畑

写真1　国立公園の景観—サラソウジュ林とバイド（谷地田）と人々の暮らし
（撮影 2003年2月）

民の再定住政策があることが指摘されている（IUCN 2000：42）。

　これらの議論を前提とすれば、森林管理制度と人々の暮らしの軋轢は、保全という目的の達成上ある程度不可避に起きるといった諦観をなかば無批判に前提として、多くの人々がその解消に正面から取り組んでこなかったこともその問題を大きくしていたという側面がないだろうか[1]。さらに、今日では、国際的な地球環境問題の潮流に沿って、保全とその国際的な制度が個々の地域へ"降ってくる"傾向がますます強くなっている。このようななか、管理制度の導入に際して社会的公正をよりしっかり担保する仕組を構築していく責任も同時に、国際社会に求められているといえよう。しかしながら、これに関する議論は前述したように依然遅れた状態である。

　そこで本章では、モドゥプール国立公園開発事業を事例として、事業をめぐって行政と地域住民の間に展開された対立の分析をおこない、問題とその解消を考えるうえで、地域住民の森林保全への参画・参加のなかに大きな可能性が見いだせることを提示する。

2　調査地の背景

バングラデシュにおける国立公園制度およびモドゥプール国立公園開発事業の概要

　バングラデシュを含むインド亜大陸において、森林周辺のコミュニティや森林内居住者の慣習的な権利の下にあった森林の多くは、英領期の1865年から1878年にかけてのインド森林法（The Indian Forest Act of 1865, 1878）によって、厳格な国家コントロールの下におかれるようになった。この1878年の条例は、数度の改定ののち1927年に森林法16（Act ⅩⅥ）とされた。現在のバングラデシュで実効している1989年制定の森林改正条例11（Forest (Amendment) Ordinance ⅩⅠ）は、その内容をこの1927年法からほぼ受け継いでいる（Farooque 1997）。そ

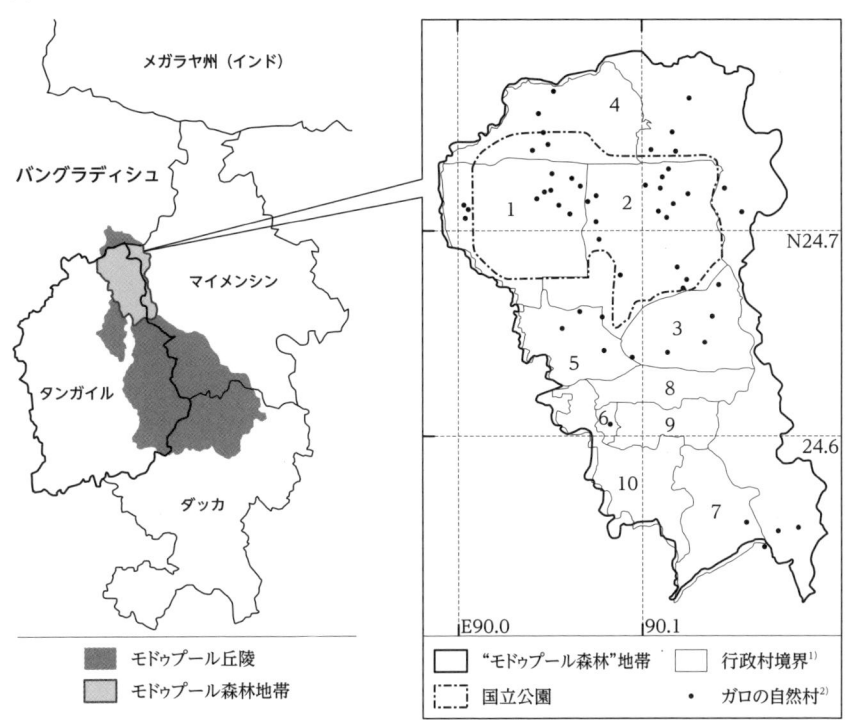

図1　モドゥプール国立公園の立地

モドゥプール郡の各行政村の人口統計

No.	行政村名	総面積(ha)	全世帯数	ガロ世帯数[3]
1	ピルガチャ(Pirgaccha)	4,674	1,877	1,155
2	オロンコラ(Arankhola)	5,701	2,255	1,037
3	ベリバイド(Beribaid)	3,034	1,166	311
4	ショラクリ(Sholakuri)	3,831	3,618	—
5	ピロズプール(Pirojpur)	1,575	2,625	133
6	イデルプール(Idilpur)	220	285	—
7	マイスマラ(Mahishmara)	2,141	1,903	—
8	チュニア(Chunia)	1,376	1,428	—
9	アウスナラ(Ausnara)	1,143	949	—
10	その他(Others)	2,580	3,261	—
	計	26,275	19,367	2,636

出所：BBS(2003)とフィールド調査(2003〜2004年)により著者作成
1) モドゥプール郡に含まれる行政村のみを表記。ただしショラクリ、ピロズプール、その他は複数の行政村をまとめて表記している。
2) 行政村を細分している村の単位。これはこの地域の行政村の規模が、通常(100〜数百世帯前後)よりもきわめて大きい(たとえばオロンコラ村では2000世帯を超える)ことから、便宜上発生した地理的にまとまった単位。各自然村は50〜100世帯前後ほどで構成される。
3) Catholic Mission Censusによる数値。実際の世帯数にはさらにいくつかの自然村や非カトリック教徒人口を含む。ただし政府統計ではこの地域のガロ人口は418世帯となっている。

のなかでは先住民や伝統的な森林居住者などの森林に対する慣習的な諸権利は無視されており、現在にいたっても法的に再定義されていない。一方、国立公園に代表される、野生動植物の保全に関しては、国立公園に関する制度的裏付け[2]が、1973年に野生動植物保全条例（Bangladesh Wildlife Preservation Order, 1973）としてはじめて登場したように、比較的歴史が浅い（Farooque 1997）。

　モドゥプール国立公園は、サラソウジュ林（写真1）およびこれに付随する生物多様性の保護を目的として、バングラデシュ・タンガイル県（Tangail District）の北端部に位置するモドゥプール郡[3]（Madhupur Thana）にあるモドゥプール森林に設置された。モドゥプール森林は、バングラデシュ中央北部のモドゥプール丘陵（Madhupur Tract）上に広がる、内陸サラソウジュ林（Inland Sal Forest）地帯の一部である（図1）。モドゥプール国立公園の面積は8436 ha、その設立時期は東パキスタン時代にさかのぼる1962年で、国内で9カ所ある国立公園中、面積で二番目に大きく、設立時期はもっとも古い[4]。モドゥプール森林地帯は、そこにガロという少数民族グループが多数居住していることでも知られている。バングラデシュの総人口は1億2756万人で、人口構成はアーリア系ベンガル人が約98％、うち9割前後がイスラーム教徒である。一方、少数民族人口は、上記のガロを含めて27グループ存在しているが、そのすべて合わせても100万人前後である。バングラデシュのガロ人口は10万人ほどで、うち1～2万人がモドゥプール森林地帯に居住している[5]。

　政府はこれまでにも、モドゥプール森林の保護計画をいくつも立ててきた。しかしいずれの計画も、国立公園施設の不備、社会・政情の不安定、そして資金と人員の不足などからくる管理能力の限界から、上記のガロの人々を含む地域住民による侵入や森林利用に起因する森林破壊を抑止することに失敗してきたとされている（Forest Department 1999a）。そこで政府は、アジア開発銀行（ADB）の支援を受けて、新たな森林保護事業（Madhupur National Park Development Project；以下エコ・パーク化事業）を開始した。

　1998年から開始されたこの事業の最大の目的は、それまで失敗しつづけてきた森林保護の達成のために、高さ数mの境界壁によって、残存するまとまった森林を周辺地域から隔離することにあった。加えて、国立公園におけるエコ・ツーリズムを振興するために、境界壁の内部には各種施設が建設されて、エコ・パークとして改修されることが計画されている。エコ・パークとして改修される国立公園面積は約1000 haに及び、完成すれば国立公園全体の約1/8を占める。このパークは上記のように総延長18.5 kmの境界壁で囲まれるほかに、内部にピ

クニック場10カ所、レストハウス13カ所、人造湖2カ所、観覧塔2カ所などが建設される（FD 1999a）。境界壁と交差する林道は周辺集落の生活道であるが、これらは通行ゲートによって封鎖され、森林庁によって通行が管理されることになる。

アジア開発銀行は、この事業に同国の森林保護、地域発展、レジャーや環境教育の機会の増進などの観点から意義を認めて資金援助をおこなっていた。しかし2003年初頭に各種施設の建設が開始されると、同地域に多数居住しているガロの人々は、事業が「地域の自然や生活・文化を破壊し」、「住民の伝統的な居住権を脅かす」として、反対運動を展開した（写真2）。この反対運動は、バングラデシュの他地域においてやはり森林庁との軋轢をかかえている他の少数民族グループの活動などとも連携して大規模化した（*The Daily Star*, 25 Jul. 2003）。

写真2　「先住民族の日」に首都でおこなわれた抗議行進
（撮影 2003年8月）

2004年1月4日には、住民の抗議行進に対して、出動していた森林警備官や警官隊が発砲しガロ男性1名が死亡、ほか20名が重軽傷を負うという事件が起きた（*The Daily Star*, 12 Jan. 2004）。この事件を受けて、アジア開発銀行は事業への資金援助を凍結し、森林庁もエコ・パーク建設を一時中断した。しかし森林庁は、2007年にパークの壁建設を再開し、その際、建設現場に軍や警察を常時投入するなど、反対運動を力で押さえこむ姿勢を強めた（*The Independent*, 28 Jan. 2007; *The Daily Star*, 3 Feb. 2007）。ところが再開から数カ月後、反対運動にかかわっていたガロの活動家が軍関係者に逮捕・連行され、取り調べ中に死亡する事件が生じたことが問題となって、建設はふたたび中断した（*Mukto-mona*, 13 May 2007）。これらの事件をめぐる、行政と住民の和解は現在にいたるまで成立しておらず、中断している事業再開の目処も依然立っていない。

モドゥプール国立公園における森林破壊問題

境界壁により森林の隔離保護をはかるといった、地域住民の存在を極端に有害

月日	内容
2003年	
5/16	**最初の大規模な建設反対集会(*1)**
5/29	数日後の大規模集会の方針決定のための建設反対派の集会
6/2	建設反対派による数千人規模の抗議行進と大規模集会
6/9	小規模な建設反対集会
6/14	小規模な建設反対集会
6/20	小規模な建設反対集会
7/3	翌日の会談の方針を決定する建設反対派の集会
7/4	**環境・森林大臣と反対住民の代表団との会談(*2)**
7/11	後の国立公園開発実現評議会役員の主催による集会
7/19	小規模な建設反対集会
7/24	CHT地区評議会 (Chittagong Hill Tracts Regional Council) 議長を迎えた建設反対集会
8/9	「先住民族の日(アディバシ・デイ)」に首都ダッカで建設反対集会と抗議行進
9/12	**国立公園開発実現評議会による大規模集会(*3)**
9/17	国立公園開発実現評議会による大規模集会
9/19	小規模な建設反対集会
9/19	国立公園開発実現評議会による大規模集会
10月	国立公園開発実現評議会による大規模集会
10月	建設反対派による大規模集会
11月	建設反対派による大規模集会
12/13	ガロ学生グループによる建設反対集会
12/24	建設反対派による抗議行進と大規模集会
12/25	ガロ全集落で黒い反旗を掲げ建設に反対意思を表明
2004年	
1/4	**境界壁建設現場付近で抗議行進と警官隊・森林警備官が衝突(*4)**
1/25	射殺に対する建設反対派の抗議集会
2月	アジア開発銀行が計画への資金援助凍結

表1 モドゥプール国立公園開発事業に対する反対運動の経緯
出所: 観察と聞き取り (2003 ～ 2004年) により著者作成
注) 表中の*1 ～ *4は、本文の記述において本表との参照関係が指示されている出来事。

視するような事業が導入された背景には、国全体で問題視されている深刻な森林破壊がある。国連食糧農業機関 (FAO) の世界森林資源評価 (FRA) による1980 ～ 90年の見積もりでは、バングラデシュにおける森林消失は年率3.9%に達していた (FAO 1993)。モドゥプール森林に関しても、森林庁によって、1960 ～ 90年にかけて約47%の森林地が、8201世帯の侵入を受けたという見積もりが示されている (FD 1999b; FMP 1995)。

この高い森林消失率について、たとえばアジア開発銀行は、「高い人口圧を背景とした、多くの土地を持たない人口〔とくに森林地の周辺人口〕による農業開発や集落化・都市化のための侵入や、材木および薪材のための過剰伐採による侵

害」が要因だと指摘している (ADB 2002)。モドゥプール森林に関しても、森林保全に際しては、これらの「地域住民による森林破壊」への対処がもっとも重要で、とくに国立公園内に多く居住している少数民族ガロの、森林地への侵入と森林に依存した生業活動の規制が重視されてきた[6] (FD 1999a)。

　バングラデシュの総人口に占めるガロ人口の割合はわずか0.05%だが、国立公園内の大半を占めるピルガチャ村とオロンコラ村に限れば、その人口比率は5割を超えている (図1参照)。彼らの土地のほとんどに対して、国は登記を認めていない[7]。森林庁はこの状況を、ガロの人々による膨大な国有林への侵入が生じてきたことの証左であると説明している。しかしガロの人々は、彼らの土地は先祖伝来のものであると主張している。

　この論争についてFarooque (1997)や東城 (2009)は、同国では国による国有林登記時に所有権や居住権の十分な実態調査が欠如していたため、ガロの人々のような伝統的な森林内居住者の法的地位が、広域で侵害されている疑いが強いと指摘している[8]。実際に、ガロの人々が団結してエコ・パーク化事業に激しく反対したのは、土地所有および居住権が認められていない自分たちは、この事業に付随して農地接収や立ち退き等が生じた場合に、個々人では政府にほとんど対抗できないと強く危惧していたからであった (著者による聞き取り 2004年)。

　表1は、施設建設の開始から死傷者が出た2004年初頭の衝突を経て、施設建設が中断されるまでの、ガロの人々を中心とした住民による反対運動の経緯である。政府与党・森林庁・警察は、2004年初頭の衝突について、「現場では暴動の危険性があったため、警官隊および森林警備官は自衛のために発砲した」と主張している (*The Daily Star*, 9 Jan. 2004)。森林庁は、「この事業は開始当初こそ住民の反対を受けていたが、その後の話し合いの結果合意が成立したにもかかわらず、合意を無視した一部の反社会的な住民が、この衝突が起きた日を含め建設中の壁の破壊などを続けていた」とも説明している。一方で反対住民側のリーダーのひとりは、上記の森林庁との合意は住民側の総意を正当に反映しておらず、この日の衝突についても「集会は事前に行政に届け出をすませていて、当日は平和的に行進をおこなっていた住民が、突如発砲を受けた」と主張している (著者による聞き取り 2004年)。反対住民側の主張には政府野党議員らも同調し、当日の対応をめぐる与党の不当性を非難し、事業の破棄を要求している (*The Daily Star*, 12 Jan. 2004)。

3 エコ・パーク化事業をめぐる行政と地域住民の対立の経緯

住民による反対運動の盛り上がり（2003年5月～8月）

　以上のように、エコ・パーク化事業の是非を判断する材料になる、侵入による森林破壊問題あるいは国による土地権利侵害の実態、事業に関する合意の有無、反対運動の実態などに対する意見は、行政側と反対住民側の間で大きくくい違っていた。この節では表1を参照しつつ、反対運動の展開とそれに対する行政側の対応の経緯を、現地調査中におこなわれた反対運動の観察や、現地聞き取りの結果を示しながら、上記のくい違いがどのような社会的背景の下で生じていたのかを整理する。

　2003年の5月中旬、この頃には境界壁をはじめ、施設の多くが着工されていた。しかし、エコ・パーク化予定地周辺のガロの人々は、事業についての告知や説明を、行政から事前に受けていなかった。そこで数百人前後の周辺住民が集まって (*1: 表1)、事業に関する説明および対話の場を、行政から引き出すための運動を盛りあげていくことが決定された。行政（森林庁）はこれまでに幾度も、ガロの人々の大部分に対して、国有林を不法占拠してきた住民であるとして、国立公園外への退去を命じてきた (Khaleque 1992)。社会林業[9]やゴム園 (Rubber Plantation) などの造林事業にともなったガロの人々の土地接収も、過去に繰りかえし問題化していた (Gain 1998; IUCN 2000; *Dhaka Courier*, 30. Jul. 1993)。

　これらの経緯から第1に、ガロの人々は、国立公園開発事業が立ち退き圧力や土地接収問題を、これまで以上に深刻化させると判断した。第2に、エコ・パーク化に連動して、観光地としての集客力を高めるために、エコ・パーク周辺で観光・開発事業が進行することによる農業被害、観光客による治安・アメニティの悪化などが危惧されていた。これらの危惧の背景には、過去にあったいくつかの具

写真3　建設反対派住民と環境・森林大臣の会談
（撮影 2003年7月）

体的な事業計画の存在がある。たとえば、エコ・パークに隣接するあるガロ集落では、2001年から2002年にかけて付近の谷地田（バイド）を対象とした観光事業の計画がもちあがっている[10]（著者による聞き取り2003年11月）。第3に彼らによる反対には、周辺住民にすべての森林破壊の責任を押しつけてきた森林庁に対する、強い不信・反感があった。住民によれば、モドゥプール国立公園における森林破壊の要因には、森林庁による不適切・不公正な森林管理があったという。具体的には、人工林転換による大規模な天然林破壊（東城 2009）、伐採業者と森林庁の癒着による違法伐採の横行である (Salam and Noguchi 1998)。それにもかかわらず、森林破壊の要因としては周辺住民、とくにガロの人々による侵入や森林利用・盗伐ばかりが強調されてきたという[11]。

　最初の大規模な集会（*1: 表1）から3日後には、ガロの人々を代表した10人が、170人の署名と要求書を環境・森林大臣に提出し、事業の見直しを求める陳情をおこない、その後も大小の集会が開かれた。これらの運動の結果、環境・森林大臣は、事業に関して反対住民側との間に公式な会談をもつことに同意した（写真3）。2003年7月4日、会談の席に着いた50人前後の反対住民の代表団は、第1に「アディバシ」の人生や生活が破壊されるような事業を破棄することを訴えた。アディバシとは、バングラデシュを含むインド全般で"先住民族"を意味する言葉である。第2にアディバシの全集落のリーダーたちと行政との間に事業についての対話の場を至急成立させ、第3に事業の成立過程にアディバシも参画させるという3点を最重要課題とした、合計8点の要求を大臣に対して訴えた（*2: 表1）。

　代表団が出した要求の核心は、事業内容の策定およびその後の運営に周辺住民が参加できるような、評議会の設置であった。代表団は、大臣に対して上述したような評議会が設置されて、周辺住民、とくにガロの人々から選出される役員が事業にかかわれるようになれば、エコ・パーク建設を支持することを表明した（著者による聞き取り 2003年7月）。これらの要求に対して、環境・森林大臣は前向きな検討を約束し[12]、会談から2カ月経過した9月に、モドゥプール国立公園開発実現評議会を設置した。しかし、設置された評議会の実態は、反対住民側が想定したものとは大きく異なるものであった。

行政主導の建設推進運動（2003年9月〜 2004年1月）

　2003年9月中旬、モドゥプール国立公園開発実現評議会による、初の大規模集会が開かれた（*3: 表1）。その日の集会における評議会の役員兼発言者は約20名であったが、うち半数はユニオン[13]という行政単位の議会（Union Porishod）[14]の

議員で占められていた。ユニオン役員はすべてベンガル人で、ガロは含まれていない。役員に含まれていたガロは7名で、そのなかには7月の大臣との会談（*2：表1）での代表団に加わっていた4名も含まれていた。

　評議会の役員たちの演説内容は、これまでの反対運動が建設中の壁の破壊工作や集団暴動の扇動、暴行や殺人未遂等をともなった反社会的な活動であったという非難がおもだった。一方、反対住民側が評議会で議論しようとした、これまでの事業内容の是非や、今後の事業への住民の参画などについては一切ふれられなかった。この日の集会の議論の体勢は、次のようなガロの評議会役員の演説に代表されるものだった。

　　エコ・パークに反対している連中はごろつきである。森のためそして環境のために、エコ・パークは良いものである。彼らはこのように良い事業を駄目にしようとしている〔……〕壁が破壊され、そこで働いている人々も乱暴を受けた〔……〕国とこのように騒動を起こして事業を駄目にしようとする試みは許されない。他の政府のときに発展しなかった我々の地域が、今発展しようとしている。彼らは逮捕され、罰を受けるべきである。（著者による聞き取り　2003年9月）

　上記の評議会の問題は、次の3点にある。第1に、評議会に働く政治的な力学の問題である。評議会の約半数がユニオン議員によって占められていることと、上述したようなガロ役員の質から、行政の方針に反するような議論や決議がおこなわれる可能性はほぼ皆無だった。ユニオン議会などのローカルな権力は、行政側の意見を有しているのである。第2に、わずかに評議会に加わったガロの役員たちも、ガロ・コミュニティに対して何の知らせもなく、水面下で行政が恣意的に選定した人々であった（著者による聞き取り　2003年9月）。彼らの幾人かは、7月の大臣との会談における反対住民側の代表団に加わっていた。強いていえば、この代表団に参加していたという事実は、彼らの代表性の所在である。しかし、これだけでは彼らの発言がガロ・コミュニティの総意を代表しているという正当性を担保できようもなかった。第3に、評議会自体は法的にほとんど無意味で、そこでの決定は行政の決定を覆す法的な根拠をもっていない。単に住民の声を"聞く"だけの場にすぎなかった。ただし実際にはそれ以下で、評議会は単に7月の会談時の住民側との約束を表面的にでも履行してみせるため、さらには「地域住民が事業に賛成している」という世論形成のために設立されたとさえいえた。

付け加えると、これまでにも反対運動をとおして、国とガロ・コミュニティとの対立が強くなりすぎることを危惧する人々が少なからず存在した。危惧の背景には、異なる民族や宗教に属する少数派人口に対する著しい法的・社会的不平等が存在し、少数派人口に対する多数派ベンガル人による襲撃や土地収奪（ACHR, 29 Aug. 2007, 23 Jan. 2008, 23 Apr. 2008）、国による土地を含む資産の強制接収に起因する少数派人口の国外流出（外川 2004）といった深刻な社会状況があった。この状況において、行政および評議会側は、反対運動が法や公共の秩序に反しているという点を強調した[15]。ほかにも評議会は、「エコ・パークの建設が周辺地域の生計基盤やアメニティを破壊する」という反対派の主張に対して、「エコ・パークの建設は、森林保護に加えて周辺地域の発展、ひいては国の発展に貢献する」といった、事業の公益性を強調した。こうして設置された評議会は、「公の場での議論にもとづいて、地域社会全体に認められた」といった事業の正当性を補強し、事業をめぐって住民との合議がなされたという既成事実を重ねるための"劇場"と化した。一方、反対運動に対しては、それまで以上に国による取り締まりが強まっていった。

4　何が問題だったのか
——森林管理制度と住民運動の建設的側面をつなぐ回路の不在

以上の整理から、本章の事例における対立の激化には、事業の内容が国・地方の政治背景や力学のなかで歪められていることが背景にあったことが確認できる。反対住民側は、この地域における森林破壊は、森林庁による不適切・不公正な森林管理にもっとも大きな責任があると認識していた。そのため境界壁の建設に代表されるインフラ整備に対しては、森林保全上の意義を認めておらず、それらの実際の目的は、国立公園の観光開発にあると認識していた。エコ・パーク化による観光収入の増大などの受益も彼らの生活には還元されないばかりか、生活環境の悪化や土地喪失、開発にともなう森林破壊など、彼らにとっては負の側面ばかりが増大すると認識していた。

境界壁建設は住民が事業に反発する最大の要因であったが[16]、事業を推進するもう一方の立場にあったアジア開発銀行も、壁建設に対しては森林庁とは異なる見解をもっていた。国立公園再開発事業の準備調査報告書で、アジア開発銀行はエコ・パーク区域の境界設定の方法として、当時森林庁から提示されていたと推測される境界壁の建設に否定的だった。「そのような方法は他の地域においても効

果がなかったことに加えて、地域住民との協調にもとづくアプローチに反する」という理由から、代替案として等間隔で配置されたマーカー（公園名やシンボルを記した看板等）の設置を推奨していた（FD 1999b）。

　さらに、壁建設の大きな理由となっていた、地域住民の集落・農地化や森林利用による森林破壊の存在は、その規模が大きく誇張されたものであり（東城 2009）、行政が強調してきた「保全のための壁建設」は、いよいよ必然性に乏しかったことが明らかになっている。加えて、以下にみるように、周辺住民が森林保護への協力を希望していたことを考えると、壁の建設は森林保全にむしろマイナスに働いていた。つまり、行政（森林庁）が事業の導入に際して森林保全の実効性のみを純粋に考えるならば、反対住民側の要求に歩み寄る、すなわち境界壁建設を見なおすほうがむしろ合理的であったとさえいえるのである。

　事業に対する反対側住民は、2003年7月の会談（*2: 表1）において政府に次のような要求書（資料1）を提示している。要求書では、第1に彼らの生活の安定の保証があげられていた。ただし反対住民側は、この抽象的な要求は、単に請願するだけでは実現しないこともわかっていた。そこで要求項目の2・3番目で、行政と住民の間の対話に基礎をおく住民参画によって事業が再編されることを要求している。これら2つの要求項目の直接的な目的は、事業内容が住民にとって不利益にならないように監視することにある。

　しかし、上記のような参画の実現は、将来的には森林保全の達成にもプラスに働くことが指摘できる。モドゥプール国立公園では、周辺住民は森林保全に対して比較的無関心で、加えて行政（森林庁）に対する強い警戒心と敵意があった（Khaleque 1992）。この状況での住民の事業への参画は、森林保全に対する周辺住民の関心を喚起し、住民との協働による国立公園管理を実現するきっかけにもなりえた。さらに資料1を見ると、実際にこの可能性を示唆する提案（要求項目6）が、住民側から提示されていた。

　このように、反対住民側の要求は、実際にはバングラデシュが近年かかげる、「人々と育林との関わりを介した環境の創造」（FD 2007）といった、森林保全のゴールに近いものがあった。それが2004年初頭の衝突（*4: 表1）のような結果に終わったのは、反対運動を一部の反社会的な住民による騒乱として対処した行政側の責任が大きかった。そしてこの背景には、行政がエコ・パーク化事業の導入に際して、地域住民が指摘するように、森林保全の成否以外の目的、具体的には国による公園空間・資源の独占的管理と、新たな観光資源の創出によって生まれる利益を重視していたことがあったのではないか。

政府・森林庁への要求書

前文（抜粋）

　ダッカの金持ちたちのレクリエーションのための場所が、なぜダッカの近郊ではなく我々の場所で作られるのか。なぜ我々アディバシだけが追い出されなければならないのか。〔……〕森の環境を守るために作る壁などまったく必要がない。もし必要があるとしても、それは森の環境を守るためではなくて、森の木々や環境を金に換える考えのあるような人々、悪質な森林庁幹部や森林警備官、その下で働く連中のために必要なのだ。
　〔……〕モドゥプール森林は裕福な外国人や都会人のレクリエーションのためだけに国立公園開発計画が実現され壁が出来れば、〔アディバシは〕動物園の鳥獣のようになるだろう。森を通るすべての道路も封鎖されてしまう。ゲートが出来れば、自分の農地や家に行くにも、金を払って切符を買っていくことになる。〔……〕各種の娯楽施設は、我々の社会生活・宗教・伝統文化を乱し、我々の生活を耐えがたい苦痛に晒すだろう。我々は森のアディバシである。森の木々、草花、根にいたるまで我々の生活である。〔……〕我々は森で生まれ、育っていった。我々は森で死にたい。我々は森の生活に慣れ親しんでいるため、森から出ては生きていけない。

要求項目（8カ条）

1) アディバシの人生や生活が破壊されるような計画は破棄する。
2) アディバシの全集落のリーダーたちと政府の間に計画についての対話の場を至急設定する。
3) 計画の成立過程にアディバシを参画させる。
4) アディバシの土地問題を解決するための評議会を作る。
5) アディバシを含めた地域住民に対する森林訴訟をすべて取り下げる。
6) すべての森林管区で森林保護のためにアディバシを参加（雇用）させる。
7) アディバシの生活を改善するために、金銭及び雇用創出のための機会を創出する。
8) 社会林業開発に関して、地域のアディバシに機会を多く与える。

（※うち1)、2)、3)を最重要課題とする）

資料1　環境・森林大臣との会談において提出された代表団の要求書（原文はベンガル語）

以上のような、制度や事業内容を歪める利益誘導の問題は、森林保全の場合に限らず、国際社会や国から地域へとさまざまな制度や事業が降りてくる際に、普遍的に付きまとう問題でもある。本章の対立の事例が示唆しているもうひとつの重要な点は、以上のような歪みに関しては、それによって不利益をこうむりがちな、周縁に追いやられた集団や人々などの社会的少数派が、その誤謬性をもっとも適切に把握しているということである。保全の現場から彼らの"声(意見)"が拾いあげられて、制度の改善に反映されるような仕組みを作ることができれば、冒頭でも必要性を指摘した、管理制度の導入に際した社会的公正の担保や、保全の実効性さえをも危うくする可能性がある利益誘導の抑止につながるだろう。ただしその実現は、本事例で地域住民の参加が政府に操作され、開発を進めるために恣意的に利用されたように、おそらく容易ではないだろう。

5　結論と討論——住民参加によって森林管理制度はよくなるのか?

　ここまでみてきたように、森林管理制度が導入される地域における、人々の不満や困窮の解消は、森林制度にとって決して副次的な事柄ではなかった。そしてこれらの解消に際して適当なものは、本章の対立においてガロの人々も政府に要求したように、地域住民のより大きな関与を目的とした参加型森林管理制度の導入以外になさそうである。一方でこの事例は、地域住民の参加の効用が発揮されるには、参加とそこでの合意形成の本質的な代表性を担保する制度的サポートが不可欠なことも示唆していた。ただし、この問題点に関して納得のいく回答を著者はもちあわせていない。
　本章のエコ・パーク化事業に対する反対運動は、言い換えれば森林管理制度への住民参加を、住民主導で実現しようとした事例でもある。参加は、とくに1980年代以降、国際的な開発援助の分野で主流になってきた概念である。そして1990年代後半より、森林を含めた環境保全関連の国際援助へと重点がシフトされるのに対応して、森林保全(管理)の分野にも適用されるようになり、さまざまな国において、コミュニティ林業(Community Forestry)のような、地域住民のより大きな関与を目的とした参加型森林管理制度の導入がみられるようになった。
　一方開発の分野においては、参加型開発事業は開発手法の主流として依然重視されているが、それらの事業の多くは地域の権力や政治的側面を考慮せずに、住民参加を形式的に導入可能な概念としてあつかってきたことが問題視されるようにもなってきた。具体的には、不公平な開発に付随する複雑な問題が避けられた

結果、多くの参加型開発事業が「操作されたかたちの参加」(ブラウン 2008)となり、とくに周縁に追いやられた集団や人々のエンパワーメントに失敗してきたという批判である(ヒッキイとモハン 2008; Cooke and Kothari 2001)。

「操作されたかたちの参加」とは、政府が恣意的な正当性や基準にもとづいて密室で住民側の利害関係者を選び、彼らをして公共の場で政府が主張する正当性を支持させるような住民参加を意味する。ここで問題となるのは、参加とそこでの合意形成の本質的な代表性[17]の有無である。本章の事例では、住民の批判を受けて行政が住民参加制度としての評議会を導入したものの、そこに本質的な代表性がともなっていなかった結果、対立をめぐる諸々の社会状況が、評議会の導入前よりむしろ悪化した。この事例は、本質的な代表制の有無が参加制度にとって極めて重要なことを例証しているといえよう。

保護区域制度にとっての住民参加のもうひとつの意義は、行政による事業が利益誘導によってその実効性を失っていたのと対比して、住民の要求が森林保全のゴールと重なっていたという側面にも見いだせる。バングラデシュを含めたアジアにおける、保護区域(国立公園)の問題点のひとつは、アメリカの国立公園的な原生自然保護システムの無批判な採用と、これに付随して生じている、森林に接して暮らす人々のよりよい生活や文化多様性の軽視の蔓延である(Kothari *et al.* 1989; Ghimire and Pimbert 1997)。こうした傾向は、人口稠密なアジアでより問題を引き起こしやすい。歴史的に人里離れた原生林よりも、周辺のコミュニティや森林内居住者と深い関わりがあった森林が多かったからである。地域住民の無関心または全面的な敵意を集めることでも、保全の実効性や持続性を疑わしくするだろう(Saberwal and Kothari 1996; Neumann 1992; Peluso 1992; Kothari *et al.* 1995)。

これに対して、森林管理制度が下記に示すような、森林に接して暮らす人々の「森が身近にあった暮らしを守りたい」といった感覚を取りこむことは、制度の実効性を高めつつ、制度と人々の暮らしの調和を考えていくうえで欠かせない要件ではないだろうか。

　森林庁の役人は私に、「この壁を作った後の残りの森は、あなた方の手元に行く。造林などをしてあなたたちのものになる」と言った。しかし我々は森の民で、森に住み慣れている。そこに森があって、環境のあるところに我々がいる。彼ら〔森林庁〕は環境のために森を作るというが、ここには森も環境もすでにある。壁を作って新たに作る必要は何もない。なぜ、今ある自然を守ることができないのか？　昨日も今日も、夜には多くの木が盗みだされつづけている。こ

れを守るのがあなた方〔森林庁〕の役目である。もしあなた方が森の名前で森を終わらせれば、これを他の誰も認めはしないだろう。〔……〕森は我々の故郷である。我々は森で育ってきた。こうして森に慣れ親しんできた我々は、立ち退きが来ても森を離れて住みたくない。〔……〕この先ずっと今日までのように国と戦いつづけなくてはならないとしても、我々はここに住みつづけることを選ぶだろう。〔……〕モドゥプール開発事業が止まるまで、我々はいっしょに行動、抗議を続けていこう。(2004年1月4日の死傷者への追悼のために開かれた集会での演説より。演説はベンガル語)

注

(1) たとえば世界資源研究所(WRI)、世界銀行、国連開発計画(UNDP)による、次のような途上国における深刻な森林破壊の要因に関する共同声明は、こうした風潮の存在を反映した好例といえよう。「農地のために、そして薪材やその他の必要のために森林を伐採しているのは農村の貧農である。彼らは日常必需をまかなえないため、彼ら自身を支えている自然環境のキャパシティを侵食せざるをえない状況に追いこまれている〔……〕」(Dauvergne 1994)。

(2) 条例における国立公園の定義は次のとおりである。「〔国立公園では〕自然な状態(in the natural state)の動植物や景観の保護を目的として、公のレクリエーションや教育・研究のためのアクセスを除いた〔……〕伐採・枝打ち・火入れ等いかなる種類の破壊、あらゆる種類の草本や樹木の伐採・搬出〔……〕などの行為を禁止する〔……〕」。

(3) バングラデシュの行政単位は、地区(Division)、県(District)、郡(Thana)、ユニオン(Union)、行政村(Mouza)の順に細分化されている。

(4) モドゥプール国立公園以外は、いずれも1974年以降に設立された。

(5) もっともガロ全体からみれば、その人口の大半は国境を接する北東インド・メガラヤ州内のガロ丘陵に広く分布していて、バングラデシュにいるガロは少数派である。民族的にはチベット・ビルマ語族のモンゴロイド系少数民族で、女性が家督を相続し、子供は母親の姓を継ぐ母系社会である。バングラデシュ国内のガロの多くはキリスト教を信仰する。

(6) 具体的には集落への立ち退き命令、土地の接収、森林警備官による村人の森林利用(薪やその他の非木材林産物の採取)の取り締まり、侵入や違法伐採に対する森林訴訟や投獄など。そうした地域住民による森林利用の規制の一方で、バングラデシュ政府は1989年以降、天然林保全の観点からモドゥプール森林を含む国内のすべての天然林に対して、伐採搬出の一時停止(moratorium on logging)を宣言している。

しかし、後述（2節参照）するように地域住民や一部の研究者、マスコミなどは、モドゥプール森林（国立公園敷地内を含む）では政府による天然林の大規模伐採が、伐採業者と森林庁高官との癒着による盗伐の横行や人工林転換にともなって、1990年代以降も著しく進んできたと指摘している。

(7) たとえばオロンコラ村（総面積5700 ha）において、私有地として正式に登記が認められている土地は、わずか12 haとなっている（Farooque 1997: 155）。一方政府は、公園内に含まれる農地面積の正確な数字は出していない。これらの農地ではおもに、バナナやパイナップル、しょうが、里芋、小麦、さとうきびなどが栽培されている。これら村人の農地は登記が認められていないため、接収に際して政府から彼らに賠償などが出されることが少なく社会問題となっている。

(8) 同国におけるモドゥプール森林を含む国有林は、1950年代以降に国有化されている。しかしこの時、森林内における既存の住民の居住歴や借地権等の、土地に関する権利の状態が適切に国有林の登記に反映されなかったことから、伝統的な土地居住者の権利喪失が広範に生じたという（東城 2009: 15-18）。

(9) 薪材や紙パルプ用材等の生産と、貧困層の生活改善による森林への圧力（貧困層による森林利用）軽減を目的として、荒廃地（degraded area）や侵入地（encroached area）への、速成樹種（ユーカリ、アカシアなど）の植林を目的とした事業の総称。参加者には、一定規模の森林地が割り当てられる。彼らは植林および育林等の義務を負うかわりに、樹木が十分に大きくなるまでの間作（インタークロッピング）と、間伐材の利用・売却、そして最終的な伐採収益の分配を受けることができる。

(10) モドゥプール丘陵全域に分布している比高数十cm〜十数mのU字谷地形で、現地でバイド（Baid）と呼称されている。集落周辺の水田は、すべて開墾されたバイド上に立地している。事業は、集落付近から数km先までのバイドを堰き止めて、観光用のスピードボートを走らせようとしたが、水田耕地が水没し、耕作ができなくなることなどを危惧した村人たちの反対を受けて立ち消えになった。

(11) しばしばこうした違法伐採は、周辺住民による犯罪にすりかえられたという。反対集会における発言を引用すれば、「彼ら〔森林庁〕は自分たちで盗んだ木の罪をすべて我々ガロになすりつける。我々を〔違法伐採の〕労働者として雇っても、しまいには我々だけを逮捕して起訴する」（著者による聞き取り 2003年5月）ということである。こうした訴訟は、現地では「嘘訴訟（ミッタ・ケース）」とよばれ問題視されていて、2003年7月の大臣と地域住民の会談（*2: 表1）の際にも、その解消が陳情されている。

(12) この時の大臣の回答は次のようであった。「エコ・パークに関してのマンディたちの恐れは理解した。我々〔森林庁〕はきちんとあなたたちの要求を受け入れ、この会談において話しあわれたすべてのことを実現する。農地に関する問題は国の問題で

あるから、政府の評議会があるが〔……〕あなた方マンディの地域も早急に対策がとられる。子供たちさえも訴訟の対象となったこのパークに関する森林訴訟に関しては、即時取り下げる。その他の以前におこなわれた訴訟に関しても、早急に解決したい。〔……〕我々は森を自分たちのためではなく、国のために保全していくことを考えている。我々は今回の約束事を真剣に守っていく考えである。アディバシに関するどんな問題でも、協力を惜しまない」(著者による聞き取り2003年7月)。ここでの"マンディ"とはガロ語で"人間"を表す言葉。"ガロ"とは主として近隣の多数派人口(主としてベンガル人)が彼らに対して用いている呼称で、ガロ達自身は自分たちのことを本来"マンディ"と呼称してきた。ただし複雑になるため、本文中ではより読者の理解を重視して一般的に通用している"ガロ"という呼称を用いている。

(13) バングラデシュの下位から2番目の行政単位。詳細は注3参照。

(14) バングラデシュの地方政治の最小単位は、ユニオンを基盤とするユニオン議会で、ユニオン議会は通常3つの選挙区(ワード)で構成されている。一般に議会は、ユニオン全体から1名だけ選出される議長(チェアマン)と各ワードから3名ずつ選出される議員(メンバー)で構成される。

(15) このことは、治安維持の名の下に運動が締めつけられるだけではなく、さらに強圧的な対応(立ち退きなど)がとられる呼び水になるかもしれないといった不安を、ガロ・コミュニティに与える効果があった。

(16) ある反対集会で、壁の建設に関して住民が反発する理由が次のように述べられている。「〔……〕森を通る道は、そこを通ってみな仕事をし、農作物を運ぶための道だ。〔壁が出来れば〕我々は自分たちの農作物を自分たちの欲するように運ぶこともできない〔……〕壁が出来れば我々の行き来の自由を縛り、私達の生活を破壊する。我々を追い出していく事業のようなものである。このような事業を我々は望まない。我々と対話をしないで、どのような事業が立ちいくのか〔……〕壁が出来たあと、10年後に適当な企業がパークを買いとるだろう。その時、これらの道路はどうなる〔……〕」(著者による聞き取り2003年5月)。

(17) ブラウン(2006)の整理によれば、ある参加プロセスにおいて形成される合意が代表性をもっているとみなすには、以下の3つの要件が少なくとも必要で、これらの要件が保障されない参加は、本質的には恣意的である。第1に合意形成が人々の意見にもとづいてなされ、政府がそれに対して説明責任をもつこと、第2に多数の意見がとおり一度決定がなされたら公的に正当化されるという理解のもと、すべての人々に対して実質的な発言権が与えられること、第3に合意事項の履行に関して政府当局を尋問する確固たる権利を、代理・代表者の体制(評議会等)がそなえていることなどである。

参考文献

佐藤 仁 2002『希少資源のポリティクス——タイ農村にみる開発と環境のはざま』東京大学出版会.

外川昌彦 2004「バングラデシュにおける宗教的マイノリティの現状と課題」『アジア経済』45(1):22-45.

東城文柄 2009「発展途上国における『地域住民による森林破壊』問題の再考」『アジア経済』50(2):2-25.

ヒッキィ,サミュエル,ジャイルズ・モハン(編)2008『変容する参加型開発——「専制」を超えて』(明石ライブラリー 119) 真崎克彦監訳,明石書店.

ブラウン、デヴィッド 2008「貧困削減戦略文書 (PRSP) における参加——民主主義は強化されたのか,損なわれたのか?」サミュエル・ヒッキィ・ジャイルズ・モハン編『変容する参加型開発』262-285頁,明石書店.

ADB. 2002. *Country Assistance Plans – Bangladesh: Ⅲ*. Sector Strategies. 〈http://www.adb.org/documents/caps/ban/0301.asp〉

BBS. 2003. *Census of Agriculture: Zila Series Tangail.* Dhaka: Bangladesh Bureau of Statistics.

Cooke, B. and U. Kothari (eds.) 2001. *Participation: The New Tyranny?* London: Zed Books.

Dauvergne, P. 1994. "The Politics of Deforestation in Indonesia." *Pacific Affairs* 66(4): 497-518.

FAO. 1993. *Forest Resources Assessment 1990 – Tropical Countries. FAO Forestry Paper*, no. 112. Rome: FAO Forestry Department.

Farooque, M. 1997. *Law and Custom on Forests in Bangladesh: Issue & Remedies.* Dhaka: BELA.

FD(Forest Department of Bangladesh). 1999a. *Madhupur National Park Development Project.* (Project Performa). Dhaka: Forest Department of Bangladesh.

―――. 1999b. Feasibility Study for Tangail Division: Forestry Sector Project (1997/8 - 2003/4). *ADB Project BAN*, no. 1486, Dhaka: Forest Department of Bangladesh.

FMP. 1995. *Forestry Master Plan, Forest Department.* Dhaka: Ministry of Environment and Forest Bangladesh.

Gain, F. 1998. *The Last Forests of Bangladesh.* Dhaka: Society for Environment and Human Development.

Ghimire, K. B. and M. P. Pimbert. 1997. *Social Change and Conservation: Enviromental*

Politics and Impacts of National Parks and Protected Areas. London: Earthscan Publications Limited.

IUCN. 2000. *Communities and Forest Management in South Asia*. Gland: IUCN, WG-CIFM.

Khaleque, K. 1992. *People, Forests and Tenure: The Process of Land and Tree Tenure Changes among The Garo of Madhupur Garh Forest*. Ph.D. dissertation. Michigan State University, Bangladesh.

Kothari, R. P, P. Pande, S. Singh and R. Dilnavaz. 1989. *Management of National Parks and Sanctuaries in India, Status Report*. New Delhi: Indian Institute of Public Administration.

Kothari, A., N. Singh, and S. Suri. 1995. "Conservation in India: A New Direction." *Economic and Political Weekly* 30(43): 2755-2766.

Neumann, R. P. 1992. "Political Ecology of Wildlife Conservation in the Mt. Meru Area of Northeast Tanzania." *Land Degradation and Rehabilitation* 3: 85-98.

Peluso, N. 1992. "Coercing Conservation? The Politics of State Resource Control." *Global Environmental Change* 3(2): 199-219.

Saberwal, V. K. and A. Kothari. 1996. "The Human Dimension in Conservation Biology Curricula in Developing Countries." *Conservation Biology* 10(5): 1328-1331.

Salam, M. A. and T. Noguchi. 1998. "Factors Influencing the Loss of Forest Cover in Bangladesh: An Analysis from Socioeconomic and Demographic Perspective." *Journal of Forest Research* 3(3): 145-150.

Scott, J. 1998. *Seeing Like a State: How Certain Schemes to Improve the Human Condition Have Failed*. New Haven: Yale University Press.

〈新聞記事・雑誌・インターネット等〉

ACHR, Review :182/07, 29. Aug. 2007. "Bangladesh: Indigenous People Living on the Edge of Riots." <http://www.achrweb.org/Review/2007/182-07.htm>

―――― :203/08, 23. Jan. 2008. "Bangladesh:The Army Attacks Buddhism to Faciliate Illegal Settlement in the Chittagong Hill Tracts." <http://www.achrweb.org/Review/2008/203-08.html>

―――― :215/08, 23. Apr. 2008. " 'Life Is Not Ours': Attacks on Indegenous Jumma People of Bangladesh and the Need for International Action." <http://www.achrweb.org/Review/2008/215-08.html>

The Daily Star. 4(59), 25 Jul. 2003. "Larma Demands Immediate Drop of Madhupur Project." <http://www.thedailystar.net/2003/07/25/d30725011010.htm>

―――. 4(222), 9 Jan. 2004. "Garo Murder 'Police Make Forest Guards Scapegoats'." <http://www.thedailystar.net/2004/01/09/d40109012020.htm>

―――. 4(225), 12 Jan. 2004. "Madhupur Eco-park AL MPs Ask Govt to Drop Scheme." <http://www.thedailystar.net/2004/01/12/d40112011313.htm>

―――. 5(952), 3 Feb. 2007. "Eco-park Work Resumes Ignoring Plights of Indegenous People."
<http://www.thedailystar.net/2007/02/03/d7020301129.htm>

Dhaka Courier, 30 Jul. 1993. "Woodlot Woes:Garo Tribesmen and Bengali Forest-Dwellers Face Eviction in the Name of Afforestation Programme."

FD (Forest Department), 6. October. 2007. <http://www.bforest.gov.bd/social.php>

The Independent, 28 Jan. 2007. <http://www.theindependent-bd.com/>

Mukto-mona, 13 May 2007. "An Appeal to Bangladesh Caretaker Goverment for Prosecuting the Killers of Choles Ritchil, a Minority Community Leader."
<http://www.mukto-mona.com/human_rights/CholesRitchil.htm>

第3章
森林破壊につながる森林政策と「よそ者」の役割
―― ラオスの土地・森林分配事業を事例に

東 智美

1　ラオスの土地・森林分配事業（LFA）

森林政策が引き起こす森林破壊

　森林保全を目的として実施される森林政策が、ときとして破壊的な森林利用につながることがある。本章で取りあげるラオス北部の事例では、土地・森林の持続的な管理や農業の生産性の向上を目的とする「土地・森林分配事業（Land Forest Allocation: LFA）」が実施されたことで、焼畑を生業とする地域住民の土地利用に混乱が生じた。農地不足が深刻となり、村人は食糧不足や近隣の村から借地するための経済的負担の増加といった問題をかかえるようになった。さらに、必要な農地を確保できない村人は、水源林で「違法な」焼畑をおこなうようになったため、かえって森林管理をめぐる無秩序な状態がつくりだされることになった。このことは、同事業を実施した郡にとっても望ましいものではなかったし、この事業の普及を通じて土地・森林の管理を進めようとしてきた中央政府の目的にも合致していない。

　LFAが本来の目的である森林保全や定着農業の推進などに役立つこともある。しかし、LFAによって作られた土地・森林利用計画が形骸化し、効果を発揮しなかったり、かえって林産物資源の枯渇を招いたりする事例が全国的にも報告されている。とくに、焼畑耕作が地域住民の生業の中心である北部地域では、LFAが貧困を助長しているという指摘がなされてきた（北村 2003: 227）。

　森林保全や生産性の向上を目的として実施されている事業が森林破壊や地域住民の貧困化を引き起こすという政策の失敗はなぜ起こったのだろうか。また、その政策が10年にもわたって維持されているという非合理な状況はなぜつくりだされているのだろうか。

　本章では、LFAをとりまくさまざまなアクターの意図と、それが交じりあい、

ぶつかりあうことで生じた結果を検証することで、LFAが森林保全に失敗したメカニズムを解明することを試みる。さらに、LFAによって生じた土地利用をめぐる混乱を解決し、制度を改善していくうえで、土地・森林資源をめぐる直接的な利害から距離をおくNGOや国際機関など「よそ者」がどのような役割を果たせるのかに注目したい。

土地・森林分配事業（LFA）の概要と導入の背景

　LFAは、農耕利用の林野を各農家に配分して土地の保有・利用・相続などの諸権利を認め、森林は村落共有林として村落に利用権を認める代わりに管理義務を課すことをおもな内容としている（大矢 1998: 272）。1994年に施行された土地・森林分配に関する政令（首相令第186号）、「土地管理と土地・森林分配の継続」に関する首相令第3号、およびそれを具体的に実施するための農林省令第822号（1996年）にもとづいて、1996年から全国規模で導入されるようになった。農林省令822号にはこの事業の目的として、1）土地・森林・水源などの天然資源を効率的かつ持続的に管理・利用し、自然環境の保全をはかること、2）焼畑民や貧困層をはじめとする国民の生活を向上させるため、農業・森林分野の開発および安定した職業の創出を通じて焼畑耕作を抑制すること、3）食糧増産を推進すること、4）換金作物への投資を推進し、地域住民の収入を増大させること、があげられている。

　ここで指摘しておきたいのは、LFAが自然環境の保全、国民の生活の向上、焼畑の抑制、食糧増産、換金作物栽培の推進という多様な目的をかかげ、農業政策と森林政策の2つの側面をあわせもっているということである。LFAがこのような多面性をもつことから、ラオス政府や国際機関、民間企業などさまざまなアクターの思惑がかかわっていることがわかる。

　社会主義国であるラオスでは、土地や森林は国民の共有財産とされ、従来、その配分や管理についての意思決定は政府がおこなうことになっていた。しかし、1990年代初頭から、市場原理にもとづいた経済運営の一環として、土地の利用権を確定し、個人や法人に土地権利証書を交付する事業が実施されるようになってきた。LFAもこうした政策に沿って実施されるようになったものである（大矢 1998: 272）。

　さらに、LFAの導入は、1980年代なかばからラオス政府が進めてきた焼畑抑制政策と密接に結びついている。ラオスの森林率は、70％（1940年）から41.5％（2002年）まで大きく減少しており、実際には、水力発電ダムなど大規模なイン

フラ開発や鉱物採掘事業も森林減少の大きな要因であるにもかかわらず、森林減少の「犯人」として槍玉にあげられてきたのが、焼畑耕作であった。第2次経済・社会開発5カ年計画 (1986～1990年) で焼畑抑制政策が導入されると同時に、1980年代後半から、ベトナムで実施されていた同様の事業を参考に、LFAの準備が進められていった[1]。急激な森林減少を背景に、農林省は1989年に「森林における国民会議」を開催し、森林資源管理を地域住民へ移譲する項目が盛りこまれた (百村 2005: 80)。その後、先述のとおり、土地・森林の管理・利用権を地域住民に移譲することを柱のひとつとするLFAが、1996年より本格的に実施されることとなる。

　一方、LFAを必要とする声はラオス政府の外からもあがっていた。LFAが準備されていた1990年代初めは、カンボジア和平によって、ラオスやベトナムを含むインドシナ地域に対する開発援助が増えはじめた時期であった。開発支援をおこなう先進国や多国間の援助機関は、土地や森林の帰属が明確にされていることを求めた (松本 2004)。植林やインフラ開発を進める海外の投資企業にとっても、事業実施のためには土地利用区分が明確にされていることが望ましかった。LFA推進の背景には、こうした外部のアクターの思惑も作用していたと考えられる。

　こうした動きのなかで、まず、ラオス政府は北部サヤブリ県をモデル県として、農地・林地の土地区分を実施した。この際、サヤブリ県の地方の役人が、みずから荒廃地の利用権を得て、そこに換金作物を植えることで、私腹を肥やしていたという報告もある (赤阪 1996)。この報告からは、地方の役人のあいだには、土地・森林区分を進めるうえで、ラオス政府がかかげた本来の政策の目的とは別のインセンティブが働いていたことがうかがえる。これらの事例にみられるように、それぞれのアクターがLFAを通じてめざそうとしたものは、ひとつではなかったのである。

　こうしたLFAの目的が多面性をもち、LFA実施をめぐってさまざまなアクターの思惑が働いていることが、LFAによる森林保全の失敗に結びついているのではないだろうか。ラオス北部ウドムサイ県パクベン郡でおこなわれたLFAを事例に考察してみたい。

2　LFAが焼畑民の暮らしに与えた影響
――ウドムサイ県パクベン郡の事例から

調査地の概要と人々の土地利用

　ラオスの北部に位置するウドムサイ県パクベン郡は（図1）、山がちな地形で水田の適地は少なく、焼畑での陸稲栽培が食糧生産のおもな手段になっている。P村[2]は、同郡の中心から約13kmの山岳部に位置し、2008年12月現在で56世帯380人が暮らすカム民族の村である。水田を持たないこの村では、すべての世帯が焼畑を生業としている。

　P村では、おおむね6～8年ほどのサイクルで焼畑をおこなっている。焼畑による米作りは、2月頃の土地の選定に始まって、12月頃の収穫まで続く。収穫を終えた農地は、植生が回復するまで放置される。焼畑の二次林では、タケノコ、キノコ、小動物などの非木材林産物が採取される。そして、6～8年が経過し、耕作に適した土壌が作られると、ふたたび焼畑地として利用されるのである。

　P村の焼畑地の選定は、毎年、村長や長老など村の有識者や権力者が集まっておこなわれる。その年にどの森が焼畑に適しているのかという判断は、森の休閑年数や木の大きさ、土壌の質、そしてこれまでの経験が基になる。その年の焼畑地が決められると、村長や長老らが各世帯の労働人口に応じて、それぞれの世帯に焼畑地を割り当てる。その年の村の焼畑地内に、以前耕作をおこなった土地があれば、その家族が優先的にその場所を使うことができる。

　ただし、ここでは一般的にイメージされるように土地が「所有」されているわけではない。優先的に耕作地を選ぶことや親戚に権利を譲ることはできても、村外の人などに土地を売ることはできない[3]。ある年に労働力が少ないなどの理由で、過去に使った焼畑地の利用を他の世帯に

図1　パクベン郡の位置
出所：National Agricultural and Forestry Reserch Institute

1996年	K川で水力発電ダム(155KW)の建設が始まる
1997年	居住地や焼畑地の大部分が水源林に区分される
1998年	郡から移転の命令を受ける
1999年	水源林のはずれに移転
2000年	Kダムの発電開始／土地・森林委譲事業(LFA)実施
2005年	道路沿いに再移転
2006年	隣のN村に行政上合併される
2008年	NGO(メコン・ウォッチ)の支援で土地・森林の再区分を実施

表1 土地利用に関するP村の近年の出来事

譲る場合にも土地使用料は発生しないことになっている。

各世帯が決まった農地を所有せず、毎年、木の大きさや土壌をみることで焼畑の適地を決め、村の合意の下で分配がおこなわれるP村の土地利用システムは、与えられた環境条件のなかで、毎年の収穫を安定化させ、人口増加や土地利用のあり方の変化に柔軟に対応することを可能にしてきた。しかし、以下で述べるように、村落移転事業や水力発電開発事業といった郡の政策とそれに続くLFAの実施は、村人の土地利用に大きな影響を与えることになった。

パクベン郡において、LFAは1997年に開始され、2008年12月現在、郡内の全55村中、アクセスが難しい2村を除き、ほぼすべての村で土地と森林の区分が実施されている。P村でLFAが実施されるまでの土地利用に関する出来事をみてみよう(表1)。1996年に中国企業によって、郡の中心部に電気を供給するため、発電量155kwの小規模な水力発電用のダムが建設されることになった。この際、ダムが作られたK川の4集水域約5000haが水源林として区分され、焼畑耕作が禁止された。2000年にLFAが実施されると、それまでは郡による通達だけであった「水源林」の範囲が地図上に示されたうえに、現場には水源林(保護林)であることを示す看板が立てられ、水源林での焼畑に罰則が設けられるようになった。水源林の範囲に土地を持つ村は8つある。うち3村は水源林外に十分な農地が確保できないため、水源林の制定後も水源林内で広範囲な焼畑耕作を続けている。とくにP村は、焼畑耕作が可能な村の土地のほとんどが水源林と重なっているため、もっとも深刻な影響をこうむっている。

このような過去十数年のP村の出来事をふり返ると、土地利用をめぐるさまざまな政策がLFAと絡みあって実施されていることがわかる。ラオス政府には2020年までに電化率を90％に向上させる方針があり、パクベン郡にとっても水力発電開発は重要な事業であった[4]。さらにラオスでは、焼畑耕作の廃止、麻薬

となるケシ栽培の撲滅、少数民族の管理、開発事業の効率化などを目的として、山岳部に分散して住む少数民族を低地や道路沿いに移住させる村落移転事業と、50世帯以下の村同士を合併させる村落合併事業が実施されてきた。パクベン郡においては、2004年には69村あった村落が村落合併政策の結果、2008年には55村に減少した。P村も移転後、N村と合併させられた。P村のLFAはこうした土地利用をめぐる急速な変化のなかで実施されたのである。

LFAが焼畑民の暮らしに及ぼした影響

郡農林事務所の職員によれば、P村では2000年に農林事務所の職員を含む6人の行政官によってLFAが実施された。居住地を除く村の土地・森林は、管理の目的に応じて、農地、保護林（水源等の保護）、保全林（生物多様性の保全）、生産林（木材の生産）、再生林（自然な森林への回復）などに分類された。

ラオスで一般的に用いられているLFAの手順には、8つの段階が定められている。すなわち、1) 準備、2) 村境と土地利用区分の決定、3) データ収集と分析、4) 森林と土地の分配決定、5) 農地の測量、6) 森林・土地利用に関する合意と村人への権利の委譲、7) 土地管理の普及、8) モニタリングと評価である。しかし、P村では、資金や技術の不足から、土地・森林区分に費やされたのは7日間のみで、農地の利用権の各世帯への委譲、農業振興策の普及、その後のモニタリングなどはおこなわれていない。

このわずか7日間で決められた線引きによって、P村は深刻な農地不足とそれにともなう米不足に苦しむこととなった。村の土地のほとんどがLFAによって焼畑禁止の保護林とされたのである。わずかに指定された農地は、土地が痩せているうえ、移転前の村の近くにあるため、移転後の居住地からは遠すぎた。

このような厳しい状況をP村の村人はおもに4つの手法でしのいできた。第1は、隣村から土地を借りることである。現金または酒・ヤギ・豚・タバコなどと引き換えに隣村から土地を借りるのである。多くの世帯がこのやり方で焼畑を作っているが、村人にとって地代の支払いは大きな負担になっている。第2の手法は、移住前の村に戻ることだ。これは郡の政策に違反するが、最初から移転を拒んだ家族を含め、現在7世帯が元の村の居住地で暮らしている。第3は、親戚などを頼って、土地を借りることのできる他の村に移り住むことだ。2007年におこなった村長への聞き取りによると、農地不足から1年の間に4世帯が隣の郡に移住したという。第4の手法は、水源林内で焼畑耕作を続けることだ。P村の現在の居住地に暮らす村人のほぼ全世帯は、隣村から借りている農地だけでは足り

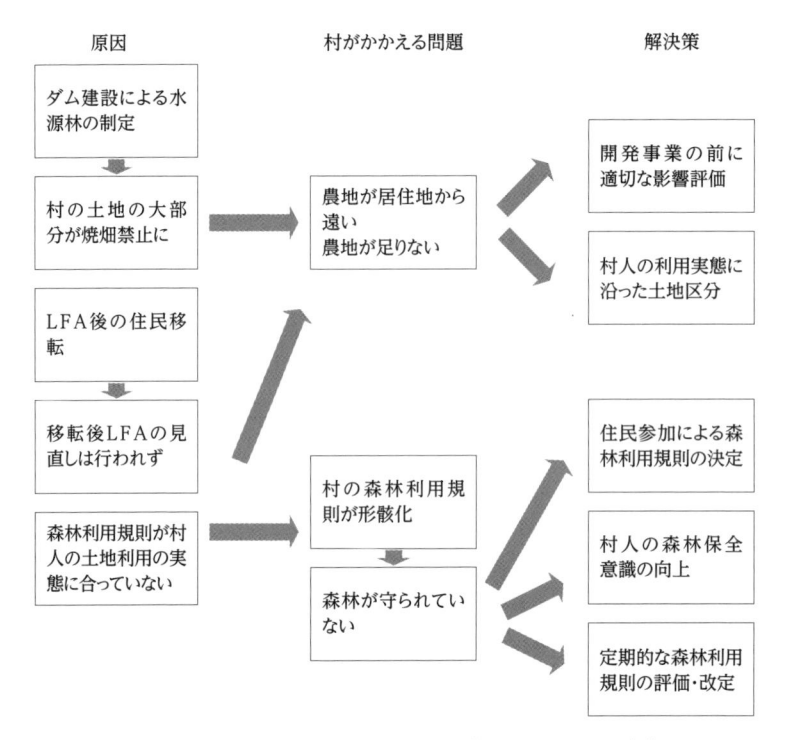

図2　村がかかえる土地利用をめぐる問題と原因および解決策　　　　出所：メコン・ウォッチ

1) パクベン郡農林事務所が開催した「パクベン郡のLFAの評価会合」(2007年2月27日)に参加した村人および郡の行政官が作成した問題分析の図を筆者が整理・翻訳した。
2) 会合にはP村を含む3村から6人の代表者と、農林事務所、土地管理局、環境局、計画局など土地・森林管理にかかわる部局から11人の行政官が参加した。各村では事前に会合を開き、村人同士で村がかかえる土地問題について話し合いがおこなわれた。会合当日に、村人と行政官が議論し、共通理解として作成したのが上記の問題分析の図である。

ないため水源林内での焼畑耕作をおこなっている。LFA前と同じ営みであっても、伐採が禁止されている保護林に指定された水源林内での焼畑は「違法行為」ということになる。「水源林の指定を受けてから焼畑をする場所がなくなり、食べる米に困るようになった。食べていくには、禁止されていてもふたたび水源林で焼畑をするしかなかったんだ」とP村の村人は語っている[5]。

　このようにLFA実施後は、水源林内での「違法」な焼畑と隣村からの土地の借用によって、7～8年の休閑期間を保った焼畑をおこなってきた。しかし、焼畑による米作に替わる生計手段がない現状で、もし水源林内での焼畑が厳しく取り締まられたり、隣村に地代が払えなかったりすれば、休閑期間が短縮される可能

性もある。実際、P村の周辺の村では、土地不足から休閑期間が3年程度まで短縮されたり、連作がおこなわれたりしている村がある。村人によれば、十分な休閑期間がとられず土壌が回復していない耕作地では、雑草が多く生えるため、除草剤を使用するようになってきているという。このことによって水質汚染や土壌劣化など、森林の環境に悪影響が及ぶ危険性もある。

P村の事例では、LFAは森林の破壊的な利用や村人の米不足といった問題を引き起こす要因となり、目的としてかかげている森林保全にも農業生産性の向上にもつながらなかったのである。

3　LFAの失敗の要因と人々の抵抗

なぜLFAは森林保全に失敗したのか？

LFAについては、実施当初から事業を担当する県や郡の行政官の能力不足や、不適切な予算配分などの課題が指摘されてきた（大矢 1998: 275）。またLFA担当者へのトレーニング不足など技術的な側面での課題も指摘されている（百村 2005: 84）。しかし、P村の事例をみると、LFAが森林保全を達成できなかった理由は、人的資源、資金、技術支援の不足だけでは説明できない。P村でのLFAが森林保全や生産性の向上といった目的を達成できなかった原因について、まずはP村を含むK川水源林に農地を持つ村と行政官が共同でおこなった分析（図2）を紹介したい。

パクベン郡の村人と行政官は、村人の農地不足の問題がダム開発や村落移転といった郡の政策に端を発しているととらえていることがわかる。トップダウンで決められた村の森林利用規則が、村人の土地利用の実情に即しておらず、形骸化している実態も描かれている。

LFAによって村人の土地利用の混乱が引き起こされる第1の要因は、図2で村人と行政官が指摘したように、村人の土地利用のあり方を無視した画一的な土地区分の押し付けにある。パクベン郡でも担当者の経験や資金の不足から、村人の土地利用の実態が十分に調査されないまま、短時間で線引きがおこなわれた。土地利用区分は村人の「参加」の下で決められることになっているが、村人からの聞き取りによると、村長などが土地利用規則などを決める会合に出席はしたが、LFAについての村人の理解の促進や、村人の土地利用の実態についての十分な調査がおこなわれることはなかった。

さらに根本的な原因も考えられる。村人は毎年、森や土壌の状況をみながら焼

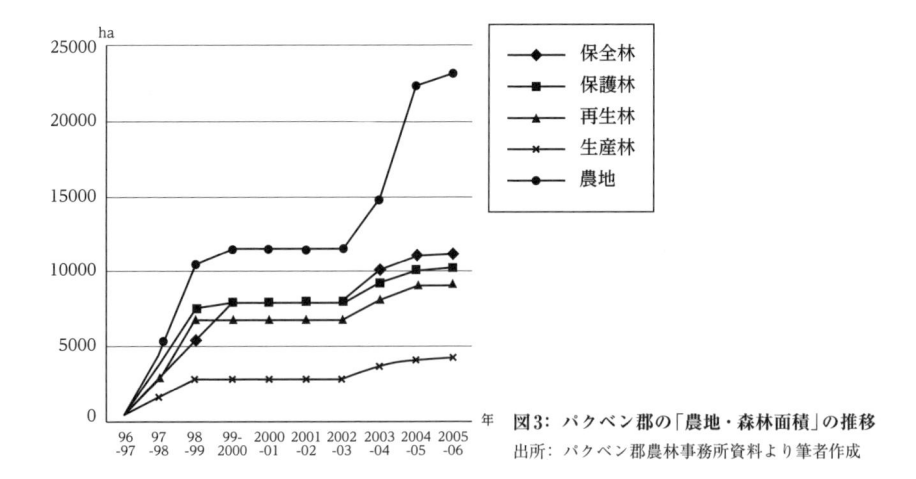

図3: パクベン郡の「農地・森林面積」の推移
出所: パクベン郡農林事務所資料より筆者作成

畑地を選定してきたのに対して、LFAでは地域の土地利用の多様性とは無関係に、全国で画一的なアプローチが採用される。LFAの手順は中央政府レベルで決められ、NGOや国際機関が支援している場合を除き、全国統一の手順によって森林と農地の区分がおこなわれている。そこには、水田耕作が中心の低地と焼畑耕作が中心の山地といった地域の特性や、市場へのアクセスが容易であり換金作物栽培が中心の地域と自給自足的な農業が中心の地域といった経済的な特性がほとんど反映されていない。単一のマニュアルにもとづき、村の境界が決められ、農地や林地が地図上で色分けされていくのである。

　第2の要因は、LFAを実施する行政官にとって、しばしば数値ノルマを達成することが目的となってしまうことである。パクベン郡の森林区分の成果を示す図3は、郡農林事務所の壁に貼られているグラフを写したものである。このグラフだけをみると、LFAによって森林や農地が増えたかのような錯覚に陥る。いうまでもなく、LFA以前にも村には森林や農地は存在していた。しかし、郡農林事務所の資料の上では、測量され、区分され、地図に描かれてはじめて森林や農地が現れるのである。そこには、草木や土壌の状況をみながら焼畑耕作をおこない、林産物を採取してきた村人の土地・森林利用の実態は反映されていない。毎年、県から下りてくる数値ノルマの達成をめざす郡農林事務所の担当者にとっては、ときに村人が現実におこなっている土地利用よりも県に提出する数値が優先される。LFAにおける「住民参加」が形だけのものになりがちなのは、行政官の能力や経験の不足に加え、数値化を優先する現場の行政官には、住民参加を進

め、村人の土地利用の実態を反映させた土地区分をおこなおうとするインセンティブが働かないことも影響していると考えられる。

　第3の要因は、「農地」「森林」「区分」をめぐる中央と地方の認識のくい違いである。焼畑の抑制はLFAの目的のひとつであるが、じつは焼畑の定義自体が曖昧なものだ。ラオス政府は「2010年までの焼畑抑制」という方針をもっているが、ラオス農林省は、焼畑を「一定年数の耕作の後、新たに森林を切り開く」"開拓"タイプと「〔数年のサイクルで〕限られた数箇所の焼畑地を回る」"固定"タイプとに分類し、後者については地域の政府機関と住民の合意がある場合には認めている（ラオス農林省 2009: 2）。LFAでは、農地と森林の区分を明確にすることによって、"開拓"タイプから"固定"タイプへの転換がめざされてきた。一方で、地方レベルでは、あらゆる形態の焼畑の廃止が国家目標であるというとらえ方がされている場合もある。パクベン郡でおこなわれている焼畑を数年サイクルで決まったプロットを回る"固定"タイプとみなせば、中央の定義では認められる。しかし県レベルでは、焼畑そのものを「遅れた農業」だとして抑制しようとする傾向が強い。こうした「焼畑」をめぐる中央と地方の認識のくい違いは、土地・森林区分の混乱を引き起こしている。

　第4の要因は、もともとLFAは、初めから森林保全、焼畑の抑制、農業生産性の向上、地域住民の生活向上といった多様な目的をもっているが、ときにそれぞれのアクターによってある特定の目的が強調され、別の目的に逆行するようなLFAの実践がおこなわれてきたことである。パクベン郡の事例では、郡当局が水源林を保全するため、代替手段を提供することなく、地域住民を森から排除しようとしたため、農地が不足した村人による水源林での「違法な」焼畑を誘発することとなった。パクベン郡以外でも、土地の開墾や新たな作物の導入等の政府の支援体制が整備されないまま、土地分配だけが進められ、分配地での耕作ができない状態で焼畑が禁じられることが、貧困を助長していると指摘されている（北村 2003: 227）。現在、中央政府内で進められているLFA改革の議論のなかでは、焼畑抑制がLFAの目的として強調されすぎたことが地域住民の生計に負の影響を及ぼしてきたことが指摘されている。

　ラオスの農村部では今も多くの人々が、森を農地として利用したり、非木材林産物を採取したりと、森林資源に根ざした生活を営んでいる。森林の減少はそうした人々の生活に直接的な打撃を与えることになる。一方で、地域住民の生活を無視した森林保全は、P村の事例のように、かえって破壊的な森林利用につながる危険性をはらんでいる。

第5の要因は、LFAを実施する郡が、LFAの国家政策上の目的とは異なる目的のために、LFAを利用しようとしてきたことである。パクベン郡の事例では、LFAを進めることで、水力発電ダムの水源林保全、政策的な村落移転、村落合併など、郡が進める政策を定着させようという狙いを地方政府がもっていたと考えられる。こうした政策の推進は、中央政府がLFAの目的のひとつとしてかかげる農業生産性の向上やそれを通じた地域住民の生活向上とは、しばしば相反する結果につながっている。

　中央政府がLFAの目的としてかかげてきた森林保全や農業生産性の向上が、多くの場合達成されてこなかったにもかかわらず、LFAはこれまで見直しもされないまま継続されてきた。この理由のひとつは、上述のように郡が本来の事業の目的とは別に、水力発電開発や村落移転の推進のためにLFAを実施することの利点を見いだしていたことにあると推察される。

　さらに、LFAがさまざまな問題を引き起こしながらも継続されてきた要因として、国際機関やNGOによる援助がもたらす弊害を指摘しなければならないだろう。ラオス政府にとっては、LFAを実施することで海外からの援助を呼びこむことができ、資金がまわってくるという期待が存在する。一方、森林政策にかかわる外国人専門家は、LFAにかかわることで国際機関の職と報酬を得てきた。森林プロジェクトを実施するNGOには、LFAにかかわることでプロジェクトの正当性を得て、県や郡の農林局との関係を作ったという一面があることは否定できない。外部アクターであるはずの国際機関やNGOが、必ずしもLFAをめぐる利害関係から自由であるとは言いきれないのである。

　これまでみてきたように、LFAが実施される過程には、そこにかかわるさまざまなアクターの思惑が入りこんでいた。LFAが森林保全や農業生産性の向上など本来の目的に反する結果を生みだしながら、それが10年以上にもわたって継続されてきたのは、それがそれぞれのアクターにとっての別の目的を果たしてきたからであろう。

押しつけられた政策への人々の抵抗

　問題をかかえながらも、長年にわたって上から押しつけられてきた森林制度に対し、村人たちはどのような抵抗をみせてきたのだろうか。

　第1の抵抗は、制度を「無視」することである。P村の事例では、水源林の制定後、水源林の外に農地を見つけられない村人は、水源林のなかでの「違法」な焼畑をおこなうしかなかった。LFAの過程や事後に不満があっても、村人が郡の

役人に対して意見を言うことが難しいラオスの政治・社会状況下で村人が一番とりやすい抵抗のかたちは、表立って抗議するのではなく、決められた土地・森林区分を無視することだ。水源林に土地を持つほとんどの村が水源林保全のルールを無視し、土地分配がおこなわれた村で多くの世帯が慣習的な土地所有を優先してしまえば、行政官がすべてを取り締まることは難しい。しかし、一度作られた土地・森林区分が無視されることは、村人の慣習的な土地利用の取り決めにも弊害をもたらすことがある。

　P村の近くの村では、かつては村人に守られていた小川の水源近くの森が切られるようになった。水源林内の焼畑がすべて「違法」となったことで、本来そのなかに存在していた村の保護林だけを守ることの意義がうすれ、水源近くで伐採や焼畑をおこなってしまう村人が出てきたのである。

　第2に、村人たちがさらにしたたかに抵抗している例もある。村人に「この村で焼畑（hai）はおこなわれているか」と尋ねると「焼畑はやっていない」という答えが返ってくる。しかし、山からは伐採した草木を燃やす煙が上がっている。「では、あの煙はなんだ？」と聞き返すと、村人は「あれは米の畑（swan khao）を作っているんだ」と答える。

　ネガティブなイメージをもつ「焼畑（hai）」を「畑（swan）」と言い換えただけで、実態は変わっていない。「焼畑」と「畑」の言い換えは、上から押しつけられた森林制度に対する村人の抵抗のあり方だとみることができる。

　また、村人の生活が簡単には焼畑と切り離せないことを実感している郡にとっても、この「言い換え」を容認するメリットはある。LFAを通じて、「焼畑地」を「農地」とラベル替えすることで、村人の焼畑には多少、目をつむり、縦割りの官僚機構のなかで求められる義務の履行と、村人の焼畑を完全に禁止することが難しい現実に、折り合いをつけているのである。

　国にしてみれば、多くの人々が焼畑を生計手段としているなかでかかげた「2010年までの焼畑抑制」という国家目標が無謀であったことに気がついても、なかなか取り下げるわけにはいかない。しかし、極端な言い方をしてしまえば、LFAを進め、現在の焼畑地をすべて「農地」と定義してしまえば、この目標は簡単に達成することができるのである。

　村人や行政官が制度を都合のいいように読み替えることで、村人は必要な「畑」を確保することができ、地方の役人は取り締まらなければならない「焼畑」面積を減らすことができ、国は「目標達成」という面目を保つことができる。

　「焼畑」の定義の曖昧さがラオスの土地政策の混乱を引き起こしている一方で、

定義が曖昧であるがゆえに、それぞれのアクターが自分の都合のいいように解釈できる余地が生まれ、事態を丸く収めることができる場合もある。少なくとも、焼畑抑制政策をめぐる土地利用の混乱については、定義を明確にし、それを厳密に遵守させることは根本的な問題解決にはならないだろう（東 2009: 55-56）。

4　新たな森林管理制度のあり方を求めて
―― NGO の試みと「よそ者」の役割

ラオスの土地・森林をとりまく状況

　これまでみてきたように、LFA をめぐっては、地域住民、地方政府、中央政府、国際機関、NGO といったアクターが各々異なる目的をもち、それに見合った合理性にもとづいて制度の運用にかかわってきた。その結果、ラオス政府が本来 LFA の目的としてかかげてきた森林保全や生産性の向上につながらない事例が生みだされてきた。とくに、P 村の事例にみられるように、政治力の弱い地域住民にもっとも大きな影響が及ぶことになる。では、地域住民の土地・森林利用の権利を尊重し、持続的な森林管理を実現するためには、LFA を中止し、地域住民による「伝統的」な土地利用のあり方に戻すべきなのだろうか。

　いや、現在のラオスの土地・森林をめぐる急速な変化のなかでは、それだけでは解決にならないだろう。人口の増加や市場経済化が加速するなかで、土地の希少性が増し、農地不足が問題になってきている。村人の土地利用は、森林保全そのものは目的としていないため、村の人口が許容量を超えれば、水源や川沿いなど、これまでは慣習的に守られてきた場所にも農地が広がり、環境への負荷が増える可能性がある。さらに、ラオス農村部には開発プロジェクトや換金作物栽培が急速な勢いで入りこんできている。パクベン郡でも中国企業による茶の栽培が始められた。ウドムサイ県の他の郡で広がっているゴム植林が今後パクベン郡にも拡大する可能性もある。外部の企業や開発プロジェクトから村人の権利を守り、村人による森林管理を実現するためには、村の境を確定し、村人による土地・利用の権利が法的な根拠に支えられる必要があると筆者は考える。

　ラオスではこれまでいくつかの NGO が開発事業や投資事業から村人の権利を守る活動をしてきた。そのなかで、国際機関や NGO が現在試みているのは、LFA 自体に異を唱えるのではなく、村人の土地利用のあり方を尊重しながら、LFA のやり方を改善しようとするアプローチだ。ここでは、これまで LFA にかかわってきた NGO や国際機関の取り組みをいくつかふり返ったうえで、筆者が

取り組むNGOの森林保全プロジェクトについて紹介したい。

LFAにかかわるNGO・国際機関の取り組み

　ラオスでもっとも早い段階からLFAに着目し、この政策を利用することで村人の土地利用の権利を守ろうとしてきたのが、日本国際ボランティアセンター（JVC）である。JVCは、1995年から2008年までラオス中部のカムアン県の34村でLFA実施の支援をおこなった。1990年代前半、JVCは中部カムアン県で森林保全活動に携わるなかで、村の森林を合法的に登録し、森林の管理権を村人に保証する必要性を感じていた。そこで、LFAを活用することで、村人が自分たちの森を持てるようになり、外部者による伐採から森林を守ることができるようにしようと試みた（赤阪 1996）。

　JVCがLFA支援に携わるようになってから10年が経った。その間のJVCの経験をふり返ると（JVC 2006-2007）、LFAによって村を飲みこもうとする「開発」の波の影響を必ずしも十分に防げたわけではなかった。しかし、数は限られてはいるが、村の森を法的に登録することによって、村人自身が外からの開発に対抗し、その中止を求めたり、補償を得たりすることができた事例もある。JVCの経験からは、LFAは決して村人の権利を守るための万能薬ではないが、外からの開発に対し村人が権利を主張するためのひとつのツールになりうることを示唆している。

　一方、いくつかの国際機関は、LFAの実施によって生じた問題をうけて、土地利用計画と土地・森林分配に関する独自のやり方を試してきた。アジア開発銀行（ADB）が支援した「焼畑安定化プロジェクト（Shifting Cultivation Stabilization Project）」のなかでは、市場へのアクセスや換金作物導入の可能性および焼畑の依存度に応じて、1）村の境だけを決定するやり方、2）土地と森林のゾーニングをおこなうやり方、3）ゾーニングをおこなったうえで各世帯に農地を分配するといった異なるやり方が選択された（Lao Consulting Group 2006）。画一的なやり方でLFAを実施するのではなく、村の土地利用の実態に即したやり方が適用された。焼畑地については、かつてのように村全体が管理できるようにし、毎年の合議制にもとづく土地分配のシステムが維持されている[6]。ドイツ技術協力公社（GTZ）は、2007年に発表した共有地の登録に関する報告書（Seidel *et al.* 2007）のなかで、近年、村の共有地が個人の農地や植林地に転換されていく傾向があることに警鐘を鳴らしている。GTZはその対応策として、これまで個人や企業にしか認められていなかった土地の管理・利用権を村や住民グループにも認め、共有

地として登録することを提案し、パイロット事業で共有地の登記をおこなった。

　こうした国際機関の事例調査やパイロット事業を経て、現在、ラオス政府は、ドイツ技術協力公社（GTZ）、日本の国際協力機構（JICA）、スウェーデン国際開発協力庁（SIDA）の支援を受けつつ、LFAの実施手順を改善しようとしている。2009年3月、「参加型土地利用計画（Participatory Land Use Planning：PLUP）」のマニュアル策定について、行政官、研究者、国際機関、NGOなどが参加して、ステークホルダーズ会合が開催された。2009年4月現在、マニュアルの公布に向けて、農林業普及局（NAFES）、林野局、農林業研究所（NAFRI）、土地管理庁（NLMA）など政府機関内での討議がおこなわれている段階である。

　新しいマニュアルのくわしい内容や課題についてはここではふれないが、このマニュアル改定の動きには、ラオスで活動する国際NGOネットワークの下に設置されている「土地問題作業部会」[7]が強い関心を示し、提言活動をおこなっている。これまで現場でLFAの実践にかかわり、LFAが村人の生活に及ぼした影響を身近にみてきたNGOが、政策改定にどこまで踏みこめるのかが問われている。

アクターをつなぐNGOの取り組み——メコン・ウォッチの森林保全プロジェクト

　メコン・ウォッチは、2005年度からラオス国立大学林学部およびパクベン郡農林事務所と協力して、水源林の利用と保全に関する調査や提言活動をおこなってきた。先の図2に示した2007年2月の村人と行政官による問題分析は、この活動の一環としておこなわれた。そこで明らかになったのは、村人の土地利用の実態を理解したうえで、村人が参加できる土地利用・森林保全の仕組みを作っていく必要があるということだった。その後、森林保全と村人の生産活動を両立させる水源林管理をめざして、1) ラオスの土地・森林政策に関する地方行政官への提言活動、2) 水源林の地域住民の土地・森林利用調査、3) 水源林の環境モニタリング、4) 水源林管理委員会の設置と活動支援、5) LFAのやり直しの支援、6) 村人への環境トレーニング、といった活動を実施してきた。

　土地・森林政策に関する提言活動のなかでは、他地域の事例をパクベン郡の森林行政官に紹介したり、中央の行政官と地方の行政官とが会合する機会を作ったりすることによって、中央と地方の政府間の認識のくい違いの解消をめざしてきた。たとえば、会合のなかで「焼畑は遅れた農業だ」と主張する県の役人に対して、中央の林野局からやってきた役人が「"固定"タイプの焼畑は認めていくべきだ」と説明することで、両者のくい違いが埋まっていった。

　2007年10月には、水源林に土地を持つ8村の代表者と水源林管理にかかわる

部署の地方行政官からなる水源林管理委員会が設立された。それまで村人と行政官らは、土地・森林利用に関する問題を議論する場をもっていなかった。しかし、委員会の設立によって毎年の森林保全と土地利用の計画を話しあい、土地利用をめぐる村同士や村と行政とのトラブルに対処できるようになってきた。たとえば、以前は水源林での焼畑は一律に禁止されていたが、委員会の設置後は、その年に水源林内に焼畑を確保する必要がある村は、委員会に土地利用計画を提出することで焼畑を許されるようになった。委員会が制定した水源林管理規則にもとづき、委員会の会合で他の村や郡がその土地利用計画を認めれば、水源林内の一部で焼畑をおこなうことが可能である。村人は、川沿いや水源周囲の森は保全するなど村と郡が決めたルールを守れば、違法な焼畑をおこなう必要がなくなったのである。

　2000年に村の土地利用の実態を反映していないLFAが郡農村事務所主導でおこなわれたP村を含む2村では、メコン・ウォッチの支援の下、2008年および2009年に土地・森林の再区分がおこなわれた。再区分を通じて、休閑地を含めて適正な焼畑サイクルに必要な「農地」を確保すること、それぞれの村人の特色に沿って森林管理がおこなわれるように、村が主体となって土地を管理する権利を法的に認めていくことがめざされた。そして、村の人口増加や土地利用が新たに変化することを前提とし、柔軟に変更可能な区分になるよう考慮している。村の境を確定することで、外から入ってくる投資や開発に対して、村の権利を法的に保証することがある程度可能になる。水源林内であっても、適切な焼畑サイクルの維持に必要な土地を「農地」として登録することで、そこでの焼畑を合法化し、村人が利用できるようにする。そのうえで、「農地」の使い方は村に委ね、柔軟な土地利用が実現することをめざしている。一方、水源林でも保護林や保全林として守るべきところは的確に区分し、毎年の土地利用を村と郡が話しあう機会を作ることで、土地・森林の管理をめざす郡も対面を保つことができる。この再区分がうまくいけば、郡は違法な焼畑の取締りをする必要もなくなり、水源の保全に必要な森林も守られることになる。

ラオスの森林保全における「よそ者」の役割

　紹介したメコン・ウォッチの森林保全事業はまだ道なかばであり、その事業自体の自立性や有効性を評価するには時期尚早であるが、ここでは筆者自身が活動のなかで感じている「よそ者」の役割について整理したい。

　NGOや国際機関といった「よそ者」が、森林制度をめぐる利害関係から完全に

自由でいられるとは限らないことは上で述べた。しかし、それでも「よそ者」がLFAの改善に一定の役割を果たせると考えている。事業規模の大小の差はあれ、ある程度の活動資金を持っており、言論の自由が制限されている社会主義国ラオスにおいても各アクターの間を自由に行き来でき、ある程度の政治的な自由度をもっているからである。

　よそ者が果たす第1の役割は、各アクターのコミュニケーションのくい違いを埋めることである。たとえば、メコン・ウォッチの森林保全事業は、それまで対等な議論の場をもつことがなかった村人と行政官が同じ場で議論し、村がかかえる土地利用の問題、その原因、解決方法についての共通理解を作るところから始まった。さらに、中央と地方の行政官が議論する場を作ることで、地方行政官と中央政府の政策をめぐる考え方のギャップを埋め、郡レベルで実施されている森林管理制度の目的を修正することを試みた。

　第2の役割は、各アクターの政治力のバランスを調整することである。地方行政官と村人からなる水源林管理委員会が作られたことで、村人が参加可能な森林管理の仕組みを郡の行政機能の一部に組みこめた。水源林の確保が優先され、LFAが土地利用の混乱を引き起こしてきた村では、村人の土地利用の実態を調査し、それを反映させた土地・森林区分の見直しがおこなわれていた。これにより、村人による柔軟な土地利用のやり方が政府の制度に取りこまれつつ、持続的な森林保全と生産活動の両立がめざされている。

　政府の力が強く、地域住民が声をあげられないラオスでは、各アクターの間を行き来し、それらをつなげて、力関係を調整するNGOや国際機関の役割はとくに大きいと考えられる。その反面、介入する「よそ者」が外から持ちこんだやり方を押しつけることになれば、それは長続きしないばかりか、さらなる土地利用をめぐる混乱を生みだす可能性もある。介入のやり方を誤れば、行政官と村人または村の中の力関係のアンバランスをさらに拡大してしまうことにもなりかねない。NGOや国際機関がLFAの改善に介入する際には、援助資金が持ちこまれることで受け入れ側には本来の目的とは別の思惑が生まれる可能性がある。加えて、すでに述べたように、活動のなかで事業の継続そのものが目的にすり替わる危険性を自らもかかえていること、さらに、その関わり方によっては力関係や情報の偏りを強め、問題を固定化してしまうこともある。こういった危険性があることを認識しておかなければならないだろう。

注

(1) 国立農林業普及局(NAFES)焼畑安定化課の職員へのインタビュー(2009年9月14日)より.
(2) P村は、移転後に2kmほど離れたN村と合併して、行政上はN村の中の1集落となっているが、ここではP集落をP村と表記する.
(3) LFAによって土地の利用権が世帯に委譲され土地権利書が発行されるまで、法律上は土地利用権の売買は認められていない。しかし、行政によるコントロールの範囲外で村人同士による土地の売買は慣習的におこなわれてきた.
(4) ただし、電力が供給されたのは郡の中心部の一部だけで、K川流域の村はダムの恩恵をまったく受けていない。さらに、現在はダムの発電機が故障し、発電は中止されている.
(5) P村の村人へのインタビュー(2009年5月14日)より.
(6) 2007年6月14～16日、フアパン県サムヌア郡において、アジア開発銀行(ADB)のプロジェクト事務所および同プロジェクトの対象村を訪問し、聞き取り調査をおこなった.
(7) 土地問題作業部会は、ラオスの土地に関する問題に関心をもつNGOやその他の開発専門家の非公式なネットワークである。2007年に「国際NGOネットワーク」の下部組織として活動を開始した.

参考文献

赤阪むつみ 1996『自分たちの未来は自分たちで決めたい』日本国際ボランティアセンター.

大矢釼冶 1998「森林・林野の地域社会管理──ラオスにおける土地・林業分配事業の可能性と課題」環境経済・政策学会編『アジアの環境問題』265-278頁, 東洋経済新報社.

北村徳喜 2003「森林の利用と保全」西澤信善・古川久継・木内行雄編『ラオスの開発と国際協力』209-235頁, めこん.

東智美 2009「森と農地を分断する「はかり」──ラオスの焼畑民のくらしと土地・森林委譲事業」メコン・ウォッチ編『「はかる」ことがくらしに与える影響』メコン・ウォッチ.

百村帝彦 2005「ラオスの土地森林分配事業に対する地域住民の対応:サワンナケート県の丘陵地域における事例」『林業経済研究』51(1)号: 79-88, 林業経済学会.

松本悟 2004「水と森に支えられた生活と開発──ラオスのある小さな村の30年」『シリーズ・国際開発 第3巻 生活と開発』日本評論社.

Japan International Volunteer Center. 2006-2007. *JVC Case Studies.*
Lao Consulting Group Ltd. 2006. *Report on Land Use Planning and Land Allocation Experiences and Best Practices Arising from SCSPP.* Vientiane: The Asian Development Bank (ADB).
Seidel, Katrin, *et al.* 2007. *Study on Communal Land Registration in Lao PDR.* Vientiane: Lao-German Land Policy Development Project. German Technical Cooperation (GTZ).

〈ラオス語文献〉
ラオス農林省 1996「農林省令第822号：土地・森林分配」.
ラオス農林省 2009「農林省通達第34号："焼畑"の種類と定義」.

第Ⅱ部
「住民参加型」森林管理の実践

タイ東北部、ある村の共有林。住民が墓の森（pacha）として保全してきた場所である。かつて、住民はこの場所に死者を埋葬していた。そのため、彼らの多くは気味悪がってこの場所に近づかない。写真は、野火の侵入を防ぐため、有志が村のきまりにもとづき境界周辺の下草を刈り、防火帯をつくっているところ。キノコや野草などの林産物を採取しながら、作業は数日間なごやかに続く。（撮影：生方史数）

第4章

フィリピンにおけるコミュニティ森林管理
── 自治による公共空間の創造につながるのか

葉山アツコ

1 コミュニティ森林管理プログラムの登場

　フィリピンは、地域の人々を取りこんだ国有林地管理事業とその制度化への取り組みという点において、約35年の経験を有する先駆的な国のひとつである。ここでいう国有林地（必ずしも森林で覆われているわけではない）管理では、ある主体が国有林地を国家にとって望ましい状態に維持する、あるいは改善することを意味し、その目的の範囲内でその主体の資源利用が認められる。フィリピンの国有林地管理主体の主役は、かつては木材会社、現在は地域住民である。フィリピンでは、1970年代前半にはじめて国有林地の住民を取りこむ国有林地管理事業に着手して以来、さまざまな取り組みがなされてきた。1995年の大統領行政命令第263号は、「コミュニティにもとづく森林管理（Community-Based Forest Management: CBFM）」（以下コミュニティ森林管理とする）という手法を持続的な国有林地管理のための国家戦略とすると規定し、コミュニティを森林資源保全と再生の担い手と位置づけた。ここでいうコミュニティとは、国有林地の監督官庁である環境天然資源省（Department of Environment and Natural Resources）によって土地利用権が付与された人々（国有林地内および近隣の住民）の集団を表す。慣習的に森林を管理してきた人々であっても、土地利用権が付与されていなければ、国家が規定する正規のコミュニティの範疇には入らない。

　フィリピンにおいて国有林地と区分される土地は全国土面積の53％を占め、地形的には丘陵地、高原、山地が含まれる（FMB 2007: 3）。環境天然資源省によれば、現在、そのうちの約4割の面積（600万ha）がコミュニティによって管理されており、このようなコミュニティの数は全国で5500以上になる（環境天然資源省・森林管理局［Forest Management Bureau］内部資料、森林管理局は環境天然資源省下の組織）。環境天然資源省の将来構想では、国有林地全体の約3分の2に相当す

る900万haがコミュニティの管理下におかれるという。約40年前、国有林地全体の約3分の2が木材会社の管理下におかれていたことを考えると、完全な管理主体の交代である。

　国有林地の住民は、かつては森林開発を阻害する存在として国家によって排除の対象とされた人々であった。それゆえに、コミュニティ森林管理プログラムの制度化は、社会的、経済的に周辺化されてきた人々の権利の獲得として、資源管理における民主化として、住民自治の新たな公共空間の創造として、あるいは開発における住民参加の実践として高く評価されている(Tesoro 1999; Utting 2000; Guiang et al. 2001; Contreras 2003; Pulhin et al. 2007; Pulhin et al. 2008)。フィリピンにおいて、国有林地の住民が土地や資源の利用権を国家や木材会社と闘い、勝ちとったという事例(先住民とよばれる人々に多い)は複数あり(Broad and Cavanagh 1993; Rice 2001)、そのような住民にとってコミュニティ森林管理プログラムの制度化は、自分たちの権利獲得闘争における勝利であるといえるかもしれない。しかし、国有林地に住む人々すべてがこのような権利獲得闘争をしてきたわけではない。そのような人々にとっては、このプログラムは外部から持ちこまれた開発事業のひとつでしかない。国有林地の住民全体を見わたせば、後者のようにとらえる住民のほうが圧倒的に多いのではないかというのが私の実感である。

　この前提に立って、本章の問題意識は、国有林地管理戦略とされるコミュニティ森林管理プログラムの制度化を、はたしてフィリピンにおける森林政策のパラダイム転換といえるのだろうかということにある。たしかに、この制度化によって、国有林地の住民の存在と彼らの資源利用が法的に認められる道が開かれたというだけでなく、国有林地の森林保全、再生のために彼らは必要な存在であるということが制度的に位置づけられた。このことは、フィリピンの森林行政における新局面である。では、はたしてプログラムがうたうように国家が保証した空間で、住民は森林管理、利用における自治を実現しているのだろうか。資源を持続的に利用するために住民自らが規則をつくり、それらにもとづいて資源を管理していくという共有資源管理がなされる公共空間が形成されてきたのだろうか。もとより、資源管理における住民自治とは国家の制度整備や外部のお膳立てによって生まれるものであろうか、あるいは上から与えられた秩序は機能するのだろうか。本章は、これらの問題を考えていくことを目的とする。

　結論を先取りすれば、フィリピンにおけるコミュニティ森林管理プログラム制度化のねらいは、国家による国有林地管理体制の強化であり、国家－コミュニティの垂直関係のなかでコミュニティを国有林地管理の下請け機関として再編しよ

うとするものだということである。それでは、はたして国家のその狙いは達成されているのだろうか。本章は、事例をとおしてプログラムの実態を明らかにしていきたい。まず、国有林地の管理主体の交代がいかに起こったかを制度整備の点からみてみよう。

2　国有林地管理主体の交代はどのように起こったのか

管理主体の交代の背景

　フィリピンにおいてもっとも木材生産が盛んであった時代、国有林地の管理主体は森林局（森林管理局の前身）[1]により広大な森林の長期伐採権（25年間、1975年までは1年から10年までの短期伐採期間もあった）を認可された木材会社であった。1970年代なかば、1000万ha以上の国有林地が木材会社によって管理されていた。これは、国有林地全体の約70％に相当する。伐採権許可数は1976年には471件にものぼっている（FMB 2007: 38）。しかし、その後、森林資源の減少とともに伐採権許可数も減少していく。アキノ政権が成立した1986年には伐採権許可数は159件、木材会社によって管理されていた国有林地総面積は約580万haであった。2007年には伐採権許可数はわずかに11件、木材会社によって管理されている国有林地の総面積は約50万haにまで減少しており、最盛期のわずか5％の面積でしかない。一方で、コミュニティによって管理されている国有林地は1980年代初めより徐々に拡大していった。管理主体の交代は、コミュニティ森林管理プログラムが制度化した1995年以降に急激に進んだ（Pulhin and Dressler 2009: 209）。

　木材会社から住民へと国有林地の管理主体が交代した背景として以下の3点を指摘したい。

　第1にフタバガキ科樹種に代表される天然林の有用樹が激減したことによる国有林地の経済的価値の低下である。伐採権を認可された木材会社には年間許容伐採量と択伐の遵守が法的に定められていたが、伐採のために融資した日本商社は資金を早く回収するために伐採量を加速させた（黒田・ネクトゥー 1989: 147）。成熟まで100年以上かかるフタバガキ科樹種の伐採跡地を人々の侵入から守るための費用を負担する誘因は木材会社にはない。そのため、有用樹が伐り尽くされた伐採跡地は、制度的には木材会社の管理下にありながら、利用価値のない空間として放置された。管理主体不在のオープンアクセス空間となった伐採跡地は、土地を求める人々にとっては農地への転換が容易な格好の空間であった。有用樹を欠いた経済的価値のない伐採跡地であるからこそ、国家は住民にその管理を託す

ことができるのである。一方で、生産林として区分されている、経済的価値の高い天然林管理がコミュニティに託されるということはない。現在もそのような天然林は木材会社の管理地である。

　第2に、実質的なオープンアクセス地の解消という環境天然資源省の思惑である。森林の劣化・減少は、木材会社によって管理放棄された伐採跡地がオープンアクセス地となった結果起こったという同省の認識の下、それを防ぐためには国有林地すべてを主体が明確な管理者の下におくべきであると考えられている。では、誰が国有林地の管理費用を負担するのか。あるいは、誰に経済的価値の低い空間を高い空間に転換する費用を負担してもらうのか。全国土面積の半分の面積を管轄する環境天然資源省には、管理遂行のための資金と人が圧倒的に不足している。企業が植林にのりだすにはあまりにも取引費用とリスク（とくに放火も含めた山火事）が高すぎる。国有林地に居住する人々にこれらの管理を担ってもらう以外の選択肢はない。しかし、無条件に住民に管理を託せば、残っている森林資源は彼らに食いつぶされるのではないか。そこで、後述するが、環境天然資源省が正式に認めたコミュニティのみに同省が認めたやり方で資源利用を遵守させ、国有林地管理を遂行することが最善策であると考えられた。

　第3に、多くの論者が指摘しているように、アキノ政権成立以後の民主化の流れに沿った資源アクセスの民主化要求である。とくにマルコス政権時代は、国家主導の森林開発によって得られた利益が有力政治家と彼らの取り巻きの企業家によって独占され、長年森林資源に依存して生活してきた人々やよりよい生活を求めて移住してきた人々は国有林地利用において周辺化されてきた。国家による森林管理とは、すなわち、国富のためではなく一部の有力者を利する森林資源利用を意味していた（Vitug 1993）。

　アキノ政権成立以降は、人権派弁護士や市民活動家などの支援を得て、国有林地で周辺化されてきた人々の権利獲得運動が盛んになった。その果実のひとつが、先住民に対して「先祖伝来の領域に対する利用権（Certificate of Ancestral Domain Claims）」を認めた1993年の環境天然資源省行政命令第93-2号の制定である。先祖伝来の領域とは、先住民とよばれる人々が彼らの慣習にしたがって長期にわたって占有し、利用してきた土地を意味する。現在、国有林地の管理を担うコミュニティ約5500のうちの約180が先祖伝来の領域に対する利用権を付与された先住民のコミュニティである。1997年には、先住民の権利を認めた「先住民権利法（Indigenous People's Rights Act）」（共和国法第8371号）が制定され、要件を満たす先住民のコミュニティに対して「先祖伝来の領域に対する保有権（Certificate of

Ancestral Domain Title)」を付与することを規定している[2]。ただし、これらの権利は土地と天然資源の利用権を認めるものでしかなく、彼らの土地が国有林地であることに変わりはない。したがって、彼らも環境天然資源省によるコミュニティ森林管理プログラムの担い手に組みこまれているのである。

国有林地住民と森林政策との関係の変遷

次に国有林地の住民と国家の森林政策との関係を具体的にみていこう。

スペイン植民地時代からフィリピンの森林行政における最大の懸念事項は、焼畑耕作(カインギン)[3]をいかに抑えるかであった。1901年制定のカインギン法、1963年の改正カインギン法において、森林局の許可なしに焼畑耕作をおこなうことは犯罪であるとされた。しかし現実には、罰則(追放、投獄)による焼畑耕作の抑え込みに実効力はなかった。1960年代なかば、国有林地の住民の生計活動を刑罰の対象として抑えこむのではなく、貧困問題としてとらえ、その緩和のための方策を考えるべきであるという新たな認識が出てくる。フィリピンにおいて、住民を取りこんだ国有林地管理への政策的関心が生まれた最初の時である(Tesoro 1999:17)。

1970年代になって、限定的な事業規模ながら、実際に住民を取りこんだ国有林地管理事業が実践されるようになった。これは、顕著になってきた森林資源の減少に対する対策のみならず、政治不安、とくに貧困を根とする山地における治安問題(共産党ゲリラ活動の活発化)に対する対策が求められていたことに関係する。当時のマルコス政権は、国内の政情不安に対して1972年に戒厳令を布告するが(1981年解除)、政府の統制を国有林地内で強化するためには、住民を取りこんだ事業を実施することが必要であった。

1970年代なかば以降実践された家族単位植林プログラム(Family Approach to Reforestation Program、国有林地の住民に植林で2、3年の雇用機会を与える、樹種はもっぱら外来早生樹種)、国有林地占有者管理プログラム(Forest Occupancy Management Program、焼畑面積を拡大しないことを条件に住民に2年間の土地利用権を保証する)、共有林植林プログラム(Communal Tree Farming Program、地方自治体が中心になって荒廃地の植林を進める、植林に従事する国有林地の住民に対しては当初は1年、のちに25年間の土地利用権を保証する、植林樹種は外来早生樹種)の3つの社会福祉的な国有林地管理事業は、国有林地の住民を取りこんだ政策的実験であったと位置づけられる(Acosta 2001)。しかし、事業予算も担当職員数も限定的であった。これら3つの国有林地管理事業を包括して策定されたのが1982年の

統合社会林業プログラム（Integrated Social Forestry Program）である。現在、国有林地管理を担うコミュニティ約5500のうちの約3000がかつての統合社会林業プログラムの事業地である。

　社会林業プログラムが描いた理想の住民像は、焼畑耕作を定着農業に転換し、木を植える人々である。そのための条件として住民に25年間（更新可能）の土地利用権（正式には管理契約証書）を発行し、彼らの土地占有を制度的に追認した。すなわち、焼畑耕作という短期の土地利用の繰り返しは、国有林地内に占有する土地の権利が制度的に確立されていないという住民の心理的な不安定さが原因であると考えられたからである。長期間の土地利用権の認可は住民に安心感をもたらし、将来を見すえての持続的な土地利用への投資（たとえば、段々畑による常畑化、果樹栽培、土砂流出防止のための土地改良など）が可能になるというのが政策側の意図であった[4]。

　国有林地の住民の約3分の2が低地からの移民とその2世代、3分の1が先住民であると推定される（Cruz *et al.* 1988: 18）。社会林業プログラムでは、低地からの移民に対しては、個人を単位として7haを上限として土地利用権が発行された。7ha以上を占有する世帯では、夫、妻、18歳以上の子どもというように世帯員に土地利用権がふり分けられた。一方で、先住民に対しては、個人ではなく集団を単位に土地利用権が与えられた。土地利用権が認められた先住民の領域（前述した先祖伝来の領域）における個人への土地分配は、彼らの慣習に任せられた。土地利用権の発行数においては移民を対象にしたものが圧倒的に多かった。土地利用権の発行には、面積、境界画定が必須である。測量と地図作成は、環境天然資源省地域事務所[5]の任務であったが、限られた予算と人員のなかで作業の進捗は遅々たるものであった。

　社会林業プログラムの参加住民の義務は、利用権が認められた土地の一部（全体の20%）への植林（主として外来早生樹種であるが、果樹も導入された）で、そのための苗木が無償で配布された。多くの場合、保有地の境界線に植えられた。環境天然資源省の現場職員はコミュニティ開発オフィサーとしての訓練を受け、担当事業地での啓蒙活動や苗畑の作り方の指導にあたった。しかし、ここでも限られた予算と人員のために、事業進展はわずかなものでしかなかった。

　1986年のアキノ政権成立後、海外援助機関からの資金、技術援助が森林部門に大量に流入した。遅々たる事業進展であった社会林業プログラムに対してもフォード財団の資金援助がおこなわれた。全国のいくつかの社会林業事業地において、果樹栽培を取り入れたアグロフォレトリー技術や傾斜地を持続的に利用する

ための農業技術の移転、住民参加型の土地利用計画の策定、生活向上事業の導入などがおこなわれた。資金援助を得て、弾みがついたように思えた社会林業プログラムの進捗度は、しかし、1990年代にはいって急速に低下していく。

1991年に制定された地方自治法（Local Government Code）は、地方分権化に沿って地域の森林管理を地方自治体に移管することを規定している。規定に従って、社会林業プログラムが地方自治体へ移管され、同時に、先述した環境天然資源省所属のコミュニティ開発オフィサーも地方自治体所属へと移り、自治体の環境問題全般に責任をもつ環境天然資源オフィサーとなった。しかし、多くの地方自治体にとって社会林業プログラムは優先的に取り組む環境問題ではなかった。地方自治法に従えば、現在のコミュニティ森林管理プログラムも各地方自治体が責任をもつべき事業である。しかし、環境天然資源省は同プログラムを自治体に移管していない。ほとんどの自治体が社会林業プログラムに予算をつけず住民による国有林管理が進捗しなかったという過去の失敗を繰りかえしたくないためである。

海外援助機関による国有林地管理事業の展開

こうした社会林業プログラムの事業進展が縮小する一方、民主化以降のフィリピン森林行政の現場では、数多くの海外援助機関による国有林地管理事業が展開していった。環境天然資源省・海外援助特別事業事務所の内部資料によると、マルコス政権時代の1976年から2008年までの約30年間における海外援助機関（国際援助機関、二国間援助機関、国際NGOなど）から環境天然資源省（マルコス政権時の名称は天然資源省）への環境関連の援助事業総数は293件である。同資料は、援助事業内容を生物多様性（22件）、沿岸・海洋資源管理（22件）、大気汚染・水質汚染などの都市環境（76件）、森林管理・山地住民の生計向上（85件）、土地測量・権利（5件）、鉱物資源（23件）、複合（60件）の7つに分類している。これらのうち、国有林地管理の援助事業は、生物多様性の14件、森林管理・山地住民の生計向上の85件、複合の20件で計119件（うち無償援助97件、有償援助22件）であり、環境関連の援助事業全体のなかで際立って多い。これら119件の事業開始年をみると、1976年からマルコス政権時代終焉までの10年間で16件、1986年のアキノ政権成立からコミュニティ森林管理プログラム制度化までの10年間で55件、1996年以降2008年までの13年間で48件ある（表1）。アキノ政権成立以降、国有林地管理の援助事業数が急増したことがわかる。

このような国有林地管理の援助事業の増加に関して、コルテンは、環境問題に対する国際的関心の高まり、フィリピンにおける森林資源減少の深刻化、そ

年	無償援助(件)	有償援助(件)	計(件)	政権名
1976	1		1	マルコス政権(1968-1986)
1977				
1978		1	1	
1979	1	1	2	
1980		1	1	
1981	1	2	3	
1982	1	2	3	
1983		1	1	
1984	2	2	4	
1985				
1986	1		1	アキノ政権(1986-1992)
1987	4		4	
1988	3	2	5	
1989	9		9	
1990	7	1	8	
1991	7	1	8	
1992	5	1	6	
1993	5	2	7	ラモス政権(1992-1998)
1994	5		5	
1995	2		2	
1996				
1997	5	1	6	
1998	5		5	
1999	2	2	4	エストラーダ政権(1998-2001)
2000	1		1	
2001	2	1	3	
2002	8		8	アロヨ政権(2001-2010)
2003	5		5	
2004	4		4	
2005	4		4	
2006	3		3	
2007	1		1	
2008	3	1	4	
計	97	22	119	

表1 国有林地管理援助事業の開始年別件数
出所：環境天然資源省・海外援助特別事業事務所内部資料をもとに作成

して民主化によって断行された森林行政の改革が、フィリピンの森林分野を海外援助機関にとって理想的な援助対象先にしたと述べている（Korten1994: 973）。マルコス政権時代、伐採権の許認可権限を行使していた森林開発局は天然資源省（注1参照）のなかで最大の権限と権力をもった機関であった。したがって、もっとも汚職にまみれた政府機関のひとつでもあったわけだが、行政改革によって権限と規模が大幅に縮小され同省の一政策立案局に格下げされた。

森林行政機関の権限および規模縮小とは裏腹に国有林地管理事業が活発化したのは、このように海外援助機関からの多額の資金が注入されたためである。上記の119件の国有林地管理事業を援助額でみると、マルコス政権期の1976年から1986年までの10年間の無償援助総額は約1200万USドル、有償援助総額は約6200万USドル、1986年から1995年までの10年間の無償援助総額は約2億5000万USドル、有償援助総額は約4億7000万USドル、

1996年から2008年までの13年の無償援助総額は約1億USドル、有償援助総額は約6000万USドルであり、とくにアキノ政権時代の無償、有償援助額がともに突出して大きいことがわかる。1986年からの10年間の国有林地管理の援助事業の総額はマルコス政権時代最後の10年間のそれの10倍近い。

　住民を取りこんだ国有林地管理事業は、従来の木材生産のための森林プログラムと区別して「住民のための森林プログラム (People-oriented Forestry Program)」と総称されている。無償、有償援助額がきわめて大きかった1995年までの期間は、プルヒンらの言葉を借りれば、海外援助機関によるさまざまな住民のための森林プログラムの「実験」期間であった (Pulhin et al. 2007: 872)[6]。

　1995年までに開始されたおもだった国有林地管理の援助事業名を列挙すると、天水地域資源開発事業 (Rainfed Resources Development Project: アメリカ合衆国国際開発庁)、森林セクター事業 (Forest Sector Project: アジア開発銀行・海外経済協力基金)、天然資源管理プログラム (Natural Resources Management Program: アメリカ合衆国国際開発庁)、低所得山地コミュニティ事業 (Low Income Upland Communities Project: アジア開発銀行)、森林地管理プログラム (Forest Land Management Program: アジア開発銀行)、環境天然資源セクター調整融資プログラム (Environment and Natural Resources-Sectoral Adjustment Program: 世界銀行)、統合熱帯雨林管理事業 (Integrated Rainforest Management Project: ドイツ技術協力公社) などである。

　このうち、面積、資金額においてもっとも規模が大きいものは、アジア開発銀行・海外経済協力基金 (のちの国際協力銀行) の有償援助 (22億4000万USドル) による森林セクター事業 (契約植林事業) である。海外援助機関による国有林地管理事業の手法はさまざまであった。インフラ整備 (おもに道路舗装) に重点がおかれる援助事業もあれば、植林が主目的の事業もある。植林に賃金が支払われる援助事業もあれば、無償の苗木配布のみの事業もある。異なるさまざまな手法は、環境天然資源省の現場職員のみならず住民をも困惑させた。

　現場の困惑を解消することが目的であったかどうかは明確ではないが、コミュニティ森林管理プログラムの制度化によって、すべての住民のための森林プログラム・事業が同プログラムの傘の下に入ることになった。1996年に施行規則 (環境天然資源省行政命令96-29号) が制定されると、海外援助機関によって支援されていた多くの事業地は施行規則に沿って、コミュニティというくくりを付与されることになった。現在、国有林地管理を担うコミュニティ約5500の多くがこれら海外援助機関由来のコミュニティである。多様な援助プログラムを反映して、

事業体としての各コミュニティの出自は異なる。

　以上、コミュニティ森林管理プログラムが制度化するまでの展開をみてきた。ここでふたたび確認することは、国有林地で周辺化されてきた人々の存在を法的に認めるプログラムではあるが、プログラムそのものは国有林地の住民が希求したものではなく、国家主導（あるいは海外援助機関主導）で作られたものであるということである。国家が理想とする国有林地の住民像がそこにはある。

3　国有林地管理の前線に立つコミュニティとは

コミュニティを構成する住民の組織化

　1995年にコミュニティ森林管理プログラムが制度化されるまで、国有林地管理のおもな主体は、1982年に制定された統合社会林業プログラムや上記のいくつかの援助事業の対象がそうであったように、世帯（個人）であった。しかし、広大な国有林地の管理は、世帯単位では対応できない[7]。

　環境天然資源省行政命令96-29号はコミュニティを、「地理的、政治・行政的、あるいは文化的領域に居住する人々の集団である。人々は共通の関心、必要、見解、目標、信念を共有する場合もあるが、そうでない場合もある」と定義している。つまり、この定義からは、領域としてはいかなる区分けも可能であり、その領域内に住む人々の集まりがコミュニティであると解釈される。先住民であれば、部族としてのくくり、移民であれば行政的くくり（フィリピンの最小行政単位はバランガイ、村に相当する）、あるいはさらにより大きなくくりとして流域が実際の事業現場でみられる。プログラムからイメージされるのは、領域としてくくられた地域の住民が領域内の森林資源を自治的に管理する姿であろう。しかし、コミュニティ森林管理プログラムの実際の運用では、より厳密な意味でのコミュニティが求められている。

　コミュニティ森林管理プログラムでは、まず、住民の組織化が求められる。ここでいう組織化とは、国家の意向に沿ったそれであり、具体的には、協同組合（cooperative）あるいは会社組織（incorporation）設立を意味する[8]。インフォーマルな組織は国有林地管理の担い手としては対象外である。協同組合も会社組織も正式に国家機関に登録されなければならない。この点に関して、環境天然資源省・森林管理局の担当者は、広大な面積の利用権を付与するにあたって、相手は信用できる組織でなければならない、その信用を担保するのは正式の組織としての登録であると述べている。

国有林地で形成されているほとんどの住民組織は協同組合であるため、以下はすべて協同組合についての記述である。協同組合法（共和国法第6398号）が定めている協同組合の最小組合員数は15名である（組合員になれるのは18歳以上）。正式に登録した協同組合には、国有林地の管理主体として領域の長期土地利用権（25年）が付与される。わずか15名で協同組合として成り立つため、環境天然資源省・森林管理局の担当者が認めるように、地域のごく少数の有力者のみが実質の管理主体となることもある。

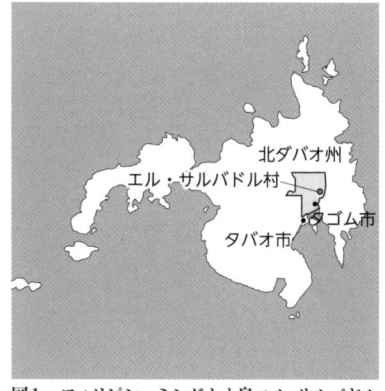

図1 フィリピン、ミンダナオ島エル・サルバドル村の位置

以上のことから、コミュニティ森林管理プログラムの運用上の構造を、国家−中間組織としての協同組合あるいは会社組織−領域内の住民という垂直関係として理解することができるが、ここでは、中間組織としての協同組合の性格を考える必要がある。中間組織としての協同組合は、国家に組みこまれた下請け機関なのか、住民の利益を守るための代表なのか、あるいは両者をつなぐ調整機関なのか。

私がここ数年調査を続けているミンダナオ島北ダバオ州山地のエル・サルバドル村を事例にあげよう。全国に数多くあるコミュニティ森林管理プログラム参加コミュニティのなかから、同村を事例として取りあげるのは、この村がフィリピン山地に典型的にみられる商業伐採跡地にできた自発的移民[9]の村であり、さらにもうひとつの典型である海外援助機関による国有林地管理事業地——対象面積、資金ともに最大規模であった森林セクター事業（契約植林事業）——であったためである。

エル・サルバドル村——商業伐採跡地に形成された移民の村

エル・サルバドル村（図1）は村の全領域（1500ha）が国有林地に属する。全国有林地においてもっとも多いケースであるが、ここも行政村全体を1コミュニティとしてこのプログラムに参加している。エル・サルバドル村の住民組織名は、エル・サルバドル農民植林者産業協同組合（ELFATPICO）である。国有林地に属する村の全領域は、すべての土地に保有者が存在し、共有地という空間は存在しない。

環境天然資源省地域事務所によってプログラムが国有林地の住民に紹介されるときの窓口は通常村長であるが、プログラムに関する情報が必ずしも村の住民全

員に伝わるわけではない。エル・サルバドル村の場合、村全体がコミュニティ森林管理地となっているが、同プログラムについて知らないという住民は多い。一方で、村に協同組合があることを知らない住民はいない。1998年にELFATPICOが設立されたときの組合員数は38名であった。世帯数でみれば、夫婦、あるいは親子で組合員になっている3世帯を含めて、35世帯である。これは、全世帯数（210世帯）の約17％でしかない。協同組合法では組合員になるための出資金は、1人あたり最低1200（約2400円）ペソであると決められている。エル・サルバドル村の場合、この金額は、農業賃金労働者の3～4カ月分の収入に相当する。これを一度に払える住民はいないため、分割支払いが認められているが、現在までに出資金を全額支払った組合員はいない。組合員になった理由は、協同組合からの融資が可能になる、組合の事業（もっぱら木材生産）の配当金が支払われる（ただし出資金を全額払った場合のみ）、組合がおこなう生計向上活動に参加できることなどである。

　その後、ELFATPICOは、最大97名まで組合員数を増やした。そのうち村内住民は66名であり、世帯数は61世帯である。これでも、全世帯数の約25％でしかなく、村の領域1500haの管理を担うには非現実的な数値である。協同組合への加入は、いつでも可能であるにもかかわらず、組合設立から約10年を経ても増加しない。その理由として住民は、出資金の高さ、協同組合議長に対する不信、協同組合活動の成果への懐疑をあげた[10]。

　組合員に関してさらに注目すべきは、村外に住む組合員数の多さである。97名の組合員の3分の1に相当する31名（29世帯）は、じつはエル・サルバドル村の住民ではない。コミュニティ森林管理プログラムが長期の土地利用権の付与を強調するのは、国有林地で土地を耕して生活する住民に彼らの土地利用を制度的に保証することが、環境改善のための投資を可能にすると考えられているからである。そもそも住民を取りこんだ国有林地管理事業の始まりは、焼畑（カインギン）対策であり、プログラムが、国有林地を耕す人々の福祉対策であることには変わりはない。領域外の住民が領域の管理主体になることはプログラムの趣旨に反するにもかかわらず、このような実態は、エル・サルバドル村に限ったことではない。なぜこれほど村外の組合員が多いのだろうか。

　エル・サルバドル村は、前述したアジア開発銀行・海外経済協力基金による森林セクター事業（契約植林事業）の対象地であった。同村はもっとも成功した事業地のひとつである。1988年より始まった3年間の契約植林事業に多くの世帯が参加し、早生樹種の植林に励んだ。村の土地にはすべて保有者がおり、したがって、

自分の土地が植林地となった。村外に住みながら村に土地を保有している植林参加世帯もかなりあった。多くの世帯が植林事業に参加したのは、3年間の契約期間に決められた活動に対する賃払いと将来の木材生産における収入が約束されたからである。契約期間終了後、環境天然資源省から村の全契約植林世帯に対して将来の木材生産を管理するための組合(association)設立が求められ、1993年に設立にいたった。

　コミュニティ森林管理プログラム参加に際して、住民の組織化(すなわち、協同組合設立)が求められた時に、住民にとってすでに存在する組合を協同組合とすることがもっとも現実的な対応であった。したがって、協同組合設立に関心を示したのは全世帯の約半数である植林地保有世帯のみであったうえ、すでに述べたように彼らの加入は限定的であった[11]。

　1988年に植林された早生樹種は、約10年で伐期を迎えると考えられていた。ELFATPICOは環境天然資源省に対して伐採許可を求め、2002年に伐採を開始した。協同組合は、伐採費用を捻出できない個々の植林地保有世帯から1ha当たり一律3500ペソ(約7000円)で植林木(植栽間隔は2×3mであったため、1ha当たりの標準本数は1666本)を買い取り、それをダバオ市近郊の製材工場に売ることで大きな収益をあげていった。

　村外在住の組合員(組合世帯数90のうち29)の多さは、2つの理由による。第1は、人口移動が大きいという山地コミュニティの性質である。1988年から契約植林事業に参加した世帯のなかでも、土地(植林地含む)を売って離村、あるいは土地を保有したままで離村した者が多い。29世帯のうち、土地を保有したまま他の土地に移住した組合員世帯は16世帯である。第2に、投機目的で村外在住の個人が、植林地を含む土地を購入して保有者となる場合である。植林地を購入した彼らは一度もエル・サルバドル村の住民であったことはない。このような組合員が13名いる。このことに対する協同組合評議委員会の判断は、村外の住民であっても出資金を払う組合員が増加することは協同組合にとって得であるため問題なし、であった。

本来の目的から逸脱するコミュニティ森林管理

　エル・サルバドル村の事例は、国有林地の住民の福祉向上を目的とするはずのコミュニティ森林管理プログラムが、協同組合設立を前提とすることで結果的に本来の目的から逸脱するということを示している。協同組合は、地域住民の代表ではなく、森林資源利用の事業化(ここでは木材生産)へ投資できる人々の組織で

ある。組合への参加は、多くの住民にとって容易なことではない。組合が地域の森林資源を利用して生みだす利益は組合員のものであり、非組合員は利益配分からは疎外される。国家と国有林地の住民との間に中間組織として協同組合をおき、それを国有林地管理を担うコミュニティと位置づけることは、本来プログラムが対象とすべき社会的、経済的弱者を利益の外に押しやる結果になっている。

　もっとも、国有林地の管理主体として設立された多くの協同組合の活動実態は乏しく (Pullhin *et al.* 2007: 878)、出資して組合員となった住民さえも利益を享受できていない現実がある。エル・サルバドル村の協同組合も現在は、持続的な木材生産に失敗したために組合活動が停止し、そのために組合からの脱退者が増えた。プログラムのもうひとつの目的である持続的な森林資源管理が達成できていないのはなぜだろうか。

4　コミュニティによる国有林管理
　　　──ねらいは国家管理強化、実態は市場による翻弄

国有林地管理体制の末端に位置づけられるコミュニティ

　ここでは、現実には国家－コミュニティ（あるいは、国家－中間組織である協同組合－住民）の垂直体制は機能せず、国有林地の景観を決めるのは国家の管理体制ではなく、市場であることを示したい。

　コミュニティ森林管理プログラムへの参加を決めた住民は、環境天然資源省の窓口となる組織、すなわち協同組合を作らなければならないということはすでに述べた。協同組合の評議委員選出、議長らの役職者選出、内規作成など協同組合として登録するためのさまざまな手続きは、専門家の助けがなければ住民には困難である。環境天然資源省地域事務所が助言するとされているが、実際は、NGOの助けを借りることが多い。海外援助機関の事業地であれば、NGOへの支払いは援助事業の一環である。一方で、援助がなければ、環境天然資源省が求める住民組織化は最初の段階で頓挫することになる。

　協同組合として正式に登録が認められてはじめて、コミュニティ森林管理プログラムへ申請することができる。その後の一連の流れは、環境天然資源省のガイドラインに従うことになる。申請に必要なものは、申請書、領域の境界が示された地図（環境天然資源省地域事務所によって用意されたもの）、正式に登録した組織であることを示す書類、組合員のリスト、村長あるいは地方自治体の長（町長）からの推薦状である。これら一式が環境天然資源省地域事務所に提出され、その

上位組織である州事務所と地方事務所（注5参照）を経て、環境天然資源省・森林管理局・コミュニティ森林管理課に届く。書類に不備があれば、差し戻されるが、最終的に環境天然資源省長官が当該住民組織を承認して25年間の土地利用権を付与する。承認までには長い時間がかかるが、じつは一番時間がかかるのは環境天然資源省長官の承認の段階である。長官の書棚には数多くの承認待ちのプログラムへの参加申請書が長期間置かれたままであるという。国家プログラムは官僚的形式主義から逃れられない。

　環境天然資源省から正式に認可された協同組合は1カ月以内に、「コミュニティ資源管理フレームワーク」とよばれる領域内の長期資源利用計画書を作成し、環境天然資源省に提出しなければならない。これは、領域内の天然林や人工林の伐採計画、あるいはエコツーリズムを目的とした保全計画などを含む森林資源の利用、保全、再生に関する理念、目的をまとめた長期的な資源利用計画書である。環境天然資源省のガイドラインに沿って作成することが求められている。計画書には、領域内の住民の生計活動、土地利用の現在と将来計画、市場情報、計画達成度の評価基準などが含まれる。また、木材やラタン、樹脂、竹などの林産物を収穫するためには領域内の資源調査をおこない、それにもとづいて年間伐採量、収穫量を決定しなければならない。そのためには樹種、本数、胸高直径、高さを記した樹木リストの作成が必要である。

　環境天然資源省と自治体の助言に沿って、協同組合が計画書を作成するとなっているが、専門知識なしで作成することは困難である。しかも計画書作成は住民が日常使わない英語でなされなければならない。エル・サルバドル村の協同組合は、長期資源利用計画書の作成を環境天然資源省地域事務所に委ね、3万5000ペソ（約7万円）を支払った。これは、2003年に許可された伐採活動の収益から捻出された。

　さらに5カ年事業計画の作成も義務づけられている。こちらは利用（木材、林産物の収穫スケジュール、収穫方法、販売計画など）や保全、再生（植林）に関する詳細な事業計画である。長期資源利用計画書同様、環境天然資源省と自治体の助言に沿って、協同組合が事業計画を作成するとなっているが、じつに困難な作業である。エル・サルバドル村の協同組合は、5カ年事業計画作成も環境天然資源省地域事務所に4万ペソ（約8万円）で委託した。これも、2003年の伐採活動の収益から捻出された。長期森林資源利用計画書と5カ年事業計画は環境天然資源省地域事務所の承認を受けるが、承認されても即、彼らの資源利用が法的に可能になるのではない。1年ごとに年間事業計画書を環境天然資源省地域事務所に提出し、

1年間有効の資源利用権を付与されてはじめて彼らの資源利用が法的に認められるのである。1年間有効の資源利用権を付与するのは、環境天然資源省長官であるため、実際の資源利用権を住民が手に入れるまで時間がかかる。

市場に翻弄される土地利用

　これら一連の手続きが示すことは、コミュニティ森林管理プログラムにおける国家－国有林地住民の垂直関係、すなわち国家による国有林地管理体制の強化である。ここからは、住民が自らをとりまく自然環境を自分たちで決定するという自治的な公共空間の創造をみることはできない。住民は、国家の下請け機関として組織化され、国家によって管理される対象でしかない。

　コミュニティ森林管理プログラムにおいて、計画作成は住民が主体であり、環境天然資源省、地方自治体は助言者の位置づけである。しかし、エル・サルバドル村の協同組合の例でみるように、環境天然資源省の承認を得るためには同省に作成を依頼するのが一番確実である。そのために多額の資金が環境天然資源省に払われる結果になる。プログラムの本質が許可制である限り、環境天然資源省の儲け（厳密にいえば職員の個人的利益）を追求するレント・シーキング活動[12]を助長させる構造が存在する。

　しかし、住民に国家が認めた計画を遵守させ、持続的な森林資源管理を達成するということが主目的であるならば、国家の論理としてそれも一理ある。問題は、国家の論理を貫徹させることができていないという実態である。環境天然資源省長官は時々の政治的環境を反映し、政策変更をたびたびおこなう。国有林地の住民にとって、もっとも影響が大きな政策変更は伐採に関するものである。

　2004年末のルソン島東部で起こった台風による大規模土砂流出災害直後、全国対象に禁伐令が発令された。のちに解除されたが、台風回廊ではない地域も禁伐の対象となった。さらに、2005年、2006年にはコミュニティの資源利用においてかなりの違法行為があるという理由で、コミュニティ単位あるいは地方単位で土地利用権の取り消し、あるいは森林資源利用権の取り消し命令が長官名で出された。エル・サルバドル村も禁伐対象地になった。国家の論理を貫徹させるためには、木材輸送路に設置されている各地の検問を強化して木材輸送をすべて停止させることが可能であり、それが徹底されれば禁伐下で伐採することはできない。しかし、現実には、禁伐の効果が薄いことはエル・サルバドル村の事例でも明白であった。

　エル・サルバドル村では、環境天然資源省地域事務所の容認の下で非合法な木

材生産が続けられた。植林地を保有する住民は、合法非合法かかわらず仲買人[13]が樹木を買ってくれる限り売る。ただし、非合法伐採であるため、仲買人は、木材輸送証明書を発行する環境天然資源省と複数の検問所に対し賄賂を払わなければならない。その場の政治環境に大きく影響される不安定な政策は、コミュニティを翻弄するが、それ以上の問題は環境天然資源省のレント・シーキング活動をうながす結果になることである。

　1988年から始まった植林活動の成功事例といわれ、村の全面積の半分以上が植林地であったエル・サルバドル村では現在、ほとんどの植林地が姿を消し、徐々にバナナ園に変わっている。伐採は2002年に始まったが、高い費用を捻出して作成した長期資源利用計画と5カ年事業計画は実行されずに、約5年で植林木のほとんどが伐採されてしまった。短期間に植林木が消失した直接の理由は、年間許容量を超える過伐と禁伐下でおこなわれた非合法な伐採である。その背景には、協同組合議長と木材仲買人との癒着が仲買人の横行を抑える機能を協同組合から奪ったこと、一方で住民が木材伐採を国有林地管理活動の一環としてではなく木材販売の機会としてとらえているため、即時に現金収入をもたらす仲買人の存在を歓迎したこと、さらにこのような住民、仲買人、協同組合議長の心理を理解し、非合法な木材生産をむしろ奨励してレントを得ようとする環境天然資源省（職員）の存在があった。個々の主体が利潤を最大化しようと経済合理的に行動した結果起こったコモンズの悲劇である。

　植林から15年以上待って得た木材生産からの収入は、住民を落胆させるほど低かった。伐採跡地をふたたび植林地にする住民は少なく、多くの住民が短期間に比較的高い収入が期待されるバナナ園に転換中である。国有林地の景観を決めるのは、国家政策ではなく、市場であることを如実に示している。

5　真の森林管理パラダイム転換への道

　フィリピンにおいて1970年代前半から続く国有林地の住民を取りこんだ国有林地管理事業は、1995年のコミュニティ森林管理プログラムの制度化をひとつの画期とする見方が多い。すべての住民のための森林プログラムがコミュニティ森林管理プログラムに吸収され、今後、国有林地の約6割の面積にまでこのプログラムを拡大させることが目標とされているからである。コミュニティ森林管理プログラムが以前のさまざまな住民のための森林プログラムと大きく異なるのは、領域内の森林資源の管理者として住民に期待される役割が非常に大きいというこ

とである。国有林地管理者は木材生産のみならず、保全、再生に責任をもち、かつ、福祉対策としての住民の生計向上にも配慮しなければならない。しかし、本事例でみたように、このプログラムがめざしているのは、領域内の住民の自治にもとづいた資源管理に関する公共空間をつくることではない。自分たちの生活の場からはるかに遠く離れた環境天然資源省長官の承認を得なければ、住民には土地の利用権が与えられない。環境天然資源省のガイドラインに沿った計画を作成しなければ、彼らの資源利用は合法とされない。このプログラムは明らかに、環境天然資源省の管理、統制の下に住民を位置づけるものである。

　現在、コミュニティ森林管理プログラムに登録されているコミュニティ数は5500以上であるが、多くの活動実態は低調、あるいはまったくない。とくに海外援助機関の事業地の場合、事業終了後に多くが活動停止状態に陥っている。政府の報告書などには、活動実態が低調な理由として活動資金不足、協同組合経営のために必要な知識、人材の不足、生計向上活動の不足、自治体や環境天然資源省の支援体制の欠如などがあげられている。そして、これらの不足を克服することが、コミュニティ森林管理プログラムを成功に導くと考えられている（Pulhin *et al.* 2007:880-881）。しかし、問題の本質は、そのような不足や欠如にあるのではなく、住民を国有林地管理のために国家の下請とすることが、はたして機能するのかということにある。

　国有林地の管理主体が木材会社から地域住民に変わったことは、国家にとっては管理主体の顔が変わっただけであって彼らが国家の下請け機関という位置づけに変わりはない。住民には国家が承認した計画に沿った資源の利用権が付与される。

　この構図は、かつて森林資源が豊富であった時代に木材会社に伐採権を付与したことと同じである。年間許容伐採量の遵守、択伐採方式の採用が義務づけられたにもかかわらず、管理主体としての木材会社は森林資源減少を止めることができなかった。木材会社に遵守させることができなかった森林資源管理を、なぜ住民に遵守させることができると考えられるのだろうか。国家の制度によって管理主体の行動を規制しようとすれば、管理主体の行動を監視し、違反に対しては罰則を与えることも厳格にしなければならない。フィリピンではそれが機能せずに、国家側のレント・シーキング活動をうながしただけであった。国有林管理体制の末端に住民を位置づけ、利用権の付与や資源利用計画の認可によって住民の資源利用を統制しようとする限り、コミュニティ森林管理という手法は森林政策のパラダイム転換にはなりえない。木材会社が管理主体であった時代からフィリピン

の森林政策の本質は何も変わっていないのである。

　森林政策の真のパラダイム転換は、国有林地の住民を国家管理の下請け機関としてではなく、パートナーとして位置づけることから始まるのではないか。住民に対して協同組合としての登録、資源利用計画作成とその承認を義務づけることは、住民を国有林地の資源利用から疎外させる。国有林地管理のパートナーとして住民を位置づけるためにもっとも重要なことは、個々の住民の生活、生計が安定すること、そしてそれが結果として保全的な資源管理につながるというのが私の立場である。それは、市場に翻弄されない住民であるということである。経済的立場の弱い、国有林地の多くの住民は市場の力に翻弄されやすい。エル・サルバドル村の住民のように仲買人の言い値で植林木を売り、また、バナナの仲買人が現れれば植林地をバナナ園に転換するといったように、遠くの市場によって彼らの土地利用は翻弄されている。一方で、近くの市場との関係は薄い。生計向上のためのさまざまな技術移転も重要であるが、遠近の市場とのどのような結びつきが住民の生活を安定させるのか、そのために必要な知識、技術、資金の援助はいかなる方法によればいいのかを考え、実践することがより重要だと考える。

　コミュニティ森林管理プログラムで重視される住民の組織化が必然とは考えない。その必然がある時に住民はみずから組織を作り、それを維持させるための制度をつくる事例がいくつか観察されている。国有林地の住民を国家の下請け機関として位置づけることは、国有林地管理を効率の悪い官僚主義に陥らせるだけである。コミュニティ森林管理プログラム制度化から10年以上が経った。プログラムの制度設計の根本からの見直しがあってしかるべき時期にきていると思う。

注
(1) 森林局 Bureau of Forestry（1945～71年）は、その後名称を森林開発局 Bureau of Forest Development（1972～86年）、森林管理局 Forest Management Bureau（1987年以降）と変える。その上位組織は、農業商務省（1945～46年）、農業天然資源省（1947～73年）、天然資源省（1974～86年）、環境天然資源省（1987年以降）と再編されてきた。現在の環境天然資源省と森林開発局との関係とは異なり、木材生産が盛んであったころは、木材会社に伐採権を付与する権限を有した森林局、森林開発局は、上位組織以上の力をもっていた。本文では、森林局、森林開発局、天然資源省などその名称が使われた時期のものを表記している。
(2) 1993年の環境天然資源省行政命令93-2号は、長期にわたる占有の事実と境界を示

すことができれば、当該先住民コミュニティに対して「先祖伝来の領域に対する利用権」が付与されることを規定した。1997年の「先住民権利法」(共和国法第8371号)の下、同様の規定要件を満たす先住民コミュニティは「先祖伝来の領域に対する保有権」が付与される。2007年時点で、57の先住民コミュニティが先祖伝来の領域に対する保有権を付与されている。先住民権利法制定にともない、先住民を管轄する機関が環境天然資源省から大統領府傘下の国家先住民委員会に移った。前者が付与する先住民の土地と天然資源の利用権が「先祖伝来の領域に対する利用権」、後者のそれが「先祖伝来の領域に対する保有権」であり、両者は同じ内容であると理解してよい。

(3) カインギン (kaingin) とは、おもに山地でおこなわれる焼畑を意味するタガログ語である。ミンドロ島のハヌノオ・マンヤン族を調査したコンクリンは、休閑期間を長くおく焼畑は森林保全的であるということを示したが、木材生産をおこなう森林開発側の国家と木材会社は、休閑期間の長短にかかわらず焼畑は森林破壊行為であるという見解である (Conklin 1957)。

(4) 制度的な長期土地利用権の付与は、住民を取りこんだ国有林地管理事業では重要事項として位置づけられ、多くの論者によってもその重要性が指摘されている。私は、制度的な利用権がないと住民が土地への投資をしないとは思わない。国有林地の住民は、制度的な土地利用権が不在であっても自分の土地に対して強い所有意識をもっており、土地利用権の付与が住民に安心感を与えるという外部の視点は、事実として確立している所有意識を見落としている。制度的な土地利用権が不在であっても、国有林地住民間、国有林地内外の住民間、国有林地外住民間で土地売買は盛んにおこなわれている。

(5) 環境天然資源省は、全国16の地方 (Region) に各地方事務所、地方を構成する州 (Province：日本の県に相当する) に各州事務所、州に複数の地域 (Community) 事務所を擁している。住民にとってもっとも身近な事務所は、地域事務所である。

(6) 海外援助機関からの多額の資金援助が国有林地管理プログラムの進展および改善に役立ったと評価できる面もあるが、それが環境天然資源省を援助依存体質にした面も指摘されるべきである。さらに、援助事業ごとに設立される事業事務所の人員の多くは事業のために雇用されたコンサルタントをはじめとして外部の人材が多く、環境天然資源省の職員の関与はわずかであることが多い。そのため、それぞれの事業の経験や情報が環境天然資源省内部で共有されないことも問題である。

(7) 環境天然資源省の複数の職員は、土地利用権の付与の対象が個人からコミュニティに変わった理由として、書類処理の煩雑さを減らすためであったと述べた。個人ひとりひとりを処理するよりもコミュニティを一括で処理するほうが大幅な費用軽減になる。

(8) 協同組合にする場合は協同組合開発庁、会社組織、アソシエーションにする場合の登録先は証券取引委員会である。
(9) 国家主導による国有林地への集団移住事業もあるが、伐採跡地に出来たほとんどの集落は、土地を求めて自発的に移り住んだ人々が住み着いた場である。そのような人々は国家からみれば不法に国有林地を占拠している存在である。
(10) 毎年1回開催の全組合員集会で、2年ごとの選挙によって評議員を選出する。評議員同士の選挙で組合議長を選出する。評議員、組合議長の任期は2年である。エル・サルバドル農民植林者産業協同組合設立以来、組合議長は同一人物が選出されてきた。多くの組合員から出た組合への不満は、協同組合の収益のかなりの部分を組合議長が不正に取っているのではないかということであった。その後、私がおこなった会計係への聞き取りで議長の不正が事実であったことがわかった。エル・サルバドル村の成り立ちと伐採ブームに沸いた村の様子については、葉山(2008)を参照。
(11) 植林活動が始まった1988年、多くの世帯が植林地保有世帯となった。協同組合が設立された1998年には多くの子ども世代が独立した世帯をもっていた。彼らが親の植林地を相続するケースは稀であったため、植林地保有世帯は全世帯の約半数になっていた。
(12) レント・シーキングとは、規制する側がレント(通常の所得よりも高い追加的収入)を生みだす利権や制度を人為的に操作する活動のことである。本事例の場合は、環境天然資源省側のたかりを意味する。
(13) 植林木買い付けの仲買人は複数おり、伐採開始当初は、村外の者ばかりであったが、徐々にエル・サルバドル村住民も参入してきた。仲買人の買い付け資金は自己調達の場合もあれば、資金提供者から借りる場合もある。伐採、搬出費用が高くつき、結局、赤字になった仲買人もいる。

参考文献

黒田洋一、フランソワ・ネクトゥー 1989『熱帯林破壊と日本の木材貿易』築地書館.
葉山アツコ 2008「政府主導の森林再生事業に対する住民の反応——フィリピン・アップランド村落の現場から」草野孝久編『村落開発と環境保全——住民の目線で考える』135-150頁, 古今書店.

Acosta, Romeo T. 2001. *Smallholders and Communities in Plantation Development: Lessons from Two ITTO-Supported Projects*. Proceedings of the International Conference on Timber Plantation Development. Roma: FAO.
Broad, Robin and John Cavanaph. 1993. *Plundering Paradise: The Struggle for the*

Environment in the Philippines. Berkeley and Los Angeles, California: University of California Press.

Conklin, Harold. 1957. *Hanunoo Agriculture: A Report on an Integral System of Shifting Cultivation in the Philippines*. Roma: FAO.

Contreras, Antonio P. (ed.) 2003. *Creating Space for Local Forest Management in the Philippines*. Manila: La Salle Institute of Governance.

Cruz. Ma. Concepcion J., Imelda Zosa-Ferani and Cristela Goce. 1988. "Population Pressure and Migration: Implications for Upland Development in the Philippines." *Journal of Philippine Development* 15 (1): 15-46.

Forest Management Bureau, Department of Environment and Natural Resources. *2007 Philippine Forestry Statistics*. Republic of the Philippines.

Guiang, Ernest S., Salve B. Borlagdan and Juan M. Pulhin. 2001. *Community-Based Forest Management in the Philippines: A Preliminary Assessment*. Institute of Philippine Culture. Quezon City: Ateneo de Manila University.

Korten, Frances F. 1994. "Questioning the Call for Environmental Loans: A Critical Examination of Forestry Lending in the Philippines." *World Development* 22(7): 971-981.

Pulhin, J. M., M. Inoue and T. Enters. 2007. "Three Decades of Community-Based Forest Management in the Philippines: Emerging Lessons for Sustainable and Equitable Forest Management." *International Forestry Review* 9 (4): 865-883.

Pulhin, Juan M. and Wolfram H. Dressler. 2009. "People Power and Timber: The Politics of Community-Based Forest Management." *Journal of Environmental Management* 91: 206-214.

Pulhin, Juan M., Josefina T. Dizon, Rex Victor O. Cruz, Dixon T. Gevana and Ganga Ram.Dahal. 2008. *Tenure Reform on Philippine Forest Lands: Assessment of Socio-Economic and Environment Impact*. College, Laguna: College of Forestry and Natural Resources, University of the Philippines Los Banos.

Rice, Delbert. 2001. *Forest Management by a Forest Community: the Experience of the Ikalahan*. Nueva Vizcaya: Kalahan Educational Foundation, Inc.

Tesoro, Florentino O. 1999. *Community Resource Management as a Strategy for Sustainable Economic Development*. Quezon City: Development Alternatives Inc.

Utting, Peter (ed.) 2000. *Forest Policy and Politics in the Philippines: The Dynamics of Participatory Conservation*. Quezon City: Ateneo de Manila University Press.

Vitug, Marites Danguilan. 1993. *The Politics of Logging: Power from the Forest*. Philippines: Philippine Center for Investigative Journalism.

第5章

コミュニティ林政策と要求のせめぎあい
――タイの事例から

生方史数

1 住民参加型森林管理の氾濫

　序章で述べたように、住民参加型森林管理は、地域住民を軽視してきた「従来型」森林管理に対する批判と反省から生まれてきた。その結果、1980年代より、社会林業やコミュニティにもとづく森林管理といった政策や管理枠組みが世界各地で登場し、政策用語として浸透するようになった。今や、森林保全を推進していくうえで、住民参加は欠かすことのできないキーワードとなっている。第Ⅰ部にもみられたように、「従来型」としかいいようのない森林政策ですら、部分的に「参加型」のレトリックをまとっているのである。

　このような住民参加型管理の氾濫は、枠組みがうたっている「住民参加」の意味と目的が何であるかという新たな問題を、我々に投げかける。政府や事業者が意図する「参加」と住民の意思に大きなずれがある場合、参加が形骸化してしまうことも少なくない。このような状況では、住民参加型事業は、究極的には住民が内発的、主体的に参加することを外部が推進するという論理矛盾ともいうべきジレンマに突き当たってしまう[1]。そこまで極端でないにしても、政策として一般化した昨今の参加型事業の枠組みは、大なり小なり、住民からのボトムアップの要求という側面と、政府や事業者が意図するトップダウンの政策という側面をあわせもっているといえるだろう。そこで本章では、タイのコミュニティ林政策と共有林管理を事例に、住民参加型森林管理をこのような「下」からの要求と「上」からの政策実施とのせめぎあいの場として捉え、その調整プロセスの現状と課題について論じたい。

　以下では、まずタイにおけるコミュニティ林の政治史を、運動と政策という上記の視点に対応した2つの文脈から概観する。つぎに、タイ東北部における共有林管理の事例から、コミュニティ林政策の実施プロセスをみていくことで、要求

と政策とのせめぎあいと調整のパターンを検討する。最後に、住民参加型森林管理の現状と課題について、制度の自生的進化と理念的設計という視点から整理することにしたい。

2　コミュニティ林運動とコミュニティ林政策

タイにおいて、コミュニティ林(pa chumchon)は、「住民が彼ら共同のものであるとみなしている森林」と定義される[(2)]。典型的なローカル・コモンズのひとつであり、タイにおける住民参加型資源管理の代表として取りあげられることが多い。しかし、さまざまな名前で村人に呼ばれてきた森を概念としてまとめた政策用語であるため、一昔前までは一般の村人にはまったくといっていいほど知られていなかった。ところが現在は、片田舎の村長がインタビュー中にこの言葉を使うことも稀ではなくなってきた。それほどこの言葉が大衆化した背景には、何があるのだろうか。

コミュニティ林がタイで社会的に論じられるようになったのは、1980年代末以降のことである。藤田(2008)によれば、1989年にチェンマイ県フアイゲーオ村で起きた事件が大きな影響を与えている。これは、民間企業による早生樹種植林に反対する住民が運動を展開し、彼らが共同利用・管理をおこなってきた森林（植林対象地であった）をコミュニティ林として森林局(RFD)に認めさせた最初の例である。一方、政府の政策としても、すでに当時この言葉が使われていた。森林局内に林業普及部門が設置され、コミュニティ林の普及活動が通常予算枠のなかに定着するようになったのである（プラトーン 1994）。このように、今日コミュニティ林という概念が定着したのは、住民による「下」からの要求と行政による「上」からの政策実施という2つの要因によるところが大きい。

もちろん、これらの背景には、開発や保全において住民参加を希求する社会運動が、1980年代を通じて国際的に数多く発生したことや、住民参加型開発や保全の枠組み整備が国際的なトレンドのひとつとして脚光を浴び、さまざまな援助機関で推進されるようになったことがある。しかし、このような国際的要因以上に、1980年代以降にタイ社会自体が著しく変容し、天然資源管理や農村開発の在り方の転換を余儀なくされたことが、コミュニティ林の大衆化を推し進めた直接の原因だろう。

タイでは森林は原則として国有であり、森林局によって一元的に管理されてきた。そのため、住民には、法的には森林資源へのアクセスは認められていなかっ

た。しかし実態としては、森林は、農村に住む多くの住民によって、日々の生活に不可欠な資源として利用されていた。この法律と実態の大きな乖離が、1960年代以降に問題化していく。この時期政府は、国有保存林指定を急ぎ、木材コンセッションの網を全国にくまなく拡大した。一方で、住民のあいだでは畑作物ブームが起こり、ケナフ、キャッサバ、トウモロコシなどの畑作物が森林を切り拓いて栽培されるようになった。1970年代に入ると、辺境地の共産主義対策のために政府が開拓を奨励したことなどもあって、住民は土地を求めて開拓移動を繰りかえした。つまり、政府・住民の両者とも、森林に対する圧力を急激に強めていったのである。その結果として、1980年代までにはタイの森林は急激に減少、フロンティアはほぼ失われ、実態のない国有保存林内に100万世帯以上にも及ぶ森林の「不法占拠者」が居住するという事態が生じることになった。

このような事態は、1980年代から90年代にかけての高度経済成長とそれにともなう社会の急激な変化と相まって、住民と森林行政の双方に重要な転機をもたらすことになる。まず、住民にとっては、森林フロンティアの消滅自体が上述のような「従来型」森林管理による政府との対立を助長する大きな要因となった。開墾可能地が失われたことで、住民は、政府の政策によってこうむる不利益から避難する場を失った。追い詰められた住民は、政府の略奪的な政策に対して政治的な抗議の声をあげるようになったのである (Christensen and Rabibhadana 1994)。

その先駆的な例のひとつが、先にあげたフアイゲーオ村の事件である。1980年代半ば以降、タイ北部の住民たちは、森林局による森林からの住民の排除に対抗して、村の慣習的な森林利用の権利を認めさせるために抗議運動を起こしていった。その際に、村人が森林を管理してきたこと、住民と森林との共存が可能であることの証として、コミュニティ林の保全運動をおこなっていったのである。彼らは僧侶とともに、樹木や森を出家させる儀式 (buat pa) をおこなうなど、彼らの慣習およびタイ社会に広く受け入れられるような文化的な戦略を用いて運動を展開していった (Tannenbaum 2000)。やがてこれらの運動は、東北部における同様の運動とともに、「北部農民ネットワーク (kruakhai kasetakon phak neua)」や「貧民フォーラム (samatcha khonjon)」の設立に代表されるような地域的、全国的ネットワークの形成へとつながっていく。農民たちは、NGO、学界、ジャーナリズムの力を借りながら、政府に対してさまざまな異議申し立てや要求をおこなうようになった。コミュニティ林は、ダム開発などの問題と並んで、彼らの重要な運動フレームのひとつとなっていったのである。

さらに、このような動きは、森林関連の法整備の面にも現れるようになる。住

民による森林利用の権利を原則的に認めなかった現行法に代わり、地域住民に付近の森林管理を任せる法的根拠となる「コミュニティ林法(prarachabanyat pa chumchon)」を策定する動きが出てきた。この運動は、1990年代の民主化の流れと相まって、一時は大きな盛り上がりをみせた。2000年に、国民による法案の提出という1997年憲法の仕組みを利用して「国民版」の法案提出をおこない、「政府版」法案に対抗したのである。しかし、国立公園内の住民に対する権利をめぐってNGOのあいだで意見が分かれるなど、運動側も一枚岩ではない。また、頻繁な政権交代や経済危機によって審議が遅れたり、差し戻されたりした影響もあって、現在にいたるまで法律は発効していない[3]。

法律整備にいまだ課題を残しているとはいえ、森林保全における住民参加の問題をクローズアップさせたという意味では、運動としてのコミュニティ林の意義は、非常に大きかったといえよう。そしてこれらは、政府の政策にも影響を与えるようになっていく。

森林行政は、この時期、経済発展のなかで多元化する社会への対応を迫られることになった。上述のような住民からの要求を含め、中間層、企業、NGOなど多様な勢力が政治への働きかけを強めていくようになり、森林破壊や環境問題、国有保存林問題や貧困問題などがしばしば重要な政治課題になった。その結果、政府は単独での森林管理をあきらめ、森林保全・再生の道をこれらの諸勢力との連携に見いだすようになったのである(Pragtong and Thomas 1990)。1989年に議会によって可決された商業伐採の禁止は、この象徴的な例である。

これ以降、森林局は、林産物生産をつかさどる組織から森林保全をうたう組織への脱皮をはかる。皮肉にも、森林の消滅が、森林局が管轄する林地(必ずしも森林ではない)におけるさまざまな事業を生みだし、森林局の組織や予算の拡充に貢献したのである。こうして、国立公園や野生生物保護区といった保護領域を増設する「囲い込み」政策を推進する一方で、実態のない国有保存林を再区分し農地改革対象地にするとともに、住民参加型の森林保全政策を部分的に推進するようになっていった。住民による森林利用を排除できないとするならば、森林局としても、彼らを味方につけたほうが、効率的な森林保全を推進するうえで理にかなっている。このような理由で、森林局内部においても、森林保全の現実的な方策として一定程度の住民参加を考慮する役人が現れるようになった。1980年代末に森林局に担当部署が設置されたあとも、事業は徐々に拡大を続けた。1992年には、第7次国家経済社会開発計画のなかで奨励活動が採択され、住民組織、村落委員会、およびタンボン評議会(のちのタンボン自治体)に荒廃林を

コミュニティ林として利用することを認める政策が採られるようになった（プラトーン 1994: 21）[4]。

表1は森林局のコミュニティ林関連予算額の推移を示したものである。1997～2000年の経済危機の時期を除き、最近まで一貫して予算額が増加してきたことがわかる。2000～2004年にふたたび急激に増加しているが、これはタクシン政権下の2002年に実施された省庁再編の影響だと思われる。この省庁再編で、森林局は国立公園・野生動植物局（以下、国立公園局とする）、森林局などに分割された。大きな利権の対象であった保護区が森林局から切り離されることによって、分割後の森林局内におけるコミュニティ林の戦略的意義が高まったのである。

年度	予算額（百万バーツ）
1985	9.8
1990	16.5
1995	69.7
1997	84.7
2000	59.2
2003	84.4
2004	114.5

表1　森林局のコミュニティ林支援事業関連予算の推移
出所：森林局年次報告より作成。値は名目額。1米ドルは1997年以前が約25バーツ、以降が約40バーツである。1998年から2000年にかけて、緊縮財政のため予算が大幅に削減された。

全国的にみれば、ここ数年のコミュニティ林政策の浸透力は、運動の推進力より強力だったと考えられる。運動が盛んなコミュニティや地方が限定されているのに対して、政府の政策は、官僚機構を通じて画一的に実施されるからである。先に、コミュニティ林という語の農村における普及は、運動と政策の2つの要因によると述べたが、ここ数年に限っていえば、後者の影響のほうがずっと大きくなっているのである。

以上、住民運動と行政の対応という面から、コミュニティ林をめぐる政治史を簡単にふり返ってみた。「従来型」森林管理が社会対立と森林管理の失敗をもたらしたあと、1980年代末から1990年代の社会変動のなかで、コミュニティ林の政策的重要性は、住民運動と政府の対応が重なりあうかたちで徐々に高まってきた。しかしこのことは、当然ながら、両者が協調関係にあったことを意味するわけではない。管理や政策策定への住民参加やエンパワーメントを推進する運動側の目的と、より現実的な森林管理を模索する行政側の目的は、本質的に異なっており、この相違がコミュニティ林法制定の障害のひとつとなってきた。また、実際にコミュニティ林事業の対象となる森林は、当局にとって重要性の低い森林に限られる傾向にある。国立公園のような重要な地域では、当局の住民に対する態度はいまだに抑圧的・排除的な面が多い（佐藤 2002）。

このような面を考慮すれば、近年の政府によるコミュニティ林政策の推進は、農村において、「上」からの政策実施の圧力を強めていると考えられる。住民によ

る実際の森林管理は、このような政策動向からどのような影響を受けているのだろうか。以下では、コミュニティ林政策の具体的な対象である「共有林」の動向を見ていくことで、その実態の一部に迫ってみよう。

3　実態としての共有林管理

共有林と管理の動向

　共有林は、「水源林(pa ton nam)」「埋葬林(pa cha)」「放牧地(thi thamle liang sat)」「鎮守の森(don pu ta)」など、住民による開拓の過程で、コミュニティ成員の共同利用に供する場所として私的占有を免れ残されてきたものである。定義上、コミュニティ林との差はほぼないが、村では、コミュニティ林は共有林のうちコミュニティ林法案の対象として登録されたものをさすことが多くなっている。そのため、以下では登録の有無にかかわらず、実態として住民に共同管理されている森林を幅広くさす語句として、共有林という言葉を用いたい。

　これら共有林は、最近まで慣習的な規範などによって管理されていたものがほとんどで、フォーマルな権限・規定はもとよりインフォーマルなきまりも制度化されず、土地の境界が曖昧であることも少なくなかった。また、従来これらの使用・管理権は事実上(de facto)のもので、政府による法的な土地分類とは無関係に存在していた。タイでは、私有された土地を除くすべての土地が国有地とされているが、そのなかには先占可能な土地とそうでない土地の両者が含まれている。重冨(1997)によれば、タイの法制度は国有地に関する住民の共同の使用権を保障しているが[5]、つい最近までは、それらを保護するような公的制度——たとえば国有地証書(nansu samkan samrap thi luang: no so lo)の発行など——を積極的に打ちだしてはこなかった。共有林の権利を保障する公的制度が不十分であったため、そのような土地をどのように利用するかはもっぱら住民の事情によることが多かったのである。

　しかし、近年になって状況は徐々に変わってきた。その第1は、住民自身によるインフォーマルなきまりおよび管理組織の強化である。経済学者である重冨(1996)は、豊富にあった森林・林地が、農地開墾などによって希少化するにつれて、資源をめぐってさまざまな競合が生じるようになり、これが契機となって、住民間に資源の共同利用の意識が芽生え、成員の権利と義務、罰則規定などを含めた「タイト」な共有資源管理がおこなわれるようになったと論じている。この見解は、資源の希少化を制度変化の要因として取りあげる誘発的制度進化の仮説

に近い。すなわち天然資源の希少化が、従来の土地制度を、資源へのアクセスを規制し投資を誘発する方向へと改変させ、労働集約的・資源保全型の土地利用や利用グループによる効率的な資源管理を可能にするというものである(Otsuka and Place 2001)。

一方で、人類学者は、一連の動きを社会運動としてとらえ、住民が政府とのコンフリクトに直面するなかで、彼らが権利概念を再構築していくプロセスを重視する(Ganjanapan 2000)[6]。このような見解の差はあるが、いずれにせよ、住民自身によってコミュニティ林が「発見」され、そこへの働きかけを強めるようになってきたことは、確かな傾向であろう。

第2は、政府や自治体の支援によるフォーマルなきまりや管理組織の強化、およびインフォーマルなきまり、管理組織との接近・同化である。上述したとおり、共有林管理は、限定的ながらも森林局によってコミュニティ林政策として一貫して推奨されてきている。最近では、コミュニティ林法が近い将来に制定された場合をにらんで、共有林の登録もおこなわれている。また、国立公園局は、軍や王室と連携しながら、住民による森林保全の優良事例に対して王妃が直接旗を下賜する独自の森林保全プログラム(森林保護住民ボランティア研修事業: ro so tho po)を実施しており、内務省土地局も、共用地(注5参照)として区分されうる共有地への国有地証書の発行を増加させてきている。

さらに、1994年に「タンボン評議会およびタンボン自治体法」が成立して以降、タンボン(注4参照)を単位とした地方自治制度の改革が段階的に進められることになった(永井 2003)。タンボン自治体は、タンボンレベルでの開発における住民参加と民主主義推進のために作られた地方自治体である。議会と執行部からなり、住民は各村から2名の議員を選挙で選ぶとともに、自治体の首長も直接選挙によって選出する。

タンボン自治体には一定の徴税権と自治権が与えられ、かつて中央省庁が担当していた開発計画の策定と事業の一部が移管されることになった。1999年には「地方分権計画及び手順規定法」が成立し、地方自治体関連の予算も増加した[7]。このような流れのなかで、コミュニティ林などの天然資源管理は、タンボン自治体の業務のひとつとしてもみなされることになったのである。

このような変化が資源管理の潜在能力や問題点に及ぼす影響は、実際にはコミュニティによって大きく異なる[8]。住民やタンボン自治体の参加の度合いが大きく異なるため、資源管理制度の形成プロセスそのものが経路依存的になるからである。以下では、タイ東北部のヤソートン県K郡における、2つの対照的な事例

についてみていこう[9]。

ヤソートン県K郡の事例

ヤソートン県K郡は、東北部ヤソートン県の県庁所在地ヤソートン市の南東約25kmに位置する（図1）。郡の東西はそれぞれセバーイ川、チー川に挟まれ、地形は川の氾濫原、低地（海抜120m前後）と、点在するわずかな高みや緩やかな丘陵（海抜140m前後）からなる。農地の中にパッチ状に森林が分布する景観をもっており、とくに氾濫原、自然堤防域と丘陵・高みに森林が多く点在している。郡の中央をヤソートン市とウボンラーチャターニー市とを結ぶ幹線道路が貫いており、県内でも交通アクセスが良い郡のひとつである。

住民のもっとも基本的な生業は農業である。郡面積の5割を占める農地のうち約9割が水田（ほとんどが天水田）であり、自給用のモチ米と販売用のウルチ米を生産している[10]。畑作は、郡北部にある丘陵部でおこなわれており、おもにキャッサバが栽培される。なお近年は、肉牛飼養と牧草の生産、そしてゴム栽培がブームになっている。

この地域は農業以外に目立った産業もなく、タイのなかでも所得の低い地域である。したがって、住民の多くが乾期にバンコクなどに出稼ぎに行くことが常態となっている。一方で、住民の天然資源への依存度は相対的に高い。パッチ状の森林の多くは、共有林としてさまざまな用途に使用され、水田や、川・沼などの水域とともに、今日にいたるまで住民の生活を支えてきた（写真1）。

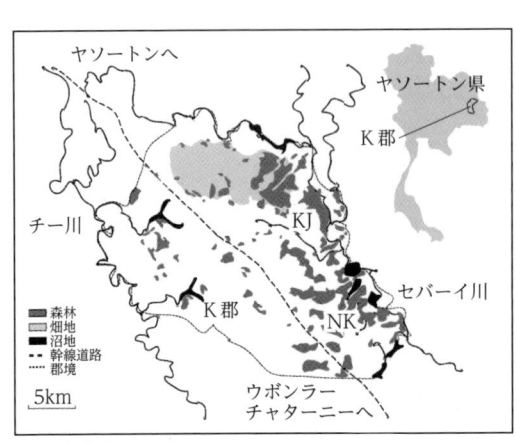

ここでは、2つの対照的なタンボンの事例についてみてみよう。タンボンNKおよびタンボンKJは、それぞれ郡の南東および北東に位置する。表2（118頁）に示すとおり、人口は、タンボンKJがタンボンNKの1.7倍ほどの規模をもっているものの、両者の土地、農地（水田）および森林面積はほぼ等しく、ともに郡内でもっとも森林の多い地域の

図1　調査地
出所：ETM Landsat 2000の画像より作成。事例の位置も記した。

ひとつである。共有林の面積も両者でそれほど変わらず、ともに郡内ではコミュニティ林管理のモデルとなる地域と考えられている。しかし、両者はその管理制度の導入プロセスにおいて、対照的な経緯をたどってきた。タンボンNKにおいては、外部者の影響を強く受けていたのに対して、タンボンKJでは地域住民の意向を強く反映したプロセスをたどったのである。

a）強い外部の影響：タンボンNKの事例

このタンボン付近には、セバーイ川沿いの氾濫原および点在する高みに森林が豊富に存在する。これらのほとんどは、タンボン内各村における共有地となっている。このうち約160haのバーンガオとよばれる高みは、付近でも豊穣な森として知られている。

じつはこの森は、かつてPI村があった場所である。1932年にマラリアにより多くの死者が出たため、住民の多くが4kmほど離れた現在のPI村の場所に移り住んだのである。以降、この場所はPI村の共有地となり、その他の共有地同様、住民の天然資源採取の場であるとともに、豆や瓜、ケナフなどの焼畑がおこなわれていた。ところが、1983年に1人の僧侶がこの森に居を構え、森の寺として瞑想の場に使用しはじめた[11]。それ以降、この場所は保全の対象となり、焼畑はおこなわれなくなったのである。彼のイニシアティブの下、森は2村からなる委員会によって管理されることになった。保全のきまりが明記され、違反者には罰金が科された。残された森林は豊かに保たれ、荒廃していた場所も徐々に植生が回復していった。

このような活動に転機が訪れたのは、1999年のことである。この森が立派に保全されていることに注目した県森林事務所は、この森をその年の森林保護住民ボランティア研修事業のターゲットにしたのである。この森は、PI村の属するタンボンNKとともに、タンボンDYの領域にも一部またがっていたので、こ

写真1　K郡内、ある村の共有林。村のきまりに従い、村人たちが、野火の侵入に備えて防火帯を作っている（2006年3月撮影）

項目	タンボンNK	タンボンKJ
人口	3,668	6,231
村の数	8	12
面積 (ha)	5,980	5,400
水田面積 (ha)	2,262	2,824
森林面積 (ha)	1,493	1,229
おもな農作物	コメ	コメ
おもな家畜	牛	牛
共有林の数	13[1]	25[2]
共有林の面積 (ha)	653[1]	520[2]

表2 タンボンNKとタンボンKJ

出所：星印のあるものを除き、各タンボンの農業普及事務所資料（2004年のデータ）より作成。タンボンNKの森林面積は、「森林面積」と「共有地面積」の合計。
1) 2002年度コミュニティ森林資源保全優良事例選考委員会の資料より。多くの共有地が沼地や湿地であり森林ではないため、共有地面積はこの数字よりかなり大きい。
2) 聞き取り調査 (2005) より。

れら2タンボンの住民およそ100人が、郡森林官の主催する事業の研修に参加することになった。そして研修のあと、森林の名前は「王妃陛下72歳の栄誉を祝うコミュニティ林」に変えられ、これら2タンボンの9村を包括した新しいきまりが成立した。事業による審査の結果、この森の保全は東北部における優良事例に選ばれ、王妃から直々に旗が下賜されたのである。

以後、9村の森林保護住民ボランティアからなる委員会が組織され、看板や防火帯の設置、見回りの実施、啓蒙活動などをおこなうようになった。2002年には、保全が2タンボン内の19筆534haの共有林に拡張された。同時にコミュニティ林として登録がおこなわれ、それにともない組織の改組がおこなわれた。現在、16村が20筆694haを管理するにいたっている[12]。

b) 外部からの「脅威」への対応：タンボンKJの事例

タンボンKJは、タンボンNKと同様、セパーイ川に接しているため、川沿いに大きな森林が残っている。また、タンボンの西部はゆるやかな丘陵の東端であるが、そこは肥沃度が低く畑地に適さないため、現在も小径木の森林として残っている。このタンボン内の森林も、それぞれの村（または由来を同じくする複数の村）の共有地として住民の利用に供され、管理も各村がそれぞれ別個におこなってきた。それゆえ、その管理やきまりの程度は村によって大きく異なっていた。管理の程度がばらばらであったにもかかわらず、土地と森林に対する圧力があまり大きくなかったため、一帯の森林は急激に減少することはなかった (Kono et al. 1994)。

しかし、最近になってこのような状況は転機を迎える。タンボンへの入口の道路が舗装され、アクセスが格段に向上したのである。それ以降、雨季の初め（5～6月）に森にキノコがたくさん生える時期には、郡内の他地域や、県内の他郡、

遠くは他県から、朝早くトラックに乗って人が大勢やってきて、住民が採りに出る前にキノコを採って帰っていくようになった[13]。その結果、「〔資源を持っている〕我々は依然として貧乏なのに、よそ者はここに来てたくさん採って売って儲けている」「我々の資源は、我々が利用すべきだ」と感じる住民が多くなった。また、彼らはキノコを大量に採っていくだけでなく、森の中でゴミを捨てたりするなど、しばしば森を荒らす行為もおこなった。そのため、森林保全の観点からも、何らかの対策を講じる必要に迫られたのである。

彼らは車で移動するため、問題の起こる場所は広範囲にわたる。これまでの各村単位での管理では限界があるということになり、タンボン全体での管理の必要性が議論されるようになった。そして、数回にわたる協議と県森林事務所による森林保護住民ボランティアの研修を経て、県森林事務所職員、タンボン議員、公務員、学校教師、村長およびガムナン[14]、タンボン自治体職員、村の長老、住民有志などを交えた2005年6月の会議において、タンボン全体を対象とした新しいきまりが制定されるにいたったのである。

きまりは11項からなり、共有林における伐採、火入れ、耕作の禁止、建材取得の際の森林保護住民ボランティア・グループ委員会（12村の代表61名からなる新しい組織。委員長はガムナン）への許可の義務づけ、水域における水生動物の産卵期（5～7月）の捕獲禁止、動物の違法な手段（薬や毒物、電気、爆薬の使用など）による捕獲禁止などを規定している[15]。このきまりでもっともユニークなのは、外部者が域内で林産物などを採取する場合に、事前に委員会への許可を義務づけ、1人あたり4kg以下という量的制限を設け、かつ1回1人あたり20バーツの利用料の徴収を規定している点にある。

しかし、この規定は、タンボンに隣接する村の住民にちょっとした波紋をよんだ。彼らは以前からタンボン内の森や水域を利用し、林産物や魚を得てきたのであるが、この規定によって、外部者としてあつかわれ、料金を徴収されるようになったからである。彼らの一部は郡に実情を訴えたという。しかし、郡やタンボンは、彼らに対して決して利用を禁止しているわけではないことを説明し、現状に理解を求めている。

一方で、タンボン内の住民の多くはこの規定に賛成であったが、じつは、一部に反対する者もおり、きまりを協議する過程で議論になっていた。タンボンKJ内にも、隣接するタンボンLHへ魚を捕りにいく住民がいたのである。そのような規定を設けてしまえば、近隣のタンボンも報復措置として同様の規定を設けるようになり、結果として彼らの生活に悪影響を与えてしまうという懸念があった。

しかしながら、このような人たちは少数派であったため、きまりが成立したのである。

プロセスの特徴

　以上が事例の概要である。ここで共有林管理の導入プロセスをみる際に、まず、両者の共通点からみていこう。第1点は、程度の差はあれ、両者とも森林管理に対して一定の住民理解が存在するということである。これらの事例では、保全が共有地というコミュニティの既存の文化的規範の上に成り立っている。この点で、住民理解の基盤がないコミュニティにおける森林管理のプロセスとは大きく異なる。第2点は、タンボンという従来のコミュニティを超えた単位によって管理がおこなわれるようになってきていることである。この点で、タンボン自治体は、Ostrom (1990) のいう制度作りの場 (arena) を提供したと考えてよいだろう。今後、タンボン自治体の運営能力が、ローカルな森林保全に関連する制度作りの成否を大きく左右していくケースが増えると考えられる。

　第3に、政府やタンボン自治体のような、従来のコミュニティの範囲を超えた組織によるコミットメントが増えることによって、管理がフォーマル化の度合いを強めてきていることである。これによって、共有林管理の実態も、村落内部の自生的な管理制度の生成と外部からの介入とのせめぎあいの場としての特徴を強め、両者の調整能力が問われるようになってきている。しかし、その調整の状況は2つの事例で著しく異なっており、結果として、以下のような異なる課題をかかえるようになった。

　タンボンNKでは、きまりの成立当初から資源の希少性との関連が薄く、住民の外部からの影響が大きかった。村で尊敬を受けている僧侶のイニシアティブで保全のきまりが導入され、それがやがて政府の目にとまって管理が大規模化、フォーマル化されるにいたったその過程は、住民の理解と協力を得られたという前提はあるものの、おもに宗教組織という文化装置と、王室という国家の装置に支えられていた。

　しかしながら、このような装置の拠り所となる言説の世界と住民の生活世界との間には、当然ながら大きなギャップが存在する。筆者が調査中に、住民リーダーのひとりとその妻から、共有林からの便益を増やすにはどうしたらよいかを尋ねられた。「住民はみんなこれらの森林から何かを得たいのだが、これらは保全の対象になっているので、野草や枯れ木、非木材林産物以外のものは得ることができない。現在このことについて皆で話しあっているところなので、何かいい案が

あったら教えてほしい」と言われたのである。

じつは、このリーダーの住むNK村は、1999年の委員会による共同管理には参加しているのだが、2002年の拡張改組の際に、この村の共有林約320haをその傘下に入れず、コミュニティ林登録をおこなわなかった。

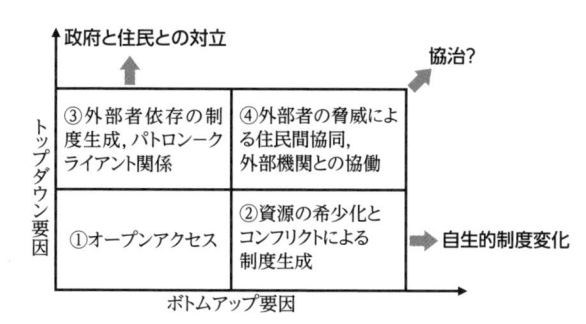

	③外部者依存の制度生成，パトロンークライアント関係	④外部者の脅威による住民間協同，外部機関との協働
	①オープンアクセス	②資源の希少化とコンフリクトによる制度生成

縦軸：トップダウン要因／上方向：政府と住民との対立
横軸：ボトムアップ要因／右方向：自生的制度変化
右上：協治?

図2 K郡における共有林管理制度変化のプロセス
出所：Ubukata(2008)より作成。
注：協治の定義は注17を参照されたい。

彼らは、共有林が正式に登録されることによって、これまで慣習的におこなってきた森の利用や管理ができなくなってしまう「フォーマル化の逆説」とでもいうべき事態を恐れていたのである。

一方、タンボンKJの事例においては、資源が豊富であるにもかかわらず、住民によるイニシアティブが強かった。近年の交通アクセスの向上は、外部者による森林破壊の脅威をもたらし、それがきまりや管理組織を生成する原動力となった。このような、外部者による脅威が管理の協同を生む例は、人類学者たちによって数多く報告されている[16]。

しかし、この外部者を排除するかたちでの新しい管理制度の導入が、タンボン内外において波紋をよぶことになった。これは、住民による資源へのアクセスが、地域的に固定化されたものではなく、いくつかのオプションをともなった地理的ネットワークを形成していることに起因している。この事例のような、領域によって外部者を制限するきまりの導入は、必然的にその領域を越えた資源利用のネットワークの変容をもたらす。Peluso(2005)も指摘するように、コミュニティによる囲い込みと排除という新たな問題が、住民参加型森林管理において今後起こってくる可能性は高い。

これら2つの事例から、政府や役人の関与に代表されるようなトップダウンの要因と、コミュニティ内部や資源賦存量からくるボトムアップの要因の調整パターンを考えてみよう。図2は、K郡の事例にもとづき、上記の2軸によって、共有林管理における制度変化を類型化したものである。

たとえば、タンボンNKの事例では、管理制度の生成プロセスは、基本的には外部主導であった。このようなプロセスと問題点は、国立公園内の村など、森林

利用をめぐって政府と村の間で対立が起こっているケースのそれとよく似ており、図2の③の領域に位置づけられる。これに対し、タンボンKJの事例は、内部のインセンティブと外部の力が組み合わさった④の領域の例である。管理制度の生成プロセスは、資源が豊富であるにもかかわらず住民主導であり、外部者による資源の乱獲という脅威から住民の権利を守るという「脅威による協同」の論理によって特徴づけられていた。その結果、住民の保全意識は高いものの、領域化と囲い込みによる近隣住民の排除という問題をともなっている。

このようにみていくと、純粋に自生的なプロセスをたどっているのは、図2の②の領域のみということになる。他は大なり小なり、外部のアクターへの住民の対応が管理制度導入の鍵となっている。ここで、重冨 (1996) や Kono et al. (1994) が、タイにおける多くの共有林管理が、住民が森林資源の希少化を認識したあとに導入されたと指摘していたことに注目したい。政府の介入や外部者の侵入が現在ほど激しくなかった1990年代初頭においては、資源をめぐって争われるゲームは、コミュニティ成員による繰りかえし囚人ジレンマゲームのような単純なもので、図2の①と②の領域に位置していた。しかし、最近になって、これまでのゲームに政府やその他外部者という新たなプレイヤーが参入した結果、共有林の管理制度の変化プロセスは複雑化・多様化したのである。

4 自生的制度と理念的設計

本章では、タイのコミュニティ林政策と共有林管理を事例に、住民参加型森林管理を、「下」からの要求と「上」からの事業実施とのせめぎあいの場としてとらえ、その現状と課題について論じた。その結果浮かびあがってきたのは、コミュニティによる従来の森林管理が「コミュニティ林」として政治化し、政策用語と化すことによって、「上」からの政策としての性格を強めていった事実である。

1980年代末から1990年代の社会変動のなかで、コミュニティ林の政策的要請は、住民運動と政府の対応が重なりあうかたちで徐々に高まっていった。また、1990年代以降の農村への外部アクターの影響力増大によって、共有林管理の実態も、村落内部の自生的な管理制度の生成と外部からの制度設計とのせめぎあいの場としての特徴を強め、両者の調整能力が問われるようになってきている。これらの政策は、共有林に関する文化的な規範と相まって、保全活動の一般化という森林保全にとってポジティブな効果をもたらした。その一方で、管理単位が広域化、制度がフォーマル化するとともに、「フォーマル化の逆説」や領域化による

囲い込みといった住民にとっての新たな問題が現れてきている。

　秩序や制度には、目的達成のために人によって設計される構成的な側面と、歴史のなかで自己組織化される自生的な側面があるという(Hayek 1973)。事例における共有林管理上の新たな課題の出現は、「下」からの自生的な要求を重視するべき参加型管理の政策に、「上」からの制度設計と意図が色濃く織りこまれていることを示している。しかし、計画経済の失敗の前例をもちだすまでもなく、制度設計に全幅の信頼を寄せることは大きな誤りである。そもそも事例において、フォーマル化がある程度成功しているのは、共有林に関する文化的な規範や制度の自生的な側面によるところが大きい。たとえば、近隣住民との森林利用の軋轢に直面したタンボンKJの住民は、隣に位置するタンボンLHの住民による森林利用を2006年から黙認することにした。フォーマル化にともなう問題へのこのような対応によって、制度の実際の運営に柔軟性をもたせているのである。このようなインフォーマルな調整能力を軽視すると、その崩壊を通じてフォーマルな制度にも大きなダメージを与えることになる。

　ただし、だからといって、自生的な制度進化や秩序形成に任せておけばすべてうまくいくというわけでもない。洋の東西を問わず、すでに多くのコモンズが歴史のなかで失われてしまったことは、そのひとつの証左であろう。また、フォーマル化や「上」からの庇護は、住民が外部者の脅威から自分たちの権利を守るための拠り所ともなりうる。鈴村(2006)は、自生的進化と理念的設計というこの2つの制度変化の契機を「整合化」することが、経済システムの改革のための制度設計を成功させる重要必要条件となると論じているが、まったく同様のことが森林管理制度についてもいえよう。ただ問題は、両者をどのように整合化するかである。

　本章の例でもわかるように、自生的進化と理念的設計は、時としてそれを担うアクターが異なる。そのため、その力関係と調整プロセス次第で整合化のパターンにも違いが生じ(図2参照)、結果として異なる潜在力と課題をかかえるにいたる。調整にかかわるアクターの能力と整合化の結果次第では、図2の④の領域においてすら「上」と「下」との深刻な対立が生じうる[17]。

　では、このような「上」と「下」との対立は、参加型管理に不可避なジレンマなのであろうか。おそらく、整合化を一時点における対立や協調といった静態的なものとしてとらえるのではなく、対立や競合をも含んだかたちでの動態的なプロセスとしてとらえる必要があるだろう。一時的な対立や競合は、長い目でみれば住民の交渉能力の強化につながるかもしれないし、行政がより柔軟に対応する

能力を養うかもしれない。両者間の対話、両者を調整する新たなアクターの出現、あるいは何らかの偶発的な要因によって、対立しながらも徐々に改善がはかられていくかもしれない。図2においても、①の領域から②や③を通って④に到達する可能性はある。

　静態的な立場に立てば、協治（注17参照）には、外部への対応力をそなえた強い社会、柔軟かつ効率的な行政、そして両者が対話する場の醸成などが必要条件となろうが、途上国の農村でこれらの条件が満たされる場合は通常非常に少ない。しかし、動態的な立場に立てば、条件が満たされなくても悲観的になる必要はない。結局、時として対立・競合しながらも、互いに高めあい調整していくプロセスを粘り強く続けていくなかで、それぞれの解決策をみつけていくべきなのだろう。そして、このような時間をかけた努力と、そこから生まれる制度の地域化・柔軟性の獲得こそが、グローバルな環境主義に代表される外部の要請と、ローカルな要求とをつなぐ大きな力となるにちがいない。

注

(1) 参加型開発全般に関するこのような批判は、Cooke and Kothari (2001) にくわしい。
(2) Jamarik *et al.* (1993) による定義 (p163)。一部修正してある。
(3) 審議の経緯、争点や政治背景に関しては、藤田 (2008) にくわしい。なお藤田は、2007年11月にコミュニティ林法案が軍事クーデター後の立法議会において可決したことを論争の一応の決着としてとらえている。しかし実際には、可決した法案の一部が憲法違反にあたるとして、一部の議員が憲法裁判所に審理を求めており、法案はまだ実効性をもっていない。
(4) タンボン (tambon: sub-district) は地方行政の単位のひとつであり、郡 (amphoe: district) の下位、村 (muban: village) の上位レベルに位置する。後述するとおり、1990年代以降、このレベルにおける自治機能が強化されてきている。
(5) 民法典のなかで、公共地（国有地の区分のひとつ）の区分のひとつとして、「共用地（人民の共同の利用に供される土地： thidin samrap phonla muang chai ruam kan）」が明記されている（重富 1996: 249）。なお、本稿では、この共用地に限らず、住民がインフォーマルに共同保有している土地を「共有地 (thi satharana prayot)」と記述する。共有林は、いわば池や沼などの水域と並んで存在する共有地の一種である。
(6) コモンズの制度化に関する経済学者と人類学者の見識の相違に関しては、生方 (2007) を参照されたい。
(7) とはいえ、タンボン自治体は、人材、資金の両面でその能力にいまだ大きな制約

をかかえている．実際に実施される事業のほとんどは，域内の道路建設などのインフラ整備である．
(8) もうひとつの変化として，森林資源の他の製品への代替などによる資源利用パターンの変化や，森林に対する社会文化的なニーズの変容があげられる．ただ，本章の事例とは関連がうすいので，ここではくわしく述べない．
(9) 分析の詳細は，Ubukata(2008)を参照されたい．
(10) 2003年度K郡開発計画より．
(11) 彼はもともと村内の住民であったが，方々への出稼ぎのあと，軍に入隊し，その後30歳で出家してから，紆余曲折を経てこの地に戻ってきた．よって，村からみて内部者でもあり外部者でもある両義的な存在だということもできる．
(12) 2002年度コミュニティ森林資源保護優良事例選考委員会の資料より．
(13) ヘット・プアックとよばれるキノコは，高値(1kg 170〜200バーツ)で取引されている．
(14) ガムナン(kamnan)は，タンボンの顔役として内務省直轄の地方行政をつかさどる．村長(puyai ban)の中から立候補した者が，選挙によって選ばれる．
(15) 森林保護住民ボランティア・グループ委員会の資料より．
(16) タイの例では，Ganjanapan(2000), Johnson(2001)などがある．
(17) 図で「協治」に疑問符をつけたのは，このためである．なお協治とは，中央政府，地方自治体，住民，企業，NGO・NPO，地球市民などさまざまな主体が協働して資源管理をおこなう仕組みのことである(井上 2004: 140)．

参考文献
井上真 2004『コモンズの思想を求めて——カリマンタンの森で考える』岩波書店．
生方史数 2007「コモンズにおける集合行為の2つの解釈とその相互補完性」『国際開発研究』16(1): 55-67.
佐藤仁 2002『稀少資源のポリティクス——タイ農村にみる開発と環境のはざま』東京大学出版会．
重冨真一 1996『タイ農村の開発と住民組織』アジア経済研究所．
―――― 1997「タイにおける「共有地」に関する土地制度」水野広祐・重富真一編『東南アジア農村の開発と土地制度』263-303頁，アジア経済研究所．
鈴村興太郎 2006「制度の理性的設計と社会的選択」鈴村興太郎・長岡貞男・花崎正晴編『経済制度の生成と設計』17-53頁，東京大学出版会．
永井史男 2003「タイの地方自治制度改革——地方分権委員会を中心に」作本直行・今泉慎也編『アジアの民主化過程と法——フィリピン・タイ・インドネシアの比較』273-310頁，アジア経済研究所．

藤田渡 2008「タイ「コミュニティ林法」の17年―論争の展開にみる政治的・社会的構図」『東南アジア研究』46 (3): 442-467.
プラトーン・コモン 1994「森林局 (RFD) の社会林業に対する取り組み」正木幹生訳、赤羽武ら編『タイにおける社会林業推進のための連携協力体制の制度化に関する研究』18-25頁, 財団法人国際開発高等教育機構　平成5年度開発援助研究　タイ社会林業研究会.

Christensen, S. R. and A. Rabibhadana. 1994. "Exit, Voice, and the Depletion of Open Access Resources: the Political Bases of Property Rights in Thailand." *Law and Society Review* 28(3): 639-656.
Cooke, B. and U. Kothari (eds.) 2001. *Participation: the New Tyranny?* London: Zed Books.
Ganjanapan, A. 2000. *Local Control of Land and Forest: Cultural Dimentions of Resource Management in Northern Thailand*. Chiang Mai: RCSD, Faculty of Social Sciences, Chiang Mai University.
Hayek, F. A. von. 1973. *Rules and Order, Vol.1 of Law, Legislation and Liberty: A New Statement of the Liberal Principles of Justice and Political Economy*. Chicago: University of Chicago Press (『法と立法と自由Ⅰ──ルールと秩序』矢島欽次・水吉俊彦訳, 春秋社, 2007年).
Jamarik, S. *et al.* 1993. *Pa Chumchon nai Pathet Thai: Neaw Thang Kan Phatthana 1, Pa Fon Khet Ron Kap Phap Ruam khong Pa Chumchon nai Prathet Thai* (タイのコミュニティ林: 発展への道1, タイにおける熱帯雨林とコミュニティ林の全体像). Bangkok: Sathaban Chumchon Thongthin Phatthana.
Johnson, C. 2001. "Community Formation and Fisheries Conservation in Southern Thailand." *Development and Change* 32: 951-974.
Kono, Y.,S. Suapati, and Takeda S. 1994. "Dynamics of Upland Utilization and Forest Land Management: A Case Study in Yasothon Province, Northeast Thailand." *Southeast Asian Studies* 32(1): 3-33.
Ostrom, E. 1990. *Governing the Commons: The Evolution of Institutions for Collective Action*. Cambridge: Cambridge University Press.
Otsuka, K. and F. Place (eds.) 2001. *Land Tenure and Natural Resource Management: A Comparative Study of Agrarian Communities in Asia and Africa*. Baltimore and London: John Hopkins University Press.
Peluso, N. L. 2005. "From Common Property Resources to Territorializations: Resource Management in the Twenty-first Century." In P. Cuasay and C. Vaddhanaphuti

(eds.) *Commonplaces and Comparisons: Remaking Eco-political Spaces in Southeast Asia,* 1-10. Chiang Mai: RCSD, Faculty of Social Sciences, Chiang Mai University.

Pragtong, K. and D. E. Thomas 1990. "Evolving Management Systems in Thailand." In M. Poffenberger (ed.) *Keepers of the Forest: Land Management Alternatives in Southeast Asia,* 167-186. West Hartford: Kumarian Press.

Tannenbaum, N. 2000. "Protest, Tree Ordination, and the Changing Context of Political Ritual." *Ethnology* 39 (2): 109-127.

Ubukata, F. 2008. *The Institutional Formation Process of Communal Forest Management in Northeast Thai Villages.* Kyoto Working Papers on Area Studies No.7 (G-COE Series 5), Kyoto: Center for Southeast Asian Studies, Kyoto University.

第6章

インドネシアにおける
コミュニティ林（Hkm）政策の展開
―― ランプン州ブトゥン山麓周辺地域を事例として

島上宗子

　「インドネシアで効果的な森林管理を阻んでいる一番の原因はなんだと思いますか？」
　2007年2月、インドネシアのある地方都市で開かれたセミナー「コミュニティにもとづく森林管理」の席で、上記のような質問を出席者に投げかけてみた。州林業局の職員のひとりが次のように答えた。「……個人的な見解ですが、現場の現実と大きくずれた国の法制度ですね。」
　このエピソードは、近年のインドネシアの森林管理めぐる状況を次の2点でよく表している。第1に、州林業局職員が公然と国の法制度を問題視する発言ができるほど、民主化が進んだということ、そして、第2に、改革が進んだといわれながらも、森林をめぐる法制度と現実との間に今なおズレがあるということである。
　インドネシアの森林は建国以来、中央政府の集権的な管理下におかれてきた。国土の約7割に及ぶ1億3357万haが、政府により「森林区域（kawasan hutan）」に指定され、政府の許可のない居住、耕作、森林利用は認められていない。しかし、現実には、5000万人近い人々が森林区域内および周辺に暮らし、区域内の土地・森林資源に依存した生活を営んでいるといわれる（Departemen Kehutanan 2006）。そのなかには、森林区域の指定、さらには建国のはるか以前から森林を基盤に暮らしてきた人々も含まれる。森林区域内には人間の暮らしが存在しないことを前提とした林業法制度と、人間の暮らしが歴然として存在する現実の間には大きなズレがあり、このズレは森林区域内の土地・資源利用をめぐるさまざまな対立・紛争の根本要因となってきた。
　1998年5月のスハルト大統領退陣を機に進展した民主化・地方分権化は、こうした状況を変えつつある。1967年の林業法に代わって制定された1999年林業法は、「慣習法社会」「住民参加」といった章を新たに設け、森林管理における住

民の役割を強調するものとなった[1]。住民は森林区域から排除すべき「森林破壊者」ではなく、森林管理の「主体」としてエンパワーしていくべきである、との考え方が林業省内でも主流となりつつあり、「慣習林」「村落林」「コミュニティ林」「住民との共同森林管理」「保全村モデル」など、住民参加型森林管理プログラムが次々と創設あるいは再編強化されはじめている。

「コミュニティ林(hutan kemasyarakatan)」(以下、Hkm［ハーカーエム］)は、インドネシアにおける住民参加型森林管理の代表的な政策枠組みのひとつである。本章では、Hkm政策の展開を法制度面から整理し、Hkmの先駆的取り組みがみられるランプン州ブトゥン山麓周辺村を事例として、Hkm政策の地域社会へのインパクトを検討する。とくに、ブトゥン山におけるHkmの展開には、インドネシア大学生態人類学研究開発プログラム(以下、略称P3AE-UI)の研究者らが1998年から4年あまりにわたって実施した実践的研究が大きな影響を与えている。筆者らは2005年から2008年にかけて、Hkmのその後の展開に関する調査をP3AE-UIの元メンバーとともに実施してきた。本章は、おもにその調査成果にもとづくものである[2]。

1　インドネシアの林業法制度の基本枠組み

Hkm政策の展開を議論する前に、まず、インドネシアの林業法制度の基本枠組みとなる主要な概念、「国家管理統治」、「森林区域」、「国家林」について概観しておきたい。やや複雑な議論となるが、インドネシアの森林をめぐる法と現実のズレを理解し、Hkm政策の展開を議論・考察するうえで不可欠の前提となるからである。

「国家管理統治」の概念

1945年に制定されたインドネシア共和国憲法第33条第3項は「大地と水、およびその中に包蔵された天然の富は、国家によって管理統治され(dikuasai)、最大限人民の福祉のために活用される」とうたっている。この規定により、森林・土地をはじめとする自然資源はすべて、国家が「管理統治する」ものとされる。ここで「管理統治」と訳したpenguasaanは、インドネシア語で「力、権力」を意味するkuasaを語幹とする抽象名詞である[3]。「森林管理」「自然資源管理」の文脈で使われる「管理(pengelolaan)」が「経営、マネジメント」の意味合いが強いのに対し、penguasaanは「支配、統治」といった意味合いが強い。また、この「国家

管理統治」は「国有」を意味するものでもなく、「最大限人民の福祉のために活用される」ことを目的に国家がもつ権限である。

　この国家管理統治の概念にもとづき、国家は政府に対し、以下の権限を付与している。すなわち、1）森林、森林区域、林産物にかかわるあらゆる事項を定め、運営管理する権限、2）ある地域を森林区域として、あるいは森林区域を非森林区域として制定する権限、3）人と森林の法的関係を定め、制定し、森林にかかわる法的行為を定める権限、である（1999年林業法第4条）。

「森林区域」をめぐる規定と現実

　国家管理統治にもとづく権限のなかでふれられているように、インドネシア語でいう「森林区域」は、単に森林としての生態的特徴をもった区域をさすのではなく、「政府が永久林として維持するために指定およびもしくは制定した区域」を意味する（1999年林業法第1条）。2006年森林統計によれば、2006年現在、国土面積の約71％が森林区域に指定されているが、衛星画像にもとづく推計値によれば、森林区域内で実際に森林に覆われた土地は64％にすぎない。逆に、森林区域外にも森林は存在している。森林破壊の深刻化にともない、インドネシアの「森林」面積は急速に減少しているが、「森林区域」面積は増加傾向にある。また、森林区域は、その実際の状態にかかわらず、保全林、保安林、生産林に大別され、[4] 2006年段階で森林区域全体のそれぞれ15％、24％、61％を占める。

　森林区域では、数多くの禁止事項が定められている（1999年林業法第50条）。たとえば、不当に占拠・利用・耕作すること、伐採すること、鉱物資源を許可なく探索・採掘すること、家畜を放牧すること、重機を持ちこむこと、関係政府役人の許可なく木を伐採し、林産物を採取・収穫すること、などである。また、森林区域に制定されるとその土地の所有権は失われる（第68条）。

　以上のような規定にもかかわらず、現実には、森林区域内に集落、耕地、さらには公立の小学校、村役場があることも珍しくはない。プランテーション開発や国立公園の指定など、何らかの予算措置をともなう事業が実施されない限り、森林区域から人々が排除されることは少ない。林業省関係機関の限られた予算・人員で国土の7割を占める森林区域を取り締まることは非現実的だからである。また、森林区域の境界について、林業省、国家土地局、地方政府、住民など関係者のあいだで認識が共有されているケースも少ない。何らかの事業が実施されることになると、こうした現実や認識のズレが顕在化し、対立・紛争を引き起こす要因となってきたのである。

「国家林」の定義と範囲

　権利の所在という点からみると、インドネシアの森林は「国家林(hutan negara)」と「権利林(hutan hak)」に分けられる[5]。1999年林業法によれば、国家林は「土地権が存在しない土地にある森林」であり、権利林は「土地権が存在する土地にある森林」である[6]。

　この「国家林」の範囲をめぐっては、林業省関係者・研究者の間でまったく異なる解釈が存在する。つまり、「土地権が存在することが証明されないかぎり、すべて国家林だ」とする立場と、「土地権が存在しないことが証明されないかぎり、国家林とみなすべきではない」とする立場である(Contreras-Hermosilla and Chip 2005: 11-12)。どちらの立場をとるかで、国家林および権利林の面積は大きく異なるものとなる。

　いかなる解釈が可能であるにしても、林業省関係者らのあいだでは、森林区域はすべて国家林である、との理解が支配的であり、森林政策は「森林区域=国家林」の前提で組み立てられ、実施されている。これは広く人々のあいだで共有された認識でもあり、森林区域周辺に暮らす住民のあいだでは、「区域」を意味するインドネシア語の「カワサン」が国家林と同義で使われることが多い。つまり、政府関係者のあいだでも、住民間でも、森林区域(=国家林)は国家(=政府=林業省)が権限をもち、住民はいつでも強制排除される可能性がある、と認識されているといえる。

　Hkmは、以上のような「国家林」(=森林区域)において住民による合法的な森林利用の道を拓き、住民を主体とした森林管理の可能性をひらいた政策枠組みと位置づけることができる。

2　Hkm政策の枠組みとその展開

　インドネシアにおけるHkm政策は、スハルト政権下の1995年に出された「Hkmに関する林業大臣決定第622号」に始まる[7]。その後、Hkmの枠組みは1998年、1999年、2001年、2004年、2007年の法令などにより、まさに朝令暮改の改定をとげる。いずれも、国家林への住民のアクセスをひらくことで森林保全と住民福祉の向上の両立をはかるというビジョンは共通しているが、住民の位置づけ、中央・地方政府の役割・権限など、その枠組みには度重なる改定が加えられてきた(表1)。

　なかでも重要といえるのは、住民を森林利用・管理の「主体」と位置づけた1998

発行年	法令	住民の役割・権利	政府の役割・権限	対象区域
1995	Hkmのガイドラインに関する林業・農園大臣決定1995年第622号	個人・組織として森林利用事業に参加(1人最大4haが利用可)	森林管理の主体	生産林と荒廃した保安林。
1998	Hkmに関する林業・農園大臣決定1998年第677号	住民組織が管理主体(最大35年の「Hkm事業権」)	事業実施のファシリテーター	全森林区域。
1999	Hkmに関する林業・農園大臣決定1998年第677号の改正に関する林業・農園大臣決定1999年第865号	住民組織が利用主体(最大35年の「Hkm利用許可」)	事業実施のファシリテーター	全森林区域。
2001	Hkm実施に関する林業大臣決定2001年第31号	住民組織が管理主体(最大25年の「Hkm活動許可」)	事業実施のファシリテーター 県・市政府に権限の一部が委譲(許可の付与,住民の組織化)。	生産林と保安林のみ。
2004	SFにおける森林内・周辺住民のエンパワーメントに関する林業大臣規則2004年P01号	・住民参加型森林管理政策(Hkmを含む)の考え方,枠組みを示すものとしてソーシャル・フォレストリー(Social Forestry)が打ちだされる。		
2007	森林整備,森林利用・林業管理計画策定に関する政令2007年第6号	・第92~98条でHkmについて規定。 ・生産林と保安林の他,保全林(国立公園の中核ゾーンと厳正自然保護区域を除く)においてもHkmが実施可能と規定される。 ・実施細則は別途法令にて定められることとなる。		
2007	Hkmに関する林業大臣規則2007年第P37号	住民組織が管理主体(最大35年の「Hkm利用事業許可」)	事業実施のファシリテーター 県・市政府が住民の組織化にあたり,許可付与の権限をもつ。	生産林と保安林のみ。

表1 Hkmに関連するおもな法令とおもな変更点　　　　出所:各法令をもとに筆者作成

年の林業・農園大臣決定である。これはそれまで、政府を唯一の森林管理主体としてきたインドネシアの森林政策において画期をなす決定となった。また、2001年の大臣決定は、Hkm政策をめぐる主要な権限を中央政府から県・市政府に移行させたという点で重要である。しかし、いずれの法令もその実施は順調に進んだとはいえない。Hkmの実施に1995年当初からかかわってきた林業省職員との議論を整理すると、問題点として次の点が指摘できる。

　第1に、十分な実施評価をともなわない、頻繁な政策枠組みの変更である。表1にあげたHkmをめぐる改定は、現場レベルでの実施とその評価にもとづくものというよりも、上位法(林業法や地方行政法)の改正、急激な政策転換に対する反動、大臣交代にともなう姿勢・方針の変化などによるところが大きい。とくに、住民を森林管理の主体と位置づけた1998年の大臣決定は、住民に与えるべき権限は「森林管理」なのか「森林利用」なのか、「権利」なのか「許可」なのかなど、省内でさまざまな反動・論争を引き起こした。また、2004年には、当時の大臣の強いイニシアティブにより「ソーシャル・フォレストリー」(以下、SF)が打ちだされた。SFは、Hkmを含むすべての住民参加型森林管理政策の原則・枠組みを示すガイドラインとして打ちだされ、「SFワーキンググループ」が省内の部局の壁を越えるかたちで組織された。SFはHkmを無効としたわけではなかったが、政策の力点はSFへと移り、Hkm政策はほとんど進展をみない結果となった。しかし、大臣の交代後、SFを定めた大臣規則は無効となり、ふたたびHkmに力点がおかれはじめている。こうした頻繁なる「上から」の枠組み変更は、現場レベルに混乱をもたらしただけではなく、長期的な視野をもってのHkmの実施を難しくしたといえる。

　第2に、改革のイニシアティブに対応しにくい法制度である。インドネシアの法制度は上位法の規定にもとづき、具体的な政策の実施細則を定めた大臣決定などが出されるのが原則である[8]。しかし、Hkmを定めた大臣決定は、上位法が定められる前に林業省関係者や外部有識者らのイニシアティブによって構想され、大臣の政治的意志によって出されたものが多い。そのため、決定が出されたあとに上位法令が定められたこととなり、時期をおかずして改正が繰りかえされたり、十分な実施にいたらなかったりしたものもある。たとえば、2001年の大臣決定は、2002年に出された関連政令にもとづいていないことなどを理由に、実施が滞る事態となった。全国から届いたHkm事業許可申請書が、省内担当部局に山積されたまま、処理されない状態が続いたのである。

　第3に、地方分権化にともなう中央－地方政府間の力関係である。上述のよう

に、2001年の大臣決定により、Hkmをめぐる主要な権限は中央政府から県・市政府へと分権化された。しかし、中央レベルで申請書がほとんど処理されない状況が続くなか、中央からの承認を待つことなく、地方政府が独自のイニシアティブで許可を発行するケースが各地で起こった。なかには、地方の実情に合わせた革新的なものもあるが、政治的利権や歳入増加を目的に許可が乱発され、森林伐採・破壊がうながされたものもみられる[9]。後者のように地方分権化の負の側面が顕著なケースに対する対応策は、ほとんどとられていない。

　こうした問題点をかかえながらも、2007年の林業大臣規則の公布後、Hkm政策の実施がようやく本格化しつつある。林業省は、Hkmの実施を国連ミレニアム開発目標達成の枠組みのなかに位置づけ、2015年までに210万haの実施目標を設定し、過去に実施候補地となった40万haを2009年までに実施区域として指定する具体的目標をかかげている。その第一歩として、2007年12月には、これまでにHkmの暫定許可を受け、成功していると評価された57グループ(計8811.06ha)に35年間の許可が付与された (Departemen Kehutanan n.a.)。

　1億3357万haに及ぶインドネシアの森林区域面積に比較すると、これまでのHkm実施面積はあまりにもわずかである。しかし、住民のアクセスが限られていた国家林において、住民を主体とした森林利用・管理の可能性を打ちだしたという点で、Hkm政策がもつ社会的意味は大きい。そして、そうであるがゆえに、さまざまな反動を生み、まさに朝令暮改の改定を繰りかえしてきたといえるだろう。では、こうしたHkm政策の展開に対し、地元住民や地方はいかに対応してきたのか、そして、住民の暮らしと森林の状態にいかなる影響を与えてきたのかを、Hkmの先進地と知られるランプン州ブトゥン山麓地域を事例に検討することとしたい。

3　ランプン州ブトゥン山麓地域における Hkm 政策の展開

ランプン州ブトゥン山麓

　スマトラ島の南端に位置し、ジャワ島に近接するランプン州は、オランダ植民地期から人口稠密なジャワ島から移民が流入し、森林を農地へと転換させてきたことから、インドネシアのなかでも森林破壊が進んだ地域のひとつである。2006年の森林統計によれば、州内の森林区域面積は約100万ha(州面積の30.4%)であるが、実際に森林で覆われた面積は約20万ha(約6%)にすぎない (Ministry of Forestry 2007)。

ブトゥン山は、州都バンダール・ランプン市郊外に広がる森林区域（2万2249.31 ha）である。バンダール・ランプン市の重要な水源地帯としてオランダ植民地期の1941年、保安林に指定されたが、1992年の林業大臣決定により、保全林のひとつである「大森林公園（Taman Hutan Raya）」に指定された。保全林は、地方分権化後も中央政府の管轄下にあるが、大森林公園に限っては「州の誇り」となる公園形成をめざし、各州政府にその管理・運営の権限が委ねられている。ランプン州では、州林業局内に大森林公園事務所が組織され、森林警備官を含む約20名が公園管理にあたっている。

　大森林公園に指定されているものの、頂上付近をのぞいた区域の大部分は地元住民により開墾・利用されてきた。林業局のデータによれば、2007年現在、公園面積の約55％を、住民がコーヒーなど複数の有用樹を植えた「混合樹園地」が占める。これに対し、「原生林」は全体の約26％、「二次林」は約13％にすぎない（Dinas Kehutanan Prop. Lampung 2007）。また、2008年に筆者らが実施した公園周辺全村における聞き取りによれば、公園周辺には計42行政村が位置し、そのうちの36村に暮らす住民のうち、約9000世帯が公園内で耕作していると推定できる。

ブトゥン山地域をめぐる森林政策と住民のアクセス

　ブトゥン山麓の森林内で人々が耕作するようになったのは、オランダ植民地政府が人口稠密なジャワ島から人口疎密なジャワ島外へと住民を移住させる移住政策（コロニサシ）を開始した1905年前後といわれる。自主的な移住も多く、人々は森を拓き、稲・トウモロコシを植えるとともに、自らの「所有地」であることを示す象徴としてコーヒー、ドリアンなどの有用樹を植えていったという（Petrus 2009）。

　1941年に保安林に指定されたあとも、人々は保安林内に入り、田畑を拓き、有用樹を植え、集落を形成してきた。1970年代後半にいたるまで、そうした住民の活動を禁じ、排除するような政策はとられていなかった。ときには、住民による土地利用を認め、うながすような政策さえとられた。とくに1964から1965年にかけては、稲に替えてコーヒーなどの有用樹を植えれば、政府は森林内での土地利用を認め、さらにそれがよく管理された場合には土地所有権を与える、とした「許可書」が当時の州林業局局長名で広範囲に出された。

　こうしたランプンの森林政策は1970年代後半にはいり、森林区域からの住民排除の方向に大きく転換していく。1979年頃から、おもにソノクリン（*Dalbergia* latifolia）という樹木による大規模な植林事業がブトゥン山麓一帯で実施され、住民の耕作地は「荒廃地」として植林事業の対象となった。また、保安林内に暮らす世帯を対象とした移住政策が開始され、州内他県への移住が進められた。移住政策に参加した世帯には、農地、住宅、1年間の生活補助が支給されたが、移住先になじめず帰還した世帯もあった。移住政策に参加しなかった世帯に対する補助はなく、一部は自主的に移転し、一部は保安林内に居住しつづけた。1980年代にはいると、森林区域内からの徹底した住民の排除政策がとられた。保安林内に残っていた世帯は強制的に立ち退かされ、家屋の多くが破壊された。森林区域内では居住はもとより、耕作も禁じられることとなった。

こうした住民の排除政策は地元住民と林業局との関係を悪化させた。森林区域での耕作以外に生活手段をもたない住民の多くは、区域外に居住地を構えながらも、区域内での耕作・林産物の採集などを続けた。取り締まられても林業局の目を盗んで耕作を続け、排除、侵入、排除、侵入のいたちごっこが繰りかえされたのである。

インドネシア大学による実践的研究とHkmの展開

「住民とともに森を守る」とのビジョンをかかげ、P3AE-UIの研究者たちがブトゥン山麓における実践的研究を開始したのは、こうした状況下にあった1998年7月のことである。当時の州林業局局長は「新しい風が吹いてきた。ランプンの森林政策はその方向性しかない、と感じた」という。人類学者イワン・チトラジャヤ（Iwan Tjitradjaja）を代表とするP3AE-UIによる実践的研究は、ランプン州林業局、ランプン大学、地元住民、地元NGOなどと連携し、フォード財団、英国国際開発庁などの資金援助を受けながら約4年6カ月にわたって展開された。後述するSA村を皮切りに、調査対象となった地域は、公園内・周辺の約33地区（集落もしくは集落群）に及んだ。対象となった集落には、P3AE-UIやNGOのメンバーが住みこみ、住民グループの組織化を進めるとともに、州林業局と対話をはかり、地元住民と州林業局との間の関係構築が進められた。また、中央レベルでは、当時進行していたHkmをめぐる政策形成にチトラジャヤらが深く関与していった。実践的研究は、地元住民、林業局、林業省、NGO、そして大学を相互につなぐとともに、「ジャカルタでの政策の展開を村に伝え、村での展開をジャカルタに伝える」かたちで進められた（P3AE-UI 1999:5）。1998年10月に出されたHkmに関する大臣決定はそうした成果のひとつである。

大臣決定が出されたことをうけ、住民グループのいくつかは、許可申請に動き

だした。最終的に、調査が実施された33地区のうち、SAとTMの2地区の住民グループがそれぞれ5年間(1999～2004年)と3年間(2000～2003年)の「Hkm事業暫定許可」を林業大臣から取得した。これにより、ブトゥン山麓はHkmの先進地として知られることとなった。

4年半にわたった実践的研究終了後は、州林業局、地元大学およびNGOが、住民のエンパワーメントにあたり、Hkmの取り組みをひろげていくことが期待されていたが、事態は停滞をみる。とくに、保全林でのHkmを認めないとした2001年の大臣決定は大きな障害となった。Hkmの先進地として全国的な注目を集め、林業省担当部局も州林業局も、その成果について肯定的に評価しているものの、大臣決定の規定がブトゥン山でのHkmの展開を難しくしたのである。

筆者がP3AE-UIの元メンバーらと共同調査を開始した2005年2月は、SA村、TM村とも暫定許可が切れた時期にあった。ランプン州林業局は、2000年に制定した「森林区域における非木材林産物採取許可料に関する州条例」にもとづき、両地区の住民に「採取許可料」の納入を義務づけることで、大森林公園内における住民の森林利用を事実上認知していた[10]。しかし、Hkmのように権利を保障した許可ではないことから、いつ林業局に排除されるかわからない、といった不安感が住民のあいだにみられた。林業局の側では、国際機関やNGOの支援を受け、「住民のエンパワーメント」や利害関係者間の「協働」が盛んに議論される一方で[11]、住民を「森林破壊者」とみなし、取り締まる傾向も強まりつつあった。民主化熱が高まり、全国各地で住民による森林開墾と土地占拠・「奪還」が活発化した2000年ごろから、ブトゥン山でもソノクリンの大量伐採、そして新たな移民の侵入による森林の開墾が頻発したためである。

こうした状況下、P3AE-UIの元メンバーとの再訪という側面をもつ筆者らの共同調査は、グループがかかえる問題をともに議論し、グループと林業局の間をふたたびつなぎ、事態の改善を視野にいれた実践的性格を帯びることとなった[12]。

4　Hkm政策と地域社会へのインパクト ——— SA村を事例に

SA村の概要

SAは、ブトゥン山の北東麓、バンダール・ランプン市の中心から約7kmの舗装道路沿いに位置した行政村である。人口は751世帯で、行政上、第1、第2、第3と名づけられた3つの区からなる(2004年村役場資料)。このうち、森林区域への依存度が高く、Hkm参加世帯の大部分が暮らすのは、大森林公園境界に

隣接した第1区、第2区である。第1区は1920年代以降、移り住んだジャワ系移民が過半数を占め、第2区は1940年代以降、移り住んだスンダ系移民が占める。とくに第2区は、1980年代の排除政策まで、森林区域内に集落を形成し、暮らしていた世帯が多い。両区とも、森林区域外に耕作地を持つ世帯は少なく、排除政策後も森林区域内での耕作をおもな収入源としている世帯が大多数を占める。

「森林保全・管理者グループ」(kpph)

P3AE-UIメンバーの話では、実践的研究を開始した当初、SA村には行政が組織した区や隣組以外、恒常的な組織は存在せず、とくに森林区域内での土地利用は各世帯がそれぞれの必要性に応じておこない、なんらかの協同活動が組織されることはほとんどなかったという (Petrus 2009)。P3AE-UIの実践的研究は、各世帯が森林区域へのアクセスをめぐって経験してきた問題を出しあい、共有し、問題解決のためのルール、組織づくりを進めることから始められた。

話し合いを重ねるなかで組織されたのは、「森林保全・管理者グループ」(以下、kpph) と名づけられた7つのグループ (A～G) である。kpphは、1980年代の排除政策以前に森林区域内に存在していた元集落および耕作地を単位として組織され、それぞれの単位に元居住地と耕作地を持つ世帯がひとつのkpphを形成した。これらの7つのkpphを包括する組織として「kpph連合」が組織された。1999年11月、林業大臣からHkm暫定事業許可を取得したのは、kpph連合として組織された483世帯、492.75haである。ここでは、個別具体的なグループをさす際にはkpphあるいはkpph連合と小文字で表記し、7つのkpphとkpph連合、およびfmkからなる組織全体をさす際には、大文字でKPPHと表記することにしたい。

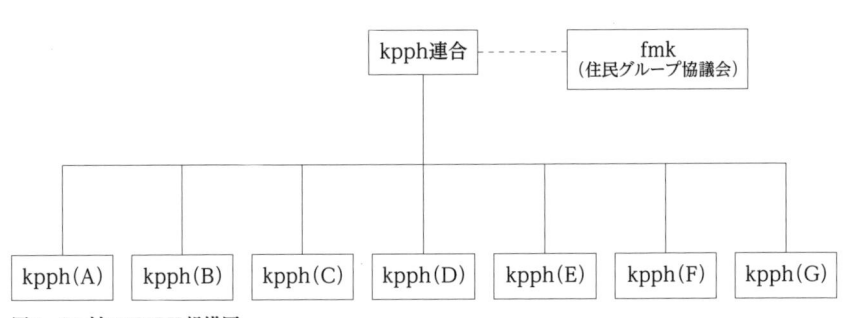

図1 SA村のKPPH組織図

注: 7つのkpphにはそれぞれ元集落の名称がつけられているが、ここでは単に、kpph (A)、kpph (B) などとした。

KPPHでは、Hkm区域を越えて耕作地を拡大させないこと、各自の耕作地はもとより森林区域内での伐採はおこなわないこと、それぞれの耕作地には複数種の有用樹を植えること、Hkmの権利は売買しないこと、などが取り決められた。こうした取り決めに対する違反など、Hkmに関連して現場で起こった問題は、まず、kpphレベルで話しあわれ、解決にいたらない場合はkpph連合へともちこまれ、それでも解決できない場合は、「住民グループ協議会」（以下、fmk）にもちこまれることとされた。fmkは、各kpph役員、kpph連合役員のほかに、第1区と第2区の区長、住民リーダー（宗教的リーダーなど）から構成されている。

Hkm実施のインパクト

　こうしたHkmの実施は、SA村の森林と人々の暮らしにいかなる影響・変化を与えたのだろうか。重要と思われる変化として、ここでは、a）混合樹園地の形成、b）原生林を守るバッファー機能の強化、c）政策と村の現実をつなぐインターフェース機能の形成、の3点に注目したい。

　a）混合樹園地の形成

　SA村では、ブトゥン山麓の他村同様、オランダ植民地時代から人々が森を開墾し、稲や野菜を耕作するとともに有用樹を植えてきた。1980年代の住民排除政策以降も、人々は「不法」耕作を続けたが、いつまた排除されるかわからない不安から、野菜やバナナなど短期間に収穫できる作物を植える傾向にあったという。そうしたなか、Hkmの展開は、人々に有用樹の植栽をふたたび動機づけることとなった。民主化熱の高まりのなか、SA村でも一部の村人によるソノクリンの伐採が相次いだが、有用樹の植栽は続いた。

　kpph連合の記録によれば、P3AE-UIが関与しはじめた1998年から2002年の約3年半の間に、kpph連合全体で34種類22万本あまりの有用樹がメンバーにより植栽されている。この傾向は暫定許可が切れたあとも続き、2006年に筆者らがkpphメンバー15世帯（無作為抽出）を対象に実施した聞き取りによれば、過去1年間に15世帯全体で8種約5400株の有用樹が植えられていた。また、2006年調査時点で植えられていた有用樹は27種約5万3000株で、その内訳は多い順にコーヒー（全体の41%）、カカオ（35%）、バナナ、ゴム、ドリアン、ムリンジョ（*Gnetum gnemon*）、アボカドなどである。世帯あたりでみると9種から22種、1haあたりでは平均1484株である。カカオはHkmの実施後、急増した種であり、近年の傾向としてはコーヒーに替わり、ゴムの植栽が増えつつある。

現段階ではなお、コーヒーとカカオの割合が高いとはいえ、Hkm区域は複数の有用樹からなる混合樹園地となり、森林に近似した景観を作りだしつつある。「Hkmでは野菜や単一樹木ではなく、高木、中木、低木、多様な樹木を植えないといけない」といった説明が多くのメンバーから聞かれ、そうした意識がかなりの程度、浸透しているものと思われた。別の見方をすれば、これは「多様な有用樹を植えているかぎり、Hkmを通じた権利が保障されるべきだ」との住民の主張を表しているともいえるだろう。

田中（2009: 306）は、有用樹を、インドネシアの森林区域と農地の境界付近において、政府と住民の利害を調整する（あるいは妥協させる）重要な「アクター」として注目している。政府の立場からすれば、森林区域である以上、樹木が植わっている必要があり、住民の立場からすれば、その土地から経済的な利益を得る必要があるからである。ブトゥン山麓における有用樹はまさにそうした役割を担っていたといえるだろう。

こうした混合樹園地の形成は、世帯の生計にもプラスの変化を与えているようであった。上記の15世帯に対する聞き取りでは、15世帯全体の過去1年間の収入の8割以上が森林区域からの林産物（コーヒー、カカオ、ムリンジョ、ドリアン、バナナ、ゴム樹液など）の販売収入からなり、Hkm実施以降、とくにカカオ栽培が進展したことにより、いずれの世帯も収入は増加傾向にあった。Hkmを通じて住民の権利が法的に保障される枠組みが出来たこと、そして有用樹の植栽により家計が好転傾向にあることが、世帯自らの投資・労力による混合樹園地の形成をうながしたものと思われる。

b) 原生林を守るバッファー機能の強化

「複数種の樹木を植えること」とともにKPPHで重視されていた取り決めに、「Hkm区域の境界を越えて耕作地を拡大させないこと」がある。KPPHの役員らは、この2つを、暫定許可が切れたあともHkm区域に対する権利を主張し、維持する基盤としてとらえ、その管理を強化させる傾向にあった。たとえば、メンバーが境界を越えて耕作地を拡大させたケースに対しては、kpph連合代表が数回にわたってメンバーを訪問し、「村人全員に迷惑がかかることだ」と諭すとともに、植林する旨の誓約書を書かせるかたちで対処していた。

また、区域の境界を誰の目にも明らかなかたちにしようと、kpph連合は2006年以来、境界に竹を植える活動を実施している。これは、「区域を越えて耕作地を拡大させない」というルールをメンバー内に確認・浸透させるだけではなく、「誓

約書」や「竹の植林」といった目に見えるかたちに表すことで、KPPHがそうしたルールを維持し、森林を保全・管理する能力があることを、林業局をはじめとする外部者に示そうとしていたとみることもできる。kpph連合代表は、機会をとらえては、筆者らや林業局関係者に竹の植林の意図を説明し、Hkmが原生林への無秩序な拡大を防いでいることを強調していた。SA村におけるHkmは、原生林を守るバッファーとしても機能しはじめているといえるだろう。

c）政策と村の現実をつなぐインターフェース機能の形成

Hkm実施によるもっとも大きな変化は、KPPHの組織化であり、KPPHを通じた住民のエンパワーメントといえる。もちろん、KPPHの組織化がすぐにエンパワーメントにつながったとはいえない。村人によるソノクリンの大量伐採やHkmの許可延長問題をめぐり、KPPHの活動が停止・停滞に陥った時期もあった。しかし、KPPHの役員らは筆者らを含む外部からの刺激をうまく取りこみつつ、さまざまな問題に対応するなかで、組織としての力を高めていった。では、いかなる力を強めていったのか、ここでは、非木材林産物採取許可料の納入問題をめぐるKPPHの対応の具体例を取りあげ、検討してみたい。

事例：非木材林産物採取許可料の納入をめぐる問題

非木材林産物採取許可料に関しては、SA村では毎年、各kpph代表が集金したのち、kpph連合が集約し、大森林公園事務所の会計担当者に納めるかたちが林業局との合意となっていた。しかし、そうした合意と反する介入がしばしば、大森林公園の現場職員である森林警備官からなされることがあった。以下は、SA村のkpphのひとつであるkpph（G）（図1参照）の代表Aが筆者らに語った内容を整理したものである。

2006年3月4日、Aの自宅を訪ねてきた森林警備官Bは、kpph（G）のサブ・グループのリーダーCと先日会い、サブ・グループのメンバー15世帯と会合をもつことになった、とAに伝えた。森林利用・管理をするうえでの協力関係と住民の意識向上をはかるためだという。会合予定日にすでに用事が入っていたAは、出席できなくて申し訳ないとBに伝えた。

約1週間後、Cが2005年分の採取許可料とメンバー全員分の証明写真を持ってA宅を訪ねてきた。そして、先日のBとの会合は、意識向上や協力関係をうながすようなものではなく、採取許可料を支払わなければ耕作地は林業局が没収するとメンバーを脅す性格のものだったと悔しそうに語った。また、Bは、

森林区域の管理徹底のため、区域に耕作地を持つ者は写真つきの身分証が必要であり、そのために証明写真の提出を全員に要求したのだという。Bに直接わたすのではなく、グループの代表であるAを通じてわたしたいと考えたので今日持ってきた、とCは語った。

Aは驚き、Bの言うことに簡単に振りまわされないことが大切だ、とCに伝えた。身分証についてははじめて聞く話でどう対応すべきか、kpph連合全体で話しあう必要がある、と説明した。採取許可料に関しては、もしBが請求しにきたら、Aのところまでくるよう伝えてほしい、と伝えた。

4月3日、BがAを訪ねてきた。Aが、採取許可料は当初の合意どおりkpph連合をとおして納入したい旨、伝えると、納入が遅れているのでそれはできない、とBは語った。言い争いになり、関係を崩したくなかったことから、AはBに採取許可料をわたした。身分証については、kpph連合でまず話しあいたいと伝え、証明写真はわたさなかった。Bは採取許可料を受け取り、一両日中に大森林公園事務所の領収書を届けると約束した。

約1週間後、BがAを訪ねてきた。しかし、領収書を持ってきたわけではなく、Cたちがkpph (G) から独立して別のkpphを作りたいと話しているとAに伝えた。Aが、グループとして自立する思いが出てきたことはよいことだが、組織の問題なのでkpph連合全体で話しあい、合意のもとで進めるべきことだ、と話すと、Bはそれ以上何も語らず、話題を変えた。Bの態度を不審に思ったAは、Cに会い、確認したところ、そうした話はグループからは出ていないとのことだった。

こうしたBの言動は、組織内に不信感をつくりだし、組織をばらばらにする可能性があるものだ、とAは筆者らに語った。幸運だったのは、組織として行動していくうえで情報共有と率直さが重要であることをメンバーがよく理解していることだ、という。そして、できるだけ早い段階で、大森林公園事務所の幹部と直接、それぞれの役割について確認しあうべきだ、と付け加えた。

以上のような状況をうけ、4月14日には、fmkの会合がもたれた。会合では、kpph (G) のケースに限らず、森林警備官が採取許可料を個々の世帯から直接徴収しているケースが多いことが問題点として出され、できるだけ早く大森林公園当局と話しあうことが必要だと決議された。そのために二段階を踏むことが合意された。第1に、kpph連合代表が森林警備官Bに直接会い、採取許可料の徴収に関して合意されたメカニズムを再確認すること、第2に、それでも森林警備官らがメカニズムを無視した行動をとる場合には、fmkとして林業局

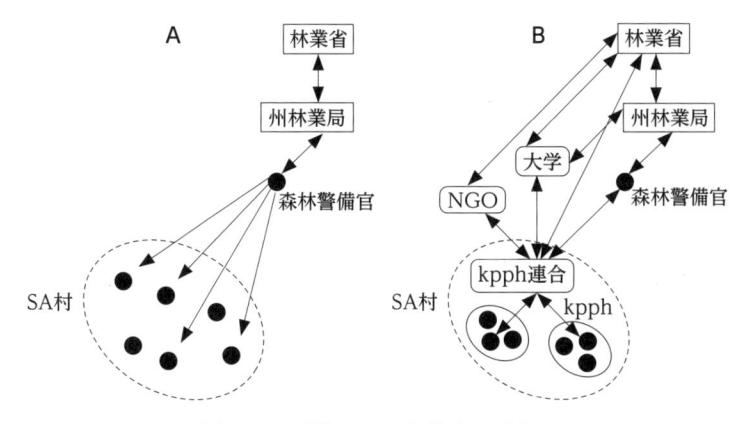

図2　Hkm実施を通じた組織面での変化

局長および大森林公園事務所長に会い、話しあうこと、である。

　以上は、Aの話をもとにKPPH側の見解を記したもので、森林警備官側の事情や見解を確認したわけではない。しかし、少なくとも、住民にとって納得のいかない森林警備官の要求・言動に対し、KPPHが組織として対処、交渉し、解決しようとしていることが読みとれる。

　すでにみたように、インドネシアの森林をめぐる法令は非常に複雑であり、政策は頻繁に変わりうる。その結果、たとえ「住民のエンパワーメント」をうたった政策であったとしても、法令や政策に関する情報を得にくい住民は、しばしば弱い立場におかれがちである。上から降りてくる政策や現場職員の指示・要求が理に適わないものであったとしても、受け入れざるをえない、受身にならざるをえないケースが多くなる。SA村でも長くそういう状況が続いてきた（図2のA）。そうしたなか、SA村の人々が森林警備官の介入に対し、明確な態度で対処、交渉できたのは、Hkmの実践をとおしてKPPHという組織を作りだし、大学、NGO、州林業局、林業省などと多様なネットワークを作りだすことで、政策に関する情報収集力、現場の状況に関する情報発信力、そして交渉力を高めていたためといえるだろう（図2のB）。つまり、政策が現場レベルで実施される際に、納得がいかない場合は、林業局や林業省の担当官に直接確認するとともに、よりよいかたちを議論する回路と交渉力をもちはじめていたということである。

　P3AE-UIによる実践的研究は、住民、林業局、林業省、NGO、大学を相互につなぎ、政策と現場を媒介するものだった。そうしたP3AE-UIの媒介とHkmの

実践をとおして、SA 村の KPPH は、森林政策とその実施メカニズムに対する理解を深め、組織としての交渉力・問題解決能力を高めていった。その結果、政策と村の現実、政府の論理と住民の論理をつなぐインターフェースとしての機能をみずから果たすようになっていったということができるだろう。

5　Hkm の可能性と課題

以上みてきたように、インドネシアにおける Hkm 政策は、国家の集権的な管理下におかれてきた森林区域において、住民を主体とした森林利用・管理の可能性をひらいた点で画期をなす政策枠組みということができる。しかし、その開始直後から朝令暮改の改定を繰りかえし、十分な進展をみせたとはいいがたい。SA 村は、そのなかでも成果をあげた事例といえるだろう。SA 村の事例は、かつて組織らしい組織をもたなかった、移民からなる集落であっても住民組織の組織化が可能であり、森林管理の主体としてエンパワーメントがうながせることを示している。最後に、SA の事例をふまえ、住民参加型森林管理政策を進めるうえで重要と思われる課題として 3 点をあげておきたい。

第 1 に、複数種の有用樹からなる「混合樹園地」の機能の再評価である。SA の事例にみたように、Hkm 区域に住民自らの植林によって形成されつつある混合樹園地は、人々の生計の基盤となるとともに、区域外への無秩序な耕作地の拡大を防ぐという意味で原生林と農地の間のバッファーとしても機能していた。こうした混合樹園地に関しては、インドネシアにおいてもアグロフォレストリーという視点から長く研究されてきたが、森林政策の枠組みでは今なお、農業省が管轄する「樹園地（kebun）」とみなされ、林業省が管轄する「森林（hutan）」とは評価されにくい。いかなる条件下、どのような樹種からなる混合樹園地が森林としての機能をもちうるのか、生態・環境面から評価・検討するとともに、「混合樹林地」として森林政策のなかに位置づけ、評価していく視点が不可欠だろう。

第 2 に、森林区域における住民の利用・管理権を認める法的整備と政策枠組みの充実である。広大で、かつ実際に多くの人々が生活の基盤をおく森林区域を、政府の限られた人員・予算で住民排除を原則として守ることは非現実的であり、「住民とともに森林を守る」アプローチへの転換が不可欠であることは明らかである。その転換にはさまざまな試行錯誤が予想されるとはいえ、Hkm にみられたような朝令暮改の政策改定は、現場を混乱させ、責任主体を不明確にするだけではなく、長期的な視野での投資を必要とする植林・森林管理をうながしえない。

住民の利用・管理権を法的に裏づけ、長期的に保障する政策枠組みの充実が不可欠だろう。
　第3に、政策と現場をつなぎ、森林管理をめぐるアクターをつなぐ媒介行為の重要性である。Hkm政策が朝令暮改の改定をとげるなかでも、SA村でのHkmがある程度の成果をあげた背景には、P3AE-UIが政策と現場をつなぎ、森林管理をめぐる多様なアクター間のネットワークを形成する媒介の役割を果たしたこと、そして、そうしたP3AE-UIの媒介とHkmの実践をとおして、SA村のKPPHが、政策を村の現実をつなぐインターフェースとしての機能を高めていったことがあげられるだろう。研究者がそうした変化のきっかけとなる媒介の役割を果たせる可能性は大きい。ブトゥン山麓におけるHkmの展開は、そうした問題解決への貢献をめざす介入・媒介行為としての実践的研究の可能性をも示唆しているといえるだろう。

注
（1）本章で「林業」と訳したkehutananは、森林（hutan）を抽象名詞化したもので、産業としての意味合いが強い日本語の「林業」よりも、より広範な意味合いをもつ。1999年林業法においては、「森林、森林区域、および林産物に関連して、統合的に運営される、森林に関連した管理システム（sistem pengurusan）」と定義される。hutanとkehutananとを訳し分けるため、本章では前者を「森林」、後者を「林業」と訳した。
（2）調査は、おもに「東南アジア低湿地における温暖化抑制のための土地資源管理オプションと地域社会エンパワーメントに関する研究」（森林総合研究所）の一環として、田中耕司（京都大学地域研究統合情報センター）、イワン・チトラジャヤ（インドネシア大学）、ケロン・ペトルス（元P3AE-UIメンバー）、筆者の共同調査というかたちで実施された。
（3）先行研究では一般に、penguasaanは「管理」と訳されているが、同様に「管理」と訳されることが多いpengelolaanと区別するため、あえて「管理統治」とした。
（4）1999年林業法によれば、保全林は「動植物の多様性およびその生態系の保存をおもな機能とする、特定の特徴をもつ森林区域」、保安林は「水系管理、洪水防止、侵食制御、海水流入防止、および土壌の肥沃保持といった、生命を支えるシステムの保護をおもな機能とする森林区域」、生産林は「林産物の生産を主な機能とする森林区域」と定義される（第1条）。
（5）前者は「国有林」と邦訳されることが多いが、「国家管理統治」の概念にみたように、

1945年憲法は国家を森林や土地をはじめとする自然資源の所有者とは位置づけていないことから、ここでは直訳に近い「国家林」とした。

(6) 1999年林業法によるこの定義は、それまでの1967年林業法による定義から微妙な改定が加えられている。1967年法では、森林は「国家林」と「所有林」に分けられ、前者は「所有権の存在しない土地上に成長した森林」、後者は「所有権の存在する土地上に成長した森林」と定義されていた。現行の1960年土地基本法によれば、「土地権」には、a) 所有権、b) 事業権、c) 建設権、d) 使用権、e) 賃借権、f) 開墾権、g) 林産物採取権、h) 上記以外の権利で法によって定められる権利が含まれ、土地権は所有権よりも広範囲の権利を指す。

(7) カルタスブラタによれば、1980年代にも、「コミュニティ林」(略称Hkm)とよばれる事業が実施されている (Kartasubrata 1988: 59)。本章で対象とするHkmと同一名称であるが、1980年代のHkmが、住民の所有林における森林利用・管理に対して政府が苗木や技術的支援を実施する事業であったのに対し、本章で取りあげるHkmは国家林における住民の森林利用・管理を認める枠組みであり、両者は異なる事業とみなすことができるだろう。

(8) 法規策定に関する法律2004年第10号によれば、インドネシアにおける法規のヒエラルキーは、1) 1945年憲法、2) 法律 (Undang-undang) および法律代行政令 (Peraturan Pemerintah Pengganti Undang-undang)、3) 政令 (Peraturan Pemerintah)、4) 大統領規則 (Peraturan Presiden)、5) 地方条例 (Peraturan Daerah) の順となり、上位法の規定に従うかたちで、下位法が定められる。大臣規則 (Peratuaran Menteri) や大臣決定 (Keputusan Menteri) はこのヒエラルキーの中には位置づけられておらず、通常、政令や大統領規則の実施細則を定めている場合が多い。

(9) 分権化後、Hkmをはじめ、コミュニティに森林利用許可を付与する類似の政策枠組みが地方条例として制定され、実施に移された。地方政府による取り組みに関しては、ランプン州および州内各県の事例を検討したSafitri(2006)、東カリマンタン州西クタイ県の事例に触れた井上 (2003) などを参照。

(10) 州条例は、林産物の5%を採取許可料として納入することを義務づけているが、1haあたりの納入額を住民グループ内で取り決めて納めているケースが多い。SA村では、2007年は年間1haあたり3万ルピア (= 約380円) と取り決めていた。なお、当時の精米価格は1kgあたり3000 〜 4000ルピア程度である。

(11) たとえば、2005年には、国際アグロフォレストリー研究センター (ICRAF) と地元NGOの支援をうけ、大森林公園内の森林管理をめぐる利害関係者を集めた会合が数回にわたって組織され、「協働評議会」(仮) が組織された。しかし、その後、実質的な展開はみられない。

(12) 調査は当初から実践的側面を意図したわけではなかったが、筆者らが実施したイ

ンタヴューやセミナーの開催などが，結果として住民と林業局をつなぐメディアとして機能することがあった．2008年に実施した大森林公園周辺全36カ村の概況調査では，そうした関係構築のメディアという側面を積極的に意識し，森林警備官とKPPH役員を調査チームに巻きこむかたちをとった．

参考文献

井上真 2003「揺れうごく住民参加の森林政策」池谷和信編『地球環境問題の人類学——自然資源へのヒューマンインパクト』141-170頁，世界思想社．

田中耕司 2009「森林と農地の境界をめぐる自然資源とコモンズ——現代の環境政策と地域住民」池谷和信編『地球環境史からの問い——ヒトと自然の共生とは何か』296-313頁，岩波書店．

Contreras-Hermosilla, Arnoldo and Chip Fay. 2005. *Strengthening Forest Management in Indonesia through Land Tenure Reform: Issues and Framework for Action.* Washington D.C.: Forest Trends.

Departemen Kehutanan. 2006. *Rencana Pembangunan Jangka Panjang Kehutanan Tahun 2006-2025.* Jakarta.

——— . n.a. *Hutan Kemasyarakatan.*

Dinas Kehutanan Prop. Lampung. 2007. *Taman Hutan Raya Wan Abdul Rachman Tahun 2007-2026.* Bandar Lampung

Kartasubrata, Junus. 1988. "Review of Community Forestry Programs in Indonesia." *Social Forestry and Agroforestry in Asia, Book II,* pp. 55-65. Bogor : Bogor Agricultural University.

Ministry of Forestry. 2007. *Forestry Statistics of Indonesia 2006.* Jakarta: Ministry of Forestry.

P3AE-UI. 1999. *Nuansa Pemberdayaan,* vol.1. Depok.

Petrus, Keron. 2009. *Pengembangan Institusi Lokal: Studi Kasus Pengelolaan Hutan oleh Masyarakat Sumber Agung, Gunung Betung - Lampung.* Ph.D Dissertaton submitted to University of Indonesia.

Safitri, Myrna A. 2006. "Change without Reform?: Community Forestry in Decentralizing Indonesia." Paper presented at the 11th Biennial Conference of the International Association of the Study of Common Property.

第Ⅲ部
「市場志向・グローバル型」制度の登場

マレーシア・サバ州FSC認証林での認証機関による再審査の風景。現地オフィスにて、森林施業に関する書類が並べられ、審査員が文書審査をおこなう。この後、審査員は、現場審査をおこない、FSC認証基準を遵守しているか判断する。(撮影:内藤大輔)

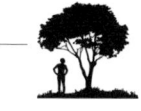

第7章

マレーシアにおける森林認証制度の導入過程と
先住民への対応
——FSC・MTCC認証の比較から

内藤大輔

1 熱帯地域における森林認証制度導入の背景

　近年の熱帯林での木材伐採の増加は、当該地域における先住民の権利侵害や生物多様性の減少といった深刻な問題を引き起こしている。とくに1970年代以降、森林は商業伐採、農業開発、ダム建設などの大規模開発によって、急速に劣化・減少してきた。これらの問題の背景のひとつに過剰な熱帯材の輸入があるとして、1980年代後半から欧米の環境NGOは不買運動を盛んに展開した。欧米を中心に国や地方自治体も世論を政策に反映させ、持続的に生産された熱帯材のみを輸入する政策を導入するなど熱帯材取引に対する規制が広がっていった。

　熱帯材生産国は、これらの欧米諸国による一方的な規制を、不当な貿易障壁だとして反発した。欧米諸国においても輸入禁止措置は実質的な森林減少の解決にはつながらないという見解も多く聞かれるようになった (Vogt *et al.* 1999)。欧米諸国は不買政策をやめ、生態系、社会へ配慮して生産している材を積極的に購買するという政策に変えていった。こうした背景の下、普及してきたのが森林認証制度[1]である。

　森林認証制度とは、環境の点からみて適切で、社会的利益にかない、経済的にも継続可能な森林管理がなされている森林かどうかを一定の基準に照らして、独立の第三者機関が評価・認定をおこなうものである。それらのすべてのプロセスに対する信頼をもとに、消費者が環境に配慮された林産物であるのかを判別し、選択して購入することによって、持続可能な森林管理を推進するという仕組みである (Nussbaum 2000)。

　世界の認証林面積は推定3.2億haにおよび (UNECE and FAO 2008)、急速に普及が進んできている。今後、このような市場インセンティブを利用した森林管理制度はさらに注目されていくであろう。しかし、認証面積の93％が非熱帯地域

写真1　D保存林での認証審査の様子（2007年マレーシア、サバ）

に分布し、熱帯地域の認証面積は全体の7%未満にすぎない（UNECE and FAO 2008）。森林認証制度はもともと熱帯の森林減少に対処するために考えだされた制度であるにもかかわらず、実際には熱帯地域で普及が進んでいない現状がある。

そのような状況下で、マレーシアは熱帯地域において早くから森林認証制度の導入に取り組んでおり、認証林面積の多い国である。同時にマレーシアはこれまで木材伐採と先住民との軋轢が数多く報告されてきた国でもある。そうした問題を背景として生まれた森林認証制度は、マレーシアにおいてどのように機能しているだろうか。本章では、まずマレーシアの森林認証制度導入の背景と経緯、現状について説明していく。具体的には、マレーシアで運用されている2つの異なる認証制度について、それらの導入過程で、どのような利害関係者が関与し、その制度の制定に影響を与えたのかを示す。そして認証基準にどのような相違点があるのか、両者の違いを懸案となっている先住民の権利の保障についての点から検討する。最後に森林認証制度の導入の際の問題点について考察している。

現地での調査として、マレーシアにおける森林認証制度をめぐる利害関係者への聞き取り、森林認証制度に関連するワークショップやシンポジウムの議事録、報告書や認証基準などの文献収集をおこなった。

2　マレーシアにおける森林認証制度の現状

現在マレーシアには、マレーシア木材認証協議会[2]（Malaysia Timber Certification Council: MTCC）による同国独自の森林認証制度と国際的な非営利組織である森林管理協議会（Forest Stewardship Council: FSC）による森林認証制度が併存している。

マレーシア独自の森林認証制度を運営するMTCCは、1997年に設立された国家木材認証協議会（National Timber Certification Council）を前身として、1998年10月に設立された。この協議会は、認証の実施・運営をおこなう非営利組織である。

MTCC 認証林

森林管理区 (FMU)	森林管理者	認証取得日	認証面積 (ha)
パハン州	パハン州林業局	2001年12月	1,519,107
スランゴール州	スランゴール州林業局	2001年12月	241,568
トレンガヌ州	トレンガヌ州林業局	2001年12月	545,818
ケダー州	ケダー州林業局	2003年10月	342,613
ペラ州	ペラ州林業局	2003年10月	880,388
ヌグリ・スンビラン州	ヌグリ・スンビラン州林業局	2003年10月	160,151
クランタン州	クランタン州林業局	2004年7月	629,687
スラアン・リアウ（サラワク州）	サムリン社	2004年10月	55,949
アヌップ・ムプット（サラワク州）	ゼットティ社	2008年2月	106,820
認証林面積　合計			4,482,101

FSC 認証林

サバ林業局　D保存林		1997年6月	55,139
ペラ木材公社		2002年7月	9,000
アジア・プリマ 社		2005年10月	4,884
サバ・ソフトウッド社		2007年9月	25,919
トレンガヌ木材管理組合		2008年4月	12,434
認証林面積　合計			107,376

表1　マレーシアにおける森林認証の取得状況　　　出所：MTCC (2009)、FSC (2009) をもとに作成

　MTCCの活動方針に責任をもつ評議委員会は、委員長に加え、木材業界、政府、NGOならびに研究機関からの各2名ずつの委員で構成されていた (MTCC 2000)。設立当初は、環境保護問題などを中心に活動をおこなっている世界自然保護基金（WWF）・マレーシアなどの環境NGOの委員も参加していたが、2001年に辞任している (Ng 2000)。

　マレーシアでは憲法により土地、森林、資源は州の財産であるとされており、林地は各州の林業局により管轄・管理されている (Fadzilah 1999)。半島マレーシアでは各州の林業局が、保存林内の一部区域を数カ月間伐採業者に許可を与えて伐採させるというシステムをとってきた。数カ月しか伐採に従事しない業者に対して、持続的に森林を管理するインセンティブを作りだすことは難しい。そのため、マレーシアでは、政府主導で州の森林を管理している各州の林業局を森林管理者として、MTCC森林認証の取得をなかば義務づける方針をとった。

　2009年現在、MTCC認証林の面積は約448万haにいたっており、マレーシアの森林面積の約24％にあたる。半島マレーシアにおいては、6つの州の州有林と、サラワク州においては、サムリン社とゼッドティ社がMTCC認証基準を満たしているとして認証されている (MTCC 2009)。

　一方、マレーシアでは国際的に認知されているFSC森林認証制度も導入され

ている。FSCは1993年に設立された非営利の国際NGOである。FSCは持続的な森林管理を評価するための世界共通の10原則と56規準を有している。認証審査には関与せず、FSCが認定した世界各地にある認証機関[3]が審査を担う（写真1）。

認証機関は森林管理者が選定する。おもな認証機関としてスマートウッド（Smart Wood）、エスジーエス（Société Générale de Surveillance: SGS）[4]、エスシーエス（Scientific Certification Systems）などがある。FSCの認証審査の手順は基本的に統一されているが、認証機関ごとに弾力的な対応がなされ、最終的には各認証機関の裁量にまかされている。

FSC認証取得に際して、マレーシアではまだ全国統一の基準がないため、それぞれの認証事例において独自の地域基準が作られ、認証審査がおこなわれている。FSCによる認証は5つの森林管理区（Forest Management Unit）、約11万haで取得されている（表1参照）。

3　MTCCの導入過程

MTCC認証基準の策定過程

マレーシアの木材輸出量は、1980年代の熱帯材不買運動や欧米諸国の熱帯材輸出禁止措置によって一時急減し、木材業界は大きな打撃を受けた。そのため、国独自の森林認証制度を設立し、マレーシア産材が欧米市場に受け入れられるようにすることが、政治・経済的に重要な課題となった。マレーシアの林業政策の協議機関である国家林業評議会[5]の決定により、国独自の森林認証制度の設立と、その際の手続きは国際熱帯木材機関（ITTO）の基準と指標策定ガイドラインにもとづいて実施することが決定された（Ng 2000）。以下、MTCCによる「マレーシアの持続可能な森林管理のための基準と指標（Malaysian Criteria and Indicators for Forest Management Certification：以下、MC&I）」策定プロセスを説明していく（表2参照）。

1997年に、国家林業評議会の決定により、ITTOの「持続可能な森林管理を評価するための基準と指標（Criteria and Indicators）」に準拠してMTCC認証基準を策定することになった。国独自の認証基準を策定する過程では、当初から認証材の欧米市場へのアクセス拡大がめざされ、半島マレーシア産製材品の主要な輸出先であるオランダとの間で協議がおこなわれた。そのため、MC&Iはオランダ木材輸入基準とも整合性をはかるように策定された。その際、認証の取得対象とな

年	活動内容	構成団体	成果
1994	ITTO, C&Iの導入協議	「持続可能な森林管理に関する全国委員会」	国レベルで92項目, 森林管理区レベルで84項目の活動目標を設定
1996	マレーシア・オランダ共同作業部会の設置, 木材認証パイロット事業の実施	オランダ木材貿易協会, MTIB, MTCC, SGSマレーシア社	スランゴール, パハン, トンガヌ州で試験認証 → 認証材4,000m^{3}輸出
1998.10	マレーシア木材認証協議会(MTCC)の設置	評議委員会(木材業界, NGO, 政府と研究機関)	基準・指標の作成, トレーニングや監視の実施
1999.7/8	MC&I策定の協議	MTCC, 林業局, 政府関係機関, 木材業界, NGO	国, 森林管理区レベルのMC&I案, 各地域(半島部・サバ・サラワク)での行動基準
1999.9	MC&I案に各地域の行動基準を導入	林業局, MTCC	MC&I改訂版, 行動基準改訂版
1999.10	MC&I策定のための全国協議会	利害関係者団体(85団体のうち58団体が参加)	MC&I改訂版(7基準53指標)
1999.12	MC&I改訂版(7基準53指標)とオランダ木材輸入基準との比較	オランダ木材貿易協会, MTCC, 林業局, マレーシア木材評議会	マレーシア・オランダ共同作業部会用の1999年版MC&I(6基準29指標)
2000.3	ジョホール州におけるMC&I適用試験の実施	MTCC, 林業局, 政府関係機関, 木材業界, NGO	MC&Iの改訂の必要性と評価手順の開発の必要性を認識
2001.10	MC&Iの採択	MTCC	1999年版MC&I(6基準29指標)採択 → WWFマレーシアの理事辞任, 先住民NGOのプロセス離脱

表2 MTCCによる1999年版MC&Iの策定プロセス　　出所：Sandom and Shimula (2001)をもとに作成

る森林管理者は、半島部では各州の林業局が担い、森林管理区の規模は州単位となり、サバ州、サラワク州では、施業林を管理する企業または林業局が森林管理者となることが決定された。また、マレーシアの木材製品にかかる輸出関税による税収の一部を、認証の実施・運営のための資金として用いるとした。

　1998年にMTCCが設立され、認証制度の実施・運営業務を担うことになった。MTCCの意志決定機関である評議委員会には、WWFマレーシアをはじめとした環境NGOも入っており、利害関係者の意志決定への参画がはかられていた。

　MTCC主導のもとMC&I案の策定が進められ、サバ州やサラワク州でも地域協議会が開催されて、認証制度の内容に関する議論がおこなわれた。1999年10月には広く利害関係者の参加を求めた全国協議会(85団体に呼びかけたうち58団体が参加)がおこなわれ、MC&I案(7基準53指標)がまとめられた。その後、1999

年12月に開かれたオランダとの木材認証の共同作業部会で、オランダ木材認証基準に沿って簡略化されたMC&I案(6基準29指標)が作られた。パハン州、トレンガヌ州、スランゴール州の3つの州の林業局は、2000年に問題点を改善し、認証機関であるSGSマレーシア社の再審査に通過した。

しかしオランダは、国内の環境運動の高まりにより、さらなる追加調査事項の要求をおこない、共同作業部会での合意よりもさらに厳しい木材輸入基準を定めた。その結果、オランダでは、環境を保全し先住民の権利を保障するFSCに相当する厳しい基準を通過しなくては認証材として認められなくなってしまった(MTIB 1998)。結果的に製材を中心とした木材製品を輸出できたものの(Harun 2001)、マレーシア木材業界としては満足いくものではなかった。認証取得は、環境への配慮が厳しいオランダ市場へ参入することを可能としただけで、高付加価値はつかないことが明らかになったからである。

MTCCは、基準の厳しいオランダ木材認証制度との相互認証をあきらめ、2001年10月に独自に認証審査に使用する認証基準(MC&I)の採択をおこなった。しかし採択されたMC&Iは、全国協議会などを経て策定された7基準53指標あるMC&Iではなく、簡略化された6基準29指標のMC&I(以下、1999年版MC&I)であった。MTCCは、この簡略化されたMC&Iを採用し、独自の認証を立ちあげ、段階的に基準を厳格化するという方針を示した。2001年12月には、この1999年版MC&Iにもとづき、木材認証パイロット事業で同基準を満たしていたパハン州、トレンガヌ州、スランゴール州の施業林が、SGSマレーシア社によって認証された。

しかし、この1999年版MC&Iからは、環境面・社会面の多くの基準や指標が削られていた。環境面では生態系保全に関する基準が、社会面では先住民に対する森林施業の影響をはかる指標が削られた。MTCCによる1999年版MC&Iの採択は急におこなわれ、MTCCの評議員であったWWFマレーシアへの事前の了承を得ていなかった。それまでの利害関係者を含めた協議プロセスが反映されなかったため、WWFマレーシアは抗議の声明を出し評議員を辞すことになった[6]。加えて先住民の意見を代表する先住民NGOがその後のMC&I策定プロセスから離脱することとなった(Ng et al. 2002)。

FSCとの相互認証の試み

オランダ木材認証基準との相互認証がうまくいかず、結果的にはFSC相当の厳しい基準でないと高付加価値が得られないことがはっきりしたため、それ以後

MTCCはFSCとの相互認証のプロセスを進めていくこととなった。2000年にはMTCC、FSC共催の森林認証ワークショップが開かれ、MTCCとFSCが共同で両認証基準の比較研究をおこなうことになった。相互認証に向けた国内審議委員会(National Steering Committee)が設立され、1999年版MC&Iの基準の改訂がおこなわれた。2001年4月から5回の国内審議委員会が設けられ、MC&I改訂案の指標や検証基準(Verifiers)を作成するため、半島部、サバ州、サラワク州で各州の専門作業部会(Technical Working Group)を設置し、協議をおこなった。2002年10月の全国協議会において、各地域の専門作業部会で決められた検証基準を統合したFSC相当のMC&I(2002年版MC&I)が合意された(MTCC 2002)。2004年には認証機関の審査員と利害関係者が参加し、2002年版MC&Iの実地検証が半島部、サバ州、サラワク州でおこなわれた(MTCC 2004)。しかし、先住民NGOは先住民の慣習的な権利が配慮されないとして専門作業部会や国内審議委員会などの協議過程には不参加の状態であった。

新たに策定された2002年版MC&Iは1999年版MC&Iより多少厳しい基準となったが、環境保全や先住民の権利を保障する基準が弱いという問題は依然として未解決のままである。その後、MTCCは、森林管理者(各州の林業局)が認証を更新する際に、審査基準を1999年版MC&Iから2002年版MC&Iに変更していった[7]。

MTCCは、FSCとの相互認証をおこなうために、2002年版MC&I策定のために設置した国内作業部会を改組して、FSCに認定された国内作業部会(National Working Group)の設置を計画した。その部会において、2002年版MC&IをFSCの正式な国内基準として認定を受けることをめざした。それが実現すれば、2002年版MC&Iで認証を受けた森林がFSC認証林として認められるためであった。2003年8月に国内作業部会の結成のための専門作業部会が設置され、2004年に半島部、サバ州、サラワク州において協議が進められた(MTCC 2004)。しかし結果的には、先住民NGOなどの利害関係者が国内作業部会に含まれなくてはならないというFSCの規定を満たすことができず、部会の設置自体が実現しなかった。

国際的な認知

MTCCとFSCとの相互認証は、先住民の慣習的な権利をめぐって異なる見解をもつ先住民NGOが反対している限り、その手続きを進めることが難しい状況であった。そこで、MTCCはヨーロッパ諸国での市場確保をめざして、MTCC認証材の販売促進・宣伝活動を繰りひろげた。それらの活動の結果、次第に

MTCC認証材の輸出は増加していた。デンマークは2003年にMTCC認証材の輸入を承認した。またオランダは2004年から、カーホート合法材検証制度 (Keurhout Validation of Legal Timber)という合法材を検証する新たな制度の運用を開始し、2005年にはMTCC認証材を合法材として認可した。2005年には、イギリス、ニュージーランド、フランス、日本において木材の合法性を保証する認証制度として認定されるようになった(MTCC 2006)。

さらにMTCCは、より広範な認知をめざし、加盟国独自の基準を尊重するPEFC森林認証プログラム(Programme for the Endorsement of Forest Certification: PEFC)[8]との相互認証を検討していた。PEFCは、1998年にヨーロッパの政府機関や木材会社が中心となって設立した認証制度で、ヨーロッパ各地域を中心とした認証制度と相互認証を実施している。PEFCは熱帯諸国との相互認証にも積極的に取り組む姿勢を示し、MTCCは、2005年から本格的にPEFCとの相互認証に向けて動きだすことになった。MTCCはPEFCとの相互認証をおこなうため、既存の組織の配置変更をおこなった。それまではMTCCが認証機関を認定していたのだが、MTCCは認証管理団体(National Governing Body)となり、マレーシア基準局(Department of Standards Malaysia)が認証機関の認可をおこなう認定機関(Accreditation Body)となった(Indufor 2009)。これらの組織配置の変更など相互認証に向けたMTCCの取り組みが評価され、2009年にMTCCはPEFCとの相互認証を果たした。

PEFCとの相互認証後、MC&Iの段階的な基準改訂をおこなっているが、依然として、先住民NGOはPEFCとの相互認証の協議やその後の基準改訂プロセスには参加しておらず、対立の火種となる問題点をかかえている。

MTCC認証における先住民への対応

MTCC基準の策定過程では、森林施業における先住民の権利の保障をどのようにおこなうかが懸案のひとつとなってきた。MTCCのPEFCとの相互認証が実現されたことによってMTCC認証材は世界市場でも受け入れられるようになるのだろうか。

先住民の意見を代表するマレーシアのNGOは、森林に依存する先住民のなかでもとくに狩猟採集民は、他の利害関係者よりもその権利が尊重されるべきであると主張してきた。彼らは、MTCCが認証制度の導入に際して母語による説明をおこなわず、どのような影響が彼らにもたらされるかなどの説明と協議をおこなっていないことを指摘していた(JOANGO Hutan 2002)。

MTCCは、マレーシアの現行法の範囲で先住民の権利を保障するとしている。現行法の範囲とはどのようなものなのだろうか。たとえば国家林業法では「保存林内には居住不可」とされているが、現在も先住民の多くが保存林内で暮らしている。その背景には彼らが慣習的に暮らしてきた地域が十分な協議のないままに保存林として制定されてきたという経緯がある (Nicholas 2000)。また半島マレーシアで施行されているオラン・アスリ[9] (Orang Asli) 法においては、オラン・アスリの人々は「資源は自給目的のみ採集可能」とされている。しかし彼らは自給用としても、生計を立てるための販売用としても林産物を採取している。現行法と先住民の暮らしの間には乖離があり、これを厳格に適用すると、先住民の暮らしが制限されてしまう。

　またサラワク州では、1980年代から、慣習的に利用していた森林が伐採されたことに抗議して、先住民が伐採道路を封鎖するなど、先住民と伐採会社との間の対立が起きてきた (Hong 1987)。そのような地域において、MTCC認証がどのように適用されているか、サラワク州のMTCC認証林であるスラアン・リアウ (Sela'an-Liau) 森林管理区を例にみてみよう。

　MTCCは、2004年にこの管理区で施業するサムリン社 (Samling) にサラワク州初のMTCC認証を授与した。しかし認証取得後に、認証対象地域において先住慣習権 (Native Customary Rights) をめぐる訴訟がミリ高等裁判所で審議中であったことが発覚した。プナンの人々が、スラアン・リアウ森林管理区での先住慣習権を請求していたのである。彼らは1998年にミリ高裁に提訴し、2002年10月に第1回公判が開かれていたが、認証審査当時は審議が中断されていた状態であった (JOANGO Hutan 2005)。

　MTCCは、当初、森林管理区をめぐる訴訟問題があるにもかかわらず認証を与えていた。しかし住民やNGOによる訴訟に関する指摘がなされたのち、MTCCは、スラアン・リアウ森林管理区が制定された際に住民の先住慣習権も消滅しているとして、認証プロセスの正統性を主張した。一方NGOは、住民はサムリン社が認証取得以前に、認証対象の土地に対する先住慣習権の請求をもとめて法廷に提訴しており、彼らの先住慣習権は有効であるとしている。

　認証取得後、森林施業を開始したサムリン社に対して、認証対象地域に暮らすプナンの人々は、伐採道路にバリケードを設置するなど抗議活動をおこなってきた。そのような状況のなか、MTCC認証審査の際に審査員は、住民によってバリケードが設置されていることを指摘し、サムリン社と住民との間の土地をめぐる問題を解決することを求め、森林管理に関する協議への参加村数の拡大や協議

の現地語での実施などを求めた (MTCC 2005)。しかし依然として住民との対立は解決していない (Sahabat Alam Malaysia 2007)。住民のなかには伐採会社との会合があっても、言葉がわからないため出席しないという者もいる（本書第11章参照）。これは、土地をめぐる先住民と伐採会社の間の紛争解決メカニズム構築の難しさを示している。

4　FSC認証の事例

　FSC認証は先住民の権利を保障する厳しい基準をもっているとして評価されている。FSCでは、認証対象地域での法的な決着がついていない限り、認証を授与することはない。もし該当地域に土地をめぐる対立があることが判明した場合は、その解決まで認証が凍結され、森林管理者に解決する努力がみられない場合は、認証が剥奪されることとなる。FSC認証林では先住民の権利保障に関する問題はみられないのだろうか。

　ここでは、サバ州のFSC認証林であるD保存林と隣接するW村において、FSC認証の導入と先住民への影響についてみてみよう（図1、写真2）。D保存林は、1989年からサバ林業局に直接管理され、ドイツ技術協力公社 (GTZ) によって、伐採二次林における持続的な森林管理モデルを構築するためのプロジェクトサイトとして選ばれた。D保存林が選定されたのは、この保存林が、当時他の企業に伐採ライセンスが付与されておらず、伐採後の森林であったためである。それはドイツ政府がプロジェクトへの援助に際して、原生林における伐採を禁じる政策をとっていたことを理由としている (Mannan et al. 2002)。

　プロジェクトでは、森林管理計画 (Forest Management Plan) の立案のために、資源量調査、野生動物の生態調査などの包括的な資源アセスメントが実施され、商用樹種であるフタバガキ科の樹木の成長量にもとづいた伐採計画が導入され、年間伐採量は2万m³に規定された。また年間1000 ha のつる切りなどの育林作業や毎年200 ha の植林の実施、低インパクト伐採 (Reduced Impact Logging) 規則の遵守にもとづいて施業がおこなわれた (Mannan et al. 2002)。

　林業局は、プロジェクトの達成状況を検証する目的で、FSC森林認証の取得をめざした。サバ州政府がFSC認証を選択した理由は、国際的に認知されており、認証材に高付加価値が付くためであった。認証審査はMTCCと同じくSGSマレーシア社が担当した。サバ林業局は、1997年にFSC認証を取得し、その際地域社会に関する問題は指摘されなかった。

しかし、1999年3月の第3回監査の際、認証機関は林業局からD保存林内で大規模な違法伐採がおこなわれたとの報告を受けた。外部の伐採グループがブルドーザーを使い、D保存林南端において無許可の伐採をおこなったという。これに対し認証機関は、違法伐採や侵入を取り締まり、木材資源を保護するための方策が不十分であるとして林業局に保存林境界の抜本的な取り締まりを求めた(SGS 1999)。これは森林認証を取り消されかねない事態であったため、林業局は、1999年4月から、さまざまな取り締まりを実施した。たとえば、違法伐採の取り締まりのため、D保存林境界の確定作業をおこない、保存林の南端に2つの監視所を設置し、職員を常駐させ、D保存林への違法な侵入の監視などを実施している(写真3)。

写真2　W村の様子（2008年マレーシア、サバ州）

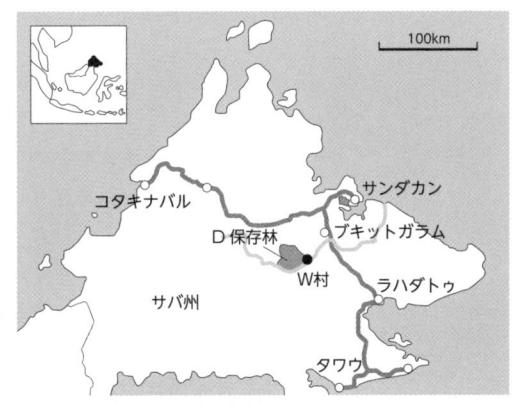

図1　D保存林とW村の位置

　違法伐採は外部者によってなされたが、林業局による境界管理が厳格になった結果、村人がそれまで慣習的におこなってきた森林利用についても厳しく取り締まられるようになった。その結果、林業局と村人との間で対立が起きることとなった。たとえば、村を分断して位置するD保存林の林班の利用をめぐる問題があった。この林班は、森林認証制度導入前までは慣習的に、焼畑や森林産物採集などがおこなわれていたが、境界管理後、それらの行為は取り締まられるようになった。また林業局がD保存林の境界画定作業をしていた際に、村人の植えていたラタンを伐採してしまうという事件も起きた。

写真3　D保存林南端における川沿いの監視風景（2007年マレーシア、サバ州）

認証機関は、その後の監査において、厳しい境界管理の導入により村人と林業局間に上記のような対立が生じていることを確認した。厳格な取り締まりは違法伐採を減らすが、長期的な視野に立つと林業局と地域住民[10]との関係も損なうとして、林業局に、森林管理へ地域住民・NGOの参画を促すための委員会を設置することを求めた（SGS 2002）。

そこで、林業局は、2002年10月に、D保存林社会林業委員会（D Forest Reserve Social Forestry Committee：Komiti Perhutanan Social D Selatan）を設立した。この組織は、社会林業の推進と地域社会と林業局が協働する場を作ることをめざしていたが、林業局主導で構築され、D保存林の長が委員長を務め、その下にD保存林の周辺村から選ばれた村人が代表委員として配置されるというトップダウンの構造であった。サバ林業局は、年に4回の会議を開催し、施業に関する情報共有やD保存林での労働機会があった場合の連絡などをおこなっている。

この社会林業委員会において村人は、先述の境界管理をめぐる問題について何度も提起してきた。しかし林業局は林班の利用をめぐる判断を二転三転させたのちに全面的に村人の利用を禁止したことから、社会林業委員会が問題解決の場になるのではないかという村人の期待は裏切られることとなった。またD保存林の森林管理計画では、その林班をコミュニティ林として定義しているが、実際には村人の焼畑や森林産物採集は禁止し、早生樹や果樹などの植林作業を提供すると提案していた。これまで村人の意見を定期的に林業局に伝える機会が作られたことはなかったため、この委員会の設置の意義は大きいが、会議では林業局からの連絡・報告が主で、土地や森林資源の利用といった問題に関してはこの会議の枠組みでの解決は難しい状況であった。

認証機関は、地域住民への社会開発が必要として、州都コタキナバルに本部をおく地元NGOの参画を求めた。地元NGOは、重力式簡易水道や幼稚園の運営といったプロジェクトを実施した。認証機関は監査の際に、簡易水道、幼稚園の

状況についての近況について確認し、地元NGOにも聞き取りをしている。したがって、何か重大な問題が生じた場合、村人はその地元NGOを通じて報告できるようになった。この点で地元NGOの関与の意義は大きい。しかし、林業局から地元NGOへの経済的な支援はその後なくなり、NGOの村人に対する支援は限られたものになってしまった。

サバ州D保存林の事例では、違法伐採を機に、認証機関は林業局に保存林の境界管理の強化を求めたことで、それまでの村人の森林利用が大きく制限されてしまったことが明らかとなった。認証機関が事前に村人の慣習的な森林利用について十分把握していれば、何らかの対応ができたはずである。また社会林業委員会における村人の参加も不十分であり、紛争解決の役割を果たしていなかった。森林認証制度の実施がこのような結果をもたらすことは当初想定されていなかったことであった。

5 森林認証制度の果たす役割

本章では、マレーシアの森林認証制度の導入過程と先住民への影響についてみてきた。

森林認証制度は、本来、森林施業での生物多様性の保全や先住民の権利保障を実現するはずのものであった。しかしマレーシアでのMTCC導入のプロセスでは、ヨーロッパ諸国やPEFCなどとの相互認証獲得の経緯から明らかなように、独自の基準をいかにして国際的に認知させるかという点に議論と活動が集中していた。

MTCCの基準では、既存法の範囲でのみ、先住民の慣習的な権利を保障するとしていた。そのため、MTCC認証制度が普及したとしても、先住民の暮らしの保障にはつながらない可能性が高い。またMTCCは段階的に基準を厳しくする方針を採用しているが、先住民の暮らしへの影響を考えたとき、この方針には問題がある。先住民の慣習的な権利についての基準がゆるい段階で森林伐採がおこなわれた場合、先住民が慣習的に利用してきた森林も伐採されてしまう。一度森林が伐採されてしまったら、それまで培ってきた文化・伝統や人々の暮らしは失われてしまう。認証が免罪符となって伐採が進められてしまうことになりかねない。

一方、FSCは森林施業における先住民の慣習的な権利の保障を求めている。しかし認証の取得は難しく、普及が進んでいない。普及が進まなければ従来型の

森林伐採が続くため、現状は改善されない。また、FSC認証においても、認証機関が先住民の暮らしを十分認識していない場合、彼らの土地が囲いこまれてしまう可能性があることも示唆された。FSC原則に規定されている先住民の権利の保障が十分適用されるためには、住民や利害関係者がより参画しやすい仕組み作りが求められている。

　これまでも多くの研究者が指摘してきたように、東南アジアでは先住民の慣習的な権利が既存の制度で十分保障されていないことが多い。そのため、本章であつかった事例のように、森林管理者は、森林認証制度の導入に際して土地や資源をめぐる先住民の権利問題に直面する可能性が多いだろう。森林認証制度の導入に際しては、先住民の生業に注視し、森林に住民が経済的に依存して暮らしている場合は、彼らの森林利用について配慮すべきであると考える。

　今後、森林認証制度に代表される市場メカニズムを利用した自然資源管理の手法の導入は増えていくと考えられる。地球温暖化問題とも関連して、熱帯林の持続的な管理は世界的にも注目が高まっており、REDD（途上国における森林減少・劣化からの温室効果ガス排出の削減）など新たな森林管理制度が次々と作られている。

　しかし、これらの制度の社会面への影響の審査や評価は難しく、本来先住民への利益をもたらす制度として設計されていても、実際に適用してみると悪影響を及ぼすことも予測される。とくに、既存の国内法において、先住民の権利が十分保障されていない地域においては、本章で扱ったマレーシアの事例と同様の問題を引き起こす可能性が高い。森林管理制度の中で先住民の慣習的な権利をいかに保障していくのか、本章で指摘したような制度的問題を改善していくことが重要な検討課題となろう。

注
(1) 現在、森林認証には、政府間合意から生まれたもの、木材業界によって作られたもの、環境NGOなどが主導して生まれたものなど、さまざまな制度が存在する。それらの適応される範囲もさまざまで、ある国や地域だけを対象とするものから全世界を対象とするものまである。なお森林認証制度はおもに木材生産の際の森林管理を対象とした森林管理認証と生産されたあとの木材流通過程をあつかう認証である流通管理認証によって構成されるが、本章ではおもに森林管理認証について分析をおこなっている。
(2) MTCCの概要については立花ら(2003)を参照。

(3) 英語ではCertification Body。FSCは直接認証をおこなわず、FSCが認定した認証機関が実際の認証審査をおこなう。2009年3月現在で世界に21団体がある。
(4) SGSは、スイスに本部をもつ監査、審査、試験などを実施する認証機関で、1994年からFSCに認定されている森林認証の審査・評価プログラムであるSGS QUALIFORを実施している。マレーシアに現地法人SGSマレーシア社をもち、同社はMTCC認証もおこなっている。
(5) 半島部の各州の林業局、サバ、サラワク州の林業局をまとめ、マレーシアの国全体としての林業政策の方向性を話しあう協議機関である。
(6) WWFマレーシアが評議員を辞退した後、木材業界の労働団体、森林組合のメンバーが評議員となった。
(7) 2009年現在、半島部のMTCC認証林は2002年版MC&Iで認証されており、サラワク州の認証林は1999年版MC&Iで認証されている。
(8) PEFCは、当初は汎ヨーロッパ森林認証制度(Pan European Forest Certification)という名称で、ヨーロッパの森林を対象としていたが、現在は名実ともに世界の森林を対象とした認証制度となっている。
(9) 半島部に暮らす先住民の総称である。
(10) 認証機関はD保存林周辺に暮らす人々を「地域住民」と認識していた。

参考文献

立花敏・根本昌彦・美濃羽靖 2003「森林認証制度の可能性—国際的森林認証の動向とインドネシア・マレーシアの試み」井上真編『アジアにおける森林消失と保全』272-289頁, IGES監修, 中央法規出版.

Fadzilah, C. 1999. *The Challenge of Sustainable Forests: Forest Resource Policy in Malaysia, 1970-1995*. Honolulu: University of Hawaii Press.

Forest Stewardship Council (FSC). 2009. Certificate Database. <http://info.fsc.org/>

Harun, I. 2001. "Implementation of a National Certification Initiative: The Case of Malaysia." Lecture note compiled and presented at the Workshop on Forest Management Certification and the Design of Local Auditing Systems, December 4-6, 2001, Phnom Penh, Cambodia.

Hong, E. 1987. *Natives of Sarawak Survival in Borneo's Vanishing Forests*. Penang, Malaysia: Institut Masyarakat.

Indufor. 2009. *PEFC Council and MTCC - Conformity Assessment of Malaysian Timber Certification Scheme to PEFC Requirements- Final Report*. Helsinki: Indufor.

JOANGO Hutan. 2002. "Malaysian Timber Certification Scheme Ignores Concerns of

Forests Peoples." Press release by JOANGO Hutan, Kuching, Sarawak.

―――. 2005. "Malaysian Timber Certification Council (MTCC) Legalises Illegal Timbers." Press Statement, Kuching, Sarawak.

Malaysia Timber Certification Council (MTCC). 2000. *Annual Report 2000*. Kuala Lumpur: Malaysian Timber Certification Council.

―――. 2002. *Annual Report 2002*. Kuala Lumpur: Malaysian Timber Certification Council.

―――. 2004. *Annual Report 2004*. Kuala Lumpur: Malaysian Timber Certification Council

―――. 2005. Public Summary of First Surveillance visit of Sela'an-Linau FMU for Forest Management Certification. Kuala Lumpur: Malaysian Timber Certification Council

―――. 2006. *Annual Report 2006*. Kuala Lumpur: Malaysian Timber Certification Council.

―――. 2009. "Holder of Certificate for Forest Management MC&I 2002 and MC&I 2001."
<http://www.mttc.com.my/mttc_scheme_certs_holders % 20- % 20MC&I 2002, asp#2001>

Malaysian Timber Industry Board (MTIB). 1998. *Proceedings on the Seminar on Pilot Study on Timber Certification*. Kuala Lumpur: National Timber Certification Council, Malaysia.

Mannan, S., Y. Awang, A. Radin, A. Abai and P. Lagan. 2002. "The Sabah Forestry Department Experience from Deramakot Forest Reserve: Five Years of Practical Experience in Certified Sustainabe Forest Management." Paper Presented at the Seminar on Practicing Sustainable Forest Management Lessons Learned and Future Challenges, Held at Shangri-La Tanjung Aru Resort Kota Kinabalu Sabah, August 20-22, 2002.

Ng, G. 2000. *The Certification process in Malaysia: A Case Study*. Pilot project submitted in partial fulfillment for the international training programme on forest certification, Sweden May 14-June 2, 2000.

Ng, G., P. S. Tong and H. M. Lim. 2002. "Environmental and Social Components in Forest Certification:'Thorny Issues' in Malaysia?" Paper presented at the Seminer on Practising Sustainable Forest Management: Lessons Learnt and Future Challenges.

Nicholas, C. 2000. *The Orang Asli and the Contest for Resources: Indigenous Politics,*

Development and Identity in Peninsular Malaysia. Kuala Lumpur: International Work Group for Indigenous Affairs; Centre for Orang Asli Concerns.

Nussbaum, R. 2000. "Forest Certification: Verifying 'Sustainable Forest Management.'" Paper presented for the workshop on "Streamlining Local-Level Information for Sustainable Forest Management," University of British Colombia, Canada.

Sahabat Alam Malaysia. 2007. "Latest Update: Penan Blockades in Middle and Upper Baram in Sarawak Struggle to Continue." Press statement.

Sandom, J. and M. Shimula. 2001. *Assessment of Compatibility of Malaysian Criteria and Indicators for Forest Certification with FSC Requirements.* Kuala Lumpur: National Timber Certification Council, Malaysia.

SGS. 1999. *Forest Management Certification Report 1999.* South Wirral Cheshire, UK: SGS.

―――. 2002. *Forest Management Certification Report 2002.* South Wirral Cheshire, UK: SGS.

United Nations Economic Commission for Europe (UNECE) and Food and Agriculture Organization (FAO). 2008. Forest Products Annual Market Review 2007-2008. <http://www.unece.org/ timber/docs/fpama/2008/FPAMR2008.pdf>

Vogt, K. A., B. C. Larson, J. C. Gordon, D. J. Vogt and A. Franzeres. 1999. *Forest Certification: Roots, Issues, Challenges, and Benefits.* Boca Raton, FL: CRC Press.

第8章

インドネシアにおける地域住民を対象とした森林認証制度
―― 地域社会への適用と課題

原田一宏

1　森林認証制度に求められているもの

　世界中で急速に進んでいる森林減少の原因のひとつとして、途上国の熱帯林における違法伐採があげられる。この違法伐採に対処するために、1990年代に欧州が中心となり提案されたのが森林認証制度である。当時、欧米の環境NGOは、途上国の政府による森林管理政策の失敗が違法伐採をもたらしたと政府を痛烈に批判した。そのような政治的圧力が森林認証制度を誕生させるきっかけとなった[1]。森林認証制度は、天然林や人工林などの森林が生態的、社会的、経済的に適切に管理されているか、さらに、これらの森林から生産された木材が、適切に流通し、加工されているかを一定の基準・指標にもとづいて第三者認証機関が審査することにより、持続可能な森林管理を実現しようというものである（Nussabaum and Simula 2005）。

　近年、地域住民が管理する私有林を対象とした森林認証制度にも注目が集まっている。この制度の目的は、違法伐採による森林減少を阻止することに加え、地域住民が私有林を効率的に管理することにより、より多くの収入を得る機会を提供することにある。本章で取りあげるインドネシアは、違法伐採による森林減少が著しいなか、途上国のなかでも積極的に森林認証制度を導入した国である。国際的に認知されている森林管理協議会（Forest Stewardship Council: FSC）による森林認証を取得するだけではなく、インドネシア独自の森林認証制度も開発している。さらに、地域住民の森林管理を対象とした森林認証制度にもいち早く取り組んでおり、すでにある程度の成果をあげている。

　本章では、インドネシアにおける地域住民の森林管理を対象とした森林認証制度をめぐる現状と課題について明らかにしたい。具体的には、まず、インドネシア国内で森林認証制度が台頭してきた歴史的背景について整理する。次に、地域

住民を対象としたFSCと国内独自の森林認証制度を概括したうえで、事例をもとに、これらの制度が地域社会にどのように適用されたのか、どのような便益をもたらしたのかを明らかにする。最後に、地域住民の森林管理を対象とした森林認証制度が、地域住民の生活向上に継続的に寄与するとともに、この森林認証制度が広範囲に汎用されるための条件について検討する。

2 インドネシアにおける森林認証制度の台頭

インドネシアにおける森林認証制度導入の経緯は2つの時代に分けられる。第一期は、1990年代である。1990年に地元NGOであるインドネシア熱帯研究所(LATIN)[2]が、ジャワの国営林業公社が管理する生産林を対象として、認証制度を導入したのがこの国における認証制度の始まりである(Down to Earth 2001)。その際、アメリカの環境NGOのレインフォレスト・アライアンスと当時の認証機関であるスマートウッド(SmartWood)がともに運営する認証制度普及のプログラムが実施された。1993年にFSCが設立された後、スマートウッドの認証基準によって審査されたこれらの生産林は、FSCの基準にもとづいて再審査された。しかし、スマートウッドによる認証林はFSCの基準を満たさなかったため、FSCの認証取得にはいたらなかった。国営林業公社は、1990年代のなかばごろまでに、ジャワの他地域の生産林でもFSC認証を取得していたが、最終的には、これらもすべてはく奪されてしまった。国営林業公社が認証取得に際して、対象となる森林に暮らす地域住民の土地利用を無視し、そのために、国営林業公社と地域住民の間に土地所有権をめぐって対立が生じたためである(Colchester *et al.* 2003)。

森林認証制度導入の第二期は、1990年代後半から2000年代前半である。この時期、以下にあげる2つの出来事が、森林認証制度に対する国内での意識を高めるきっかけとなった(Elliott 2000)。ひとつは、国際熱帯木材機関(ITTO)が「熱帯林の持続可能な管理のためのガイドライン」を作成したことである。もうひとつは、ドイツ、オランダ、アメリカといった欧米諸国が公共施設などにおいて、インドネシアからの輸入材の使用を全面的に禁止したことである。このような欧米諸国からの違法伐採に対する政治的圧力が、インドネシアへのFSC普及を決定的なものにした。

インドネシア国内でも、違法伐採の対策として森林認証制度に対する期待が徐々に高まっていた。インドネシアのNGOのなかには、森林法令における先住

民や地域住民の森林や土地の所有・利用権の規定が不明確のまま、森林認証制度を導入することに批判的な者もいた。しかし、多くのNGOは森林認証制度の導入に好意的であった (Muhtaman and Prasetyo 2006)。伐採業者が地域の環境や社会に配慮したうえで森林伐採をするようになり森林に対する意識を変える機会になること、公的な協議や評価への一般市民の参加を促進し、森林管理の透明性が高められること、持続可能な森林管理が世界的に評価されることなどの理由による。

FSCによる認証とは別に、国内独自の森林認証制度をめぐる動きもあった。その背景には、インドネシアの林業省による強力な支援があった (Elliott 2000)。林業省は、インドネシアが国際的な木材市場のなかで有力な木材輸出国でありつづけるためには、FSC認証のような既存の制度に便乗するだけではなく、自国の森林管理の現状に即した独自の制度を構築する必要があると感じていた。林業省が1993年に発行した法令「持続可能な天然林からの木材生産のための基準および指標」も、独自の森林認証制度を作成する動機となった。国内独自の森林認証制度構築に向けて、NGO、学識者、政府関係者などからなるワーキンググループが結成され、活発な議論が繰りひろげられた。その結果、1998年にインドネシア・エコラベリング協会 (Lembaga Ekolabel Indonesia: LEI) が設立され、そこが国内独自の森林認証制度を運営することとなった。LEIの役割は、信頼性のある認証制度を開発することによって、持続可能な森林管理を実現することであった。

FSCとLEIは、それぞれ独自の基準を設定し、認証取得の審査をおこなっている[3]。FSCは10の原則と56の規準を設定し、これらをもとにそれぞれの国の生態的、社会的特徴を反映した国内基準を策定することにしている。ただし、インドネシアの国内基準はまだ作成されていない。一方、LEIはインドネシアの森林の現状に即した詳細な基準・指標を定めている。

FSCとLEIともに、天然林や人工林での伐採を対象とした森林認証に加えて、地域住民の森林管理を対象とした森林認証を有する。いずれの場合にも、認証取得に際して適用する基準や指標には、生態系保全や生産の持続性の面だけではなく、社会的側面を遵守することが定められている。FSCでは地域住民の慣習的な土地所有権などに配慮することが求められ、LEIでは地域住民によってすでに利用されている慣習的な土地・森林の利用権や管理権の保証、地域社会の経済的な発展の確約が求められている。

次節からは、地域住民を対象とした森林認証である、東南スラウェシのFSCのグループ認証と、中部ジャワのLEIによる「持続可能な地域住民による森林管

		組織	所在地	面積(ha)	おもな樹種	認証機関	認証年月
FSCグループ認証	1	Koperasi Hutan Jaya Lestari (KHJL)	東南スラウェシ コナウェイ県	609	チーク	SmartWood	2005年5月
	2	Koperasi Taman Wijaya Rasa (KOSTAJASA)	中部ジャワ クブメン県	119	チーク	SmartWood	2009年6月
LEI PHBML認証	3	Forum Komunitas Petani Sertifikasi Selopuro & Sumberjo	中部ジャワ ウォノギリ県	810	チーク マホガニー	Mutu Agung Lestari	2004年10月
	4	Koperasi Wana Manunggal Lestari	ジョグジャカルタ グヌンキドゥール県	815	チーク マホガニー	TÜV International Indonesia	2006年9月
	5	Gabungan Organisasi Pelestari Hutan Rakyat Wono Lestari Makmur	中部ジャワ スコハルジョ県	1,136	チーク マホガニー	Mutu Agung Lestari	2007年1月
	6	Perkumpulan Pelestari Hutan Rakyat Catur Giri Manunggal	中部ジャワ ウォノギリ県	2,343	チーク マホガニー	Mutu Agung Lestari	2007年1月
	7	Rumah Panjae	西カリマンタン スンガイウティック村	9,453	フタバガキ科（原生林）	Mutu Agung Lestari	2008年3月
	8	Argo Bancak	東ジャワ マゲタン県	600	チーク マホガニー	Mutu Agung Lestari	2009年7月
	9	Wana Rejo Asri	中部ジャワ スラゲン県	1,404	チーク マホガニー	Mutu Agung Lestari	2009年7月

表1 インドネシアにおける地域住民を対象とした森林認証
出所：LEIのスタッフへのインタビューをもとに作成（2010年1月）

理に対する認証（Pengelolaan Hutan Bersama Masyarakat Lestari）」（以下PHBML認証）についてみてみよう。

3　東南スラウェシにおけるFSCのグループ認証

　FSCは地域住民の所有する私有林に対してグループ認証を適用している。複数の村の人々が所有している森林をまとめ、ひとつのグループとしての認証を認めるというものである。グループ認証取得に際してはあらかじめグループ管理団体を確定し、認証取得後は、グループ管理団体が認証林管理に責任をもつこと

写真1　東南スラウェシにおけるチークの認証林

になる。グループ認証の利点は、多くの人々が参加することにより認証取得に要する経費を削減できること[4]、メンバー間での情報や経験を共有し森林管理能力を向上させられることである（Nussabaum 2002）。

2009年にインドネシアにおいてグループ認証を取得しているのは、東南スラウェシの1カ所と、中部ジャワの1カ所である（表1の1と2）。以下では、グループ認証をはじめて取得した東南スラウェシ・南コナウェイ県の事例をみてみよう。

グループ認証導入の歴史的背景

南コナウェイ県の国有地にチークが植林されはじめたのは、1970年代初頭のことである。当時、政府は国の植林計画の一環として、この地域で約4万haの天然林を伐採し、その跡地にチークを植林する計画をたてた。1982年までに9000ha以上の国有地にチークが植林され、さらに1989年から実施された産業造林プログラムによって2002年までに計2万4000haの土地にチークが植えられた[5]。チークの植林活動に、日雇い労働者として参加したのは、周辺の地域住民であった。彼らの本来の生業は、水田耕作や畑の作物栽培やチーク林管理であった。彼らには、国有地にチークを植林するかたわら、自らの私有地にもチークを植林することが許可された。この私有地のチーク林に対して、認証が与えられたのである（写真1）。

植林後30年近くが経過した2000年ごろから、国有地のチーク林が違法伐採の被害を受けはじめた。豊かなチーク林に目をつけた外部の伐採事業者が、地域住民の力を借りて、国有林地のチーク林を違法に伐採しはじめたのである。このような違法伐採が起こる社会的背景には、国際的な木材需要が増加したことに加えて、1997年のスハルト政権崩壊後、それまで政府に抑圧されてきた人々が、政府に対して不満をあらわにできるようになったことがある。不安定な政治状況のなか、国有地のチーク林の管理責任の所在も不明確になり、チーク林は違法伐採の格好の標的となった。違法伐採は、短期間で農業よりもはるかに多くの収入を

得ることができるため、人々にとっては魅力的であった。そのため、この地域のほとんどの住民が木材伐採、木材運搬、製材などのさまざまな伐採活動に関与した。2002年から2004年にかけて、村には多くの製材所が立ち並び、違法伐採活動は頂点に達した。

　この状況をみかねた政府は、2003年に社会林業プロジェクトを実施する計画を立てた。地域住民の力を借りて村の周辺にあるチークの国有林を適切に管理することにより、違法伐採を防ぐとともに、地域住民の生活をも向上させようとしたのである。プロジェクトは、国有地周辺の46村の参加を促し、すでにチークが植林されている2万4000haの土地に、その周辺の裸地を加えた計4万haの土地を対象として実施されることが決定された。

　このプロジェクトを支援したのが、その後、認証を取得する際に重要な役割を果たした地元NGOの森林ネットワーク（JAUH）である。森林ネットワークは、46村のそれぞれに農民グループを結成するとともに、県や郡レベルでのグループ間の対話が円滑におこなえるようにグループ間対話組織を結成した。グループ間対話組織によって、地域住民の代表者からなる、「持続可能な森林のための組合」（KHJL、以下森林組合）も結成された。

　森林組合の管理者は、農民グループの森林管理能力やグループ内のメンバー間の結束力を向上させるとともに、メンバーのグループへの帰属意識を高めるなど、この地域のすべてのチーク林を責任をもって管理する役割を担った。森林組合は、社会林業プロジェクトを通じてのチークの国有林管理を政府に申し出たが、その権利は容易には認められなかった。その間にも、違法伐採によってチーク林はますます減少していったのである。

グループ認証の取得

　当時、この地域の優良なチーク林に注目したのが国際NGOの熱帯林トラスト（TFT）である。熱帯林トラストは、世界中の企業が会員になり構成され、管理の行き届いた森林のFSC認証取得を支援すること、会員企業に対して、合法かつ持続的に管理された森林から生産された認証材に関する情報を提供し、認証材購入を促進することを目的としている。

　熱帯林トラストは、森林ネットワークとともに、社会林業プロジェクトを通じて、国有地内のチーク林を共同管理することにした。2004年6月、森林ネットワークおよび森林組合と熱帯林トラストは覚書を交わし、私有林に対してもグループ認証を取得するための一連の活動が開始された。熱帯林トラストは、まず、森

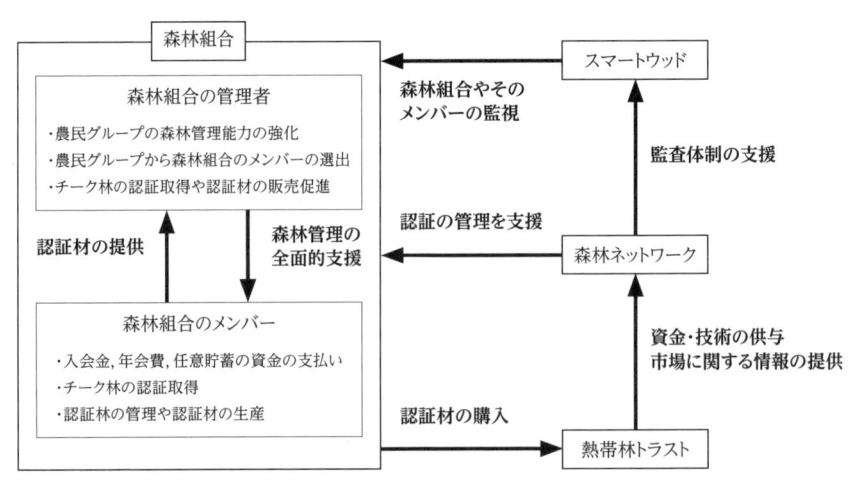

図 1　FSC グループ認証にかかわるアクターの関係

林ネットワークのスタッフに対して、森林分布地図の作成、森林の毎木調査、組織運営に関するトレーニングを実施し、森林管理の能力向上や組織の強化をはかった。また、政府からの社会林業プログラムの管理許可が得られるのを待ちつつ、地域住民が所有するチークの私有林管理にも着手しはじめた。地域住民を対象とした森林管理トレーニングも実施した。

　認証取得に際しては、森林組合がグループ管理者となり、グループ認証取得に必要となる森林管理計画、森林管理実施要領などの管理規則を作成した。この規則を含む申請書類がFSCの第三者認証機関であるスマートウッドの審査を通過し、2005年5月に地域住民の所有するチークの私有林は、さまざまなアクターの協力のもとグループ認証を取得したのである[6]（図1）。グループ認証取得後は、違法伐採に従事する人々は次第に減り、違法伐採業者もこの地域から姿を消した。現在、違法伐採活動に従事している者はいない。一方で、国有林における社会林業プロジェクトは現在でも政府に認可されず、国有林の認証取得は実現してはいない。

グループ認証取得後の状況
　a) 森林組合のメンバーと認証林
　ここで、農民グループについて説明しておこう。グループ認証の対象には、村落単位で結成された農民グループがなる。対象となる村落の数は、当初は12村

であったのが、2008年7月の時点では21村へと増加した。森林組合が、将来的にグループ認証の資格を与えようと計画しているのは、すでにグループ認証の対象となっている21村を加えた、社会林業プログラムの対象である46村すべてである。ただし、農民グループに所属しているすべての村人が自動的に森林組合のメンバーになれるわけではなく、以下のような条件を満たしてはじめて、村人は森林組合のメンバーになり、認証林を取得する資格が得られる。

① 植林したチーク林を所有していること、もしくは、チークを植林する準備が整っていること。2005年5月の認証取得当初は、最低0.25haの伐採可能なチーク林を所有している必要があったが、現在はそのような基準はない。メンバーになる基準が緩和されたのは、森林組合がメンバーを増やすことにより、認証材をできるだけ多く生産しようとしたためである。

② 土地所有証書（sertifikat tanah milik）や税金支払証書（SPPT）、村長からの土地所有証書（SKK）、村役場からの土地証書（girik）といった、土地所有権を公的に証明できる証書を有していること。FSCの原則では、森林の所有・利用権が明確であることが、森林認証取得のための条件であるとされている。これらの証書がFSCの条件を満たすこととなる。

③ 入会金（1万2000ルピア＝約150円）、年会費（1万2000ルピア）および各住民が自らの裁量にもとづいて支払う資金である任意貯蓄を支払うこと[7]。これらの資金は森林組合による森林管理運営費として利用される。

森林組合のメンバーになったとしても、所有する森林が認証林に指定されるためには、森林組合が対象となるチーク林の毎木調査をおこない、森林地図を作成する必要がある。森林組合のメンバーは、認証取得前の2004年には194人であったが、メンバーの数は年々増加し、2008年7月の時点では21村で556人となった。各村の総人口に占める森林組合のメンバーの割合は、平均14.5％である。また、グループ認証の認証林の数は801カ所、609haあるので、各メンバーは平均4カ所、1.1haの認証林を所有していることになる。認証を取得したチーク林は、まだごく一部であるが、今後とも認証林の面積、数が増加する余地は十分にある。

b）認証材の生産

このような認証林を伐採するに際して、森林組合は直径30cm以上のチークのみを伐採対象とすること、年間の伐採量を設定することなど、認証林を持続的に管理するための規則を定めている。

写真2 トラックによる認証材の搬送（写真は森林組合提供）

伐採対象となるチーク林は、次のようなプロセスを経て決められる。
①森林組合が、各農民グループに農民グループ全体の年間伐採量と農民グループごとの伐採量を記載したリストを送付し、伐採についての伺いをする。
②各農民グループが会合を開催し、決められた伐採量に沿って、伐採希望者と伐採対象面積を明記したリストを作成し森林組合に送付する。
③森林組合は、各農民グループから送付されたリストをもとに、その年の伐採対象林を決定する。

　このようにして選定されたチーク林は、年間計画にもとづいて順次伐採される。伐採された認証材は、次のようなプロセスを経てジャワへと輸送される。伐採木は林内で角材に製材され道路の脇へと運び出され[8]、そこからは森林組合が用意したトラックで各農民グループの貯木場まで搬送される（写真2）。その後、木材を買いとる企業が用意したコンテナトラックを用いて港まで運ばれた後、島外へと搬送される。今までの伐採実績は、2005年には6村から339m^3、2006年には12村から606m^3、2007年には5村から769m^{3}であった。これらの木材は、ジャワにある家具メーカーなど6企業に販売された。森林組合はチーク林の伐採を管理しているだけではない。農民グループにとって貴重なチーク林を絶やさないために、伐採跡地にチークの苗を植えることも義務づけている。

森林認証導入による地域社会へのインパクト

　森林認証の導入は、地域社会にさまざまな良い影響をもたらした。そのなかでも、地域住民にとっての最大の恩恵は、認証材による経済効果であった。経済効果として2つ考えられる。まず、認証を取得することにより、木材搬送に要する費用負担が軽減されることである（表2）。認証材と認証を取得していない材（非認証材）の違いは、木材販売からの収入を得られる時期にある。非認証材では、木材伐採から搬送までの一連の作業を実施し、木材を実際に販売してはじめ

	林内での伐採	林内から貯木場1への搬送	貯木場1から貯木場2への搬送	貯木場2から港への搬送
認証材	所有者が100%負担 ただし森林組合が認証材販売価格の60%を事前に支払い	所有者が100%負担	所有者が50%負担 森林組合が50%負担	森林組合が100%負担
非認証材	所有者が100%負担	所有者が100%負担	所有者が100%負担 ただし、トラックは企業が準備	企業が100%負担

表2　認証材と非認証材の伐採や搬送にかかる費用

1）貯木場1は森林に隣接する道路脇の集材場所、貯木場2は森林組合（認証材の場合）もしくは、企業（非認証材の場合）を指す。
2）貯木場1から貯木場2への搬送ではトラック、貯木場2から港への搬送ではコンテナが使用される。

て現金収入が得られる。一方、認証材では、認証材販売によって得られる収入の60%の額があらかじめ森林組合から地域住民に支払われる。そのため、木材伐採・搬送に要する費用を事前に準備する必要がなく、住民の経済的負担が小さくなる。伐採後、道路の脇の貯木場から森林組合の貯木場まで木材を搬送するのに要する費用についても、両者の間で負担額が異なる。非認証材では地域住民が全額負担しなければならないのに対して、認証材では地域住民と森林組合とで折半する。このような認証材の搬送に要する費用の軽減が、認証導入の利点のひとつである。

　認証材によってもたらされるもうひとつの経済効果は、認証材の販売収入から任意貯蓄の額に応じて支払われる配当金である。森林組合の規則によると、毎年の木材販売による収益は、森林組合の管理者への報酬、森林組合のメンバーの福利厚生や教育のための資金、メンバーへの配当金、森林組合の貯蓄に配分される。メンバーへの配当金には、全体の30%があてられる。実際の配当金の額は、2005年が約970万ルピア、2006年が約3500万ルピア、2007年が約6000万ルピアであった。この配当金を各農民グループの各メンバーに配分すると、1人あたりの配当額は決して多いとはいえない。しかし、配当金制度による補足的な収入は、地域住民が自らの森林を積極的かつ持続的に管理しようというインセンティブを高めるのに役立っている。その他には、森林組合のメンバーに毎年1kg（約600本）のチークの苗が支給されること、森林組合の運営する、メンバーのための小規模融資（マイクロファイナンス）を受けられることがメンバーになるインセンティブとなっている。

　森林認証制度がもたらす経済効果は地域住民の生活を変えた。かつての人々は、より多くの現金収入を得るために、木材の伐採や搬送の日雇い労働者として違法

伐採活動に従事していた[9]。しかし、認証材の販売によって安定した収入が得られるようになってからは、わざわざ違法伐採に加担する必要はなくなった。さらに、自分たちで生産した認証材が国際市場で評価され、先進国の消費者に購入してもらえるという事実は、人々に自信と安心感をもたらした。認証制度の導入は、地域住民を違法伐採活動から解放し、人々が所有するチーク林を積極的に管理するきっかけを与えたのである。

4　中部ジャワにおける LEI の PHBML 認証

　インドネシア国内の森林認証制度である LEI にも地域住民による森林管理を対象とした PHBML 認証がある。PHBML 認証は、地元 NGO、学者、政府関係者などの協力のもと、中部ジャワと西カリマンタンでの実地検証を経て 2000 年に創設された村落単位で取得する森林認証である (Riva 2004)。認証を取得した村の私有地にあるすべての森林が認証林となり、特定の樹種に限定されてはいない。これらの森林を所有するすべての地域住民が認証林の管理者となる。この認証の普及により、森林生態系を保全しつつ、地域住民の生計を改善することが期待されている。

　インドネシアで PHBML 認証を取得した森林は 7 カ所ある（表 1 の 3～9）。これらのうち、6 カ所がジャワの私有林を対象としたものであり、1 カ所がカリマンタンの国有地にある先住民の慣習林を対象としたものである。ここでは、もっとも早く PHBML 認証を取得した中部ジャワ・ウォノギリ県の事例を紹介しよう。

PHBML 認証導入の歴史的背景

　東南スラウェシと同様、中部ジャワ・ウォノギリ県でも、1960 年代に国の植林計画の一環として地域住民の私有地にチークやマホガニーが植林された。この県にある 2 つの村の人々は、1970 年代から現在にいたるまで、植林されたチークなどの森林をむやみに伐採することなく、大切に管理してきた。地域住民の生業は、水田での稲作や畑での作物栽培であったが、この地域の土壌は石が多く、農業には適してはいなかった。そのため、農業以外の収入源を確保するために、木材生産による収入を期待し、森林を大切に管理した。これらの森林は不足しがちな水を安定的に供給する役割をも果たした。これらの村が所有する約 800ha の森林が認証林に指定されたのである。

PHBML認証の取得

　PHBML認証の取得に際しては、中部ジャワの地元NGOである社会経済研究・開発協会(PERSEPSI、以下、協会)が大きな役割を果たした[10]。協会は、LEI、ドイツ技術協力公社(GTZ)、世界自然保護基金(WWF)などからの技術的・財政的な支援を得て、この地域の2村が認証を取得するのに尽力した。

　地域住民が所有する私有林がPHBML認証を取得するためには、森林予備調査、村人へのプログラムの周知、森林管理組織の発足、村人へのさまざまなトレーニングの実施、森林分布の地図作成、森林の毎木調査、森林管理組織の評価、認定機関への書類提出など、多くの要件を満たす必要がある(LEI 2000)。

　そこで協会は、まず、村にある森林の毎木調査を実施した。それと同時に、これらの村の森林管理の実態を把握し、地域住民に森林認証の目的や意義について説明した。その結果、村人は、認証取得のために費用を負担する必要がないこと、認証取得によってより高い価格での木材販売が可能になること、認証取得が森林管理技術の向上をもたらすことを理解し、PHBML認証導入に合意した。

　認証取得にあたって協会は、森林管理のための住民組織を結成する必要があった。協会は、2村にあった既存の複数の農民グループ(KPS)に、森林管理の責任をもたせることにした。さらに、その農民グループをまとめる役割を担う、農民グループ評議員(FKPS)を各村で選定させた。このような農民グループの再構築は、地域住民の結束力を強めるきっかけにもなった。

　認証を取得するのに際し、地域住民の森林管理能力を向上させるために、各農民グループの代表者を対象に、森林分布の地図作成、森林管理、森林の毎木調査などのトレーニングが実施された。これらのトレーニングの後、2村の住民全員が参加して、森林の毎木調査や森林分布地図の作成がおこなわれた。こうして得られた情報は、協会によって、認証取得申請書の添付書類としてまとめられた。

　PHBML認証取得のための基準・指標をもとに、協会自身がこれらの村の森林管理状況を評価した後、認証取得のための申請書が第三者認証機関に提出・審査された。その結果、2004年10月に、これらの村の森林は認証を

写真3　LEIの森林認証証書

取得した[11]（写真3）。

PHBML認証取得後の状況

a）認証材生産のための組織結成

認証取得後、伐採された認証材を管理するために、認証材管理場（TPKS）が設立された。認証材管理場の役割は、認証林の伐採や値段を調整すること、生産された認証材の市場への供給を通じて農民グループと農民グループ評議員の活動をつなぐことである。認証材販売の窓口になるとともに、伐採対象木の直径を15cm以上に規制するなど、認証材の伐採規則を定めることも役割のひとつである。

認証材管理場の設立に際しては、農民グループからの代表者を招いて2日間にわたるトレーニングが実施された。そこでは、認証材管理場の目的、木材管理業務、CoC（Chain of Custody）認証の概念や認証材市場についての説明がなされた。CoC認証とは、製造・加工・流通における認証のことであり、現地で生産された認証材をあつかうために、各企業はCoC認証を取得する必要がある。

b）企業と地域住民の認証材に対する意識のずれ

認証材管理場が設立され、認証材を伐採・販売するための規則は整ったものの、この2村ではいまだに本格的な認証材の生産・販売にはいたっていない。それには2つの問題がある。ひとつは、認証材の生産能力の問題である。村の認証材の販売実績は、2005年1月にバリで開催されたユネスコのワークショップの記念品作成のために、ごくわずかが販売されただけである。認証材の販売実績が1例しかないのは、企業からの認証材の需要がないからではない。事実、協会には国内外のいくつかの企業から認証材購入について打診があった。これらの企業は、比較的大径木で、木目がない良質の認証材を定期的に購入することを希望していた。しかし、村には企業の要望に応えるだけの生産能力がなく、いずれの企業にも、認証材を販売することができなかったのである。

もうひとつは、認証材に対する地域住民の関心が低いという問題がある。認証材がより高い値段で取引されるにもかかわらず、企業からの認証材購入の要望があっても、彼らは安易に自らの森林を伐採し、認証材として販売しようとはしなかった。彼らには、木材を認証材として販売しなくても、トウモロコシ、キャッサバ、コメなどの一年生作物や、ニワトリ、ヤギなどの家畜の販売、都市で働く子供からの仕送りなど、日々暮らしていくのに必要な現金収入が十分にあり、木

材販売からの収入に必ずしも依存する必要がなかった。人々が木材を販売するのは、認証材を購入したいという企業の需要にこたえるためではなく、病気の治療や子供の教育費など、急遽現金が必要となった時であった。すなわち、人々にとって森林は、将来の予期せぬ出費に備えて残しておくものなのである。さらに、今までの経験から、水が不足しがちなこの地域で水を確保するためには、森林を伐採してしまうよりも、保護するほうが得策であるとも考えていた。

2005年9月に協会は、認証材の販売促進のために、世界自然保護基金から3800万ルピアの資金援助を受けて、地域住民の活動支援を目的としたマイクロファイナンスを実施しはじめた。その目的は、地域住民に野菜の仲買業や家畜の販売といった小規模ビジネス活動のための資金や緊急時の資金を融資することにより、彼らが現金を必要とした時に、森林を伐採し、非認証材として販売するのを阻止することにある。マイクロファイナンスでは、直径25cm以上の木材を担保として、木材評価価格の最大80％までの融資を受けることができる。現在、2村において、計4グループ、100人ほどの人々に対して融資がおこなわれている。

しかし、このマイクロファイナンスは必ずしもうまくいっているわけではない。資金総額が少ないため、実際に融資を受けられるのはごく一部の人だけである。返済の能力が十分にないまま、人々が融資を受けるという問題もある。マイクロファイナンスの融資は18カ月間である。金利は、最初の6カ月が1％、6カ月から12カ月までが1.5％、12カ月から18カ月までが2％で、さらに、6カ月ごとに融資総額の30％を返済しなければならない。融資を受ける人には、決められた期限内にこれだけの融資額をきちんと返済する能力がない場合も多い。

以上のように、企業による認証材の需要と地域住民による認証材の供給に関する意識には大きなずれがあり、地域住民が認証材として木材を販売しようという意識をもつためには、今後解決すべき課題も多い。

　c）CoC認証を取得している企業
FSCにはCoC認証を取得した企業が多数あるが、LEIのCoC認証を取得した企業はスマトラとジャワにある2社のみである。現在、スマトラにある企業は天然林からの認証材のみを対象としており、中部ジャワからでは木材搬送費がかさむこともあって、ウォノギリ県の2村からの認証材を受け入れる可能性は低い。一方、ジャワのジョグジャカルタ近郊には、2008年3月にCoC認証を取得した企業（PT. Jawa Furni）がある。この企業は、家具に使う認証材を村から買いとり、工場での加工から家具の製造まで、すべての工程を企業が所有する工場で実施し

写真4　LEIの認証材で作られた家具

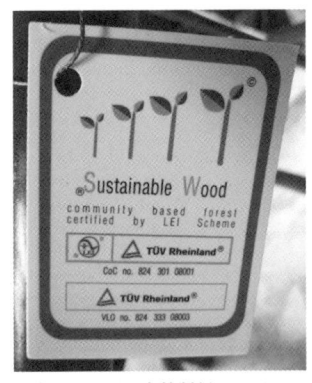

写真5　LEIの森林認証のロゴ

ている。完成した家具にはLEIのロゴが貼られ、欧州へと輸出される（写真4,5）。現時点でこの企業が扱う認証材は、より近い村で生産されているものである。そのほうが、木材搬送費が抑えられるため、企業にとっては採算にみあう商売ができるのである。ただ、将来的には、ウォノギリ県の2村のような遠い村からの認証材購入も検討しているという。

　協会は、これらの村の認証材を低コストで製造・加工できるように、近隣でCoC認証取得に関心のある企業を探している。候補としてあげられているのが、これらの村の近くに位置する、家具・ハンディクラフト協会に所属している企業である。今後、村で生産された認証材が国内外に広まるかどうかは、LEIのCoC認証を取得した企業が増加し、これらの企業が村からの認証材を受け入れるかにかかっているといえよう。

5　地域からの持続的な認証材供給に向けて

　LEIのPHBML認証とFSCのグループ認証が、人々の暮らしの向上に寄与しつづけることができるか、他地域でも活用できる汎用性のある制度かということは、ローカルな地域社会の発展だけではなく、グローバルな森林保全を実現するうえでも重要なことである。本節では、前節までで取りあげた2つの事例をもとに、これらの課題について検討してみたい。

認証材管理にかかわる制度の強化

　PHBML認証とFSCのグループ認証は、地域住民に快く受け入れられ、地域

社会にも効果的に適合した。これらの森林認証の導入が成功した共通要因としては、地域住民の私有林を対象としたために、土地所有権をめぐる問題が生じなかったこと、認証取得において人々に費用負担がなかったこと、認証林管理において既存の村落組織を有効に活用できたことがあげられる。

一方、PHBML認証とFSCのグループ認証では、地域社会の国際木材市場との関わりと地域住民の認証林管理に対する意識に違いがみられた。まず、認証材を国際木材市場に販売するための支援体制の違いについてみてみよう。PHBML認証では、農民グループを支えるのは地元NGOであり、このNGOが認証材の購入を希望する国内外の企業との交渉を一手に引き受けていた。一方、グループ認証では、国際NGOが、欧州における企業の認証材に対する需要を把握し、森林組合による森林認証の取得を技術的・財政的にも支援し、企業の認証材購入を円滑に進めた。両者の間には、認証材の流通や販売にかかわる組織力に大きな違いがあるのは明らかであろう。LEIはFSCに比べて国際的な認知度が低いという問題があるため、両者を単純に比較はできない。しかし、いずれの場合でも、認証材に対する消費者のニーズを的確に把握し、認証材を継続的に販売するためには、国際木材市場の動向に精通した、第三者組織の強力な支援が不可欠であろう。

地域住民の意識については、彼らの認証林管理に対する経済的インセンティブに関連している。2つの森林認証ともに、彼らの私有林が認証林に指定されたからといって、認証材として販売しなければならない義務はなく、認証材として販売するかどうかは、人々の認証材に対する意識次第であった。FSCのグループ認証では、認証材販売額を事前に支払う制度により、地域住民が認証材として木材を販売することが容易であった。また、配当金制度や、認証材の搬送費を軽減する制度、チークの苗を支給する制度により、地域住民が自らの私有林を認証材として販売することに経済的なメリットを感じられた。そのため、多くの人々が、積極的に自らの土地にチークの苗を植え、管理し、森林組合のメンバーになろうとした。選ばれたものだけが森林組合のメンバーになり、認証材からの恩恵を享受できるという制度によって、地域住民の認証林に対する意識は高まり、持続的に認証材を供給する基盤がつくられたのである。

一方、PHBML認証では、グループ認証にみられるような、認証林の管理体制は整っていなかった。村のすべての森林が認証林に指定されることによって、人々の私有林も認証林に指定されたものの、FSCのグループ認証の森林組合のような、認証林管理を組織的に支援し、認証材を定期的に購入してくれる団体が

あるわけでもなく、認証材管理場が企業からの認証材の需要に個別に対応しているだけであった。そのため、人々は認証材として販売するメリットを認識できず、今までと同じように、非認証材として市場で販売していた。村のすべての私有林が認証林になり、すべての村人が自動的に認証林管理者になるという制度は、人々の認証林への意識をかえって低めることになってしまった。今後、認証林を持続的に管理し、さらには、認証林を広範囲に拡大していくためには、FSCのグループ認証にみられるように、認証林管理に対する地域住民の意識を高める工夫が必要である。

地域からの認証制度がめざすもの

　認証林の管理は、ローカルな現場で実践されているわけだが、この森林管理は認証材の取引を通じてグローバルな市場とも直結している。言い方を変えれば、いくら良質な認証材が生産されたとしても、それを購入する消費者が認証材に魅力を感じなかったり、消費者の需要に見合うだけの生産がなかったりすれば認証材の存在意義がなくなってしまう。地域住民による森林管理を対象とした森林認証制度も例外ではない。

　認証材の需要に関して、潤沢な資金と人的資源をもとに、広大な面積の認証林を有する大規模な企業にいかに対抗していくかは、小規模な認証林管理をする地域社会がかかえている課題である。現在のところ、グループ認証やPHBML認証に指定された認証林の面積はそれほど大きくはない。しかし、これらの認証林の面積は毎年確実に増加している。グループ認証を支援している地元NGOは、東南スラウェシでの試みをインドネシア全土に拡げる予定である。PHBML認証を支援している地元NGOは、ジャワ全土に認証林を拡張する予定である。今後、これらの認証林面積が拡大するとともに、地域からの認証材の生産量も徐々に増加していくであろう。

　もっとも、筆者は認証材の生産規模を拡大しさえすればいいと主張しているわけではない。やみくもに認証林面積を拡大することは、認証林の質の低下をもたらす可能性もある。認証材の生産量を維持しつつ、森林を持続的に管理するという視点はつねに認識しておく必要がある。また、本章で取りあげた地域住民による森林管理を対象とした認証は、大量の認証材を生産する企業の認証林管理とは異なり、地域住民の暮らしの向上、地域住民の慣習的な土地所有権の明確化を実現させる役割も期待されている。事例であげたような、森林認証の取得を通じて村落内での人々の結びつきがより強固になること、人々が今まで実践してきた森

林管理に自信をもつこと、人々の暮らしが少しでも豊かになることは、地域住民を対象とした森林認証だからこそ実現できるのである。

また、本章ではくわしく述べなかったが、カリマンタンの事例のように、国有地内にある森林であっても、先住民が持続的に管理してきたことが評価されてPHBML認証を取得したということは、森林認証制度が、政府に認められるのが困難な森林管理にかかわる慣習的な権利を彼らが獲得する手段にもなりうることを示唆している。

違法伐採の解決策として、合法的で持続可能な木材である認証材への関心が今後ますます高まることは間違いない。森林認証にかかわる地域社会も、このような森林をめぐる国際的な動向とは無縁ではいられない。地域住民の森林管理を対象とした森林認証制度の導入によって、保全にも配慮しつつ森林を持続的に管理していること、地域の経済発展にも寄与する認証材を地域住民が生産していることを積極的にアピールし、より多くの消費者に地域からの認証材に関心をもってもらうことが必要である。

付記：本章は、(財) 地球環境戦略研究機関 (IGES)・第4期森林保全プロジェクト、および (財) 国際交流基金・地域研究フェローシップの助成金によって実施した研究成果の一部である。

注
(1) 森林認証制度の本来の目的に反し、現在、認証を取得している森林の多くは先進国に遍在しており、熱帯林や亜熱帯林のうち認証を取得した森林面積の割合はごくわずかである (Tacconi 2007)。
(2) インドネシア熱帯研究所は1989年10月に設立され、地域住民にかかわる環境プロジェクトを実施するとともに、持続可能な森林に関する書籍などを刊行している。
(3) FSCとLEIの基準や認証取得の審査過程については、立花ほか (2003) にくわしい。
(4) グループ認証では、小規模かつ非集約的な管理がなされた森林 (SLIMFs: Small and Low Intensity Managed Forests) であることが承認されれば、通常よりも少ない経費で監査を受けることができる。対象となるのは、生産林における年間木材生長量の20%以下の伐採量で、かつ年間木材生産量が5000m^3以下の森林、もしくは総面積が1000ha以下の森林である。
(5) 産業造林とは、政府による木材生産を拡大することを目的とした大規模植林事業のことである。

(6) 森林組合がグループ認証を取得するのに、熱帯林トラストは約1億3000万ルピアの資金を提供した。また、認証取得後も、認証林に値する管理がなされているかどうかの審査が毎年実施され、その結果をもとに、5年ごとに認証を継続するかどうかの評価が下される。毎年の審査に要する約2000万ルピアの予算の一部は、森林組合が熱帯林トラストから借りている。熱帯林トラストにとっては、認証材を独占的に購入できるというメリットがあるために、森林組合を財政的・技術的に継続して支援している。調査当時、1円＝約80ルピアであった。
(7) 任意貯蓄の額と森林組合の認証材の売上額に応じて、各メンバーに配当金が支払われる。
(8) 認証材は伐採後、角材に加工されるが、長さが13cm以下の角材は認証材としては販売されない。そのため、実際に家具メーカーに販売された材積は、伐採量よりも小さくなる。この地域の認証材の販売総額は、2005年には約3億9700万ルピア、2006年と2007年には10億3000万ルピアであった。
(9) 地域住民が違法伐採によって得られる収入は、1日あたり、20万ルピアから25万ルピアであった。人々は、このような賃労働に不定期に従事していた。
(10) 協会は1993年に設立されたNGOであり、地域住民の環境に対する認識を高めること、地域住民の経済、政治、文化的資源へのアクセスを増加させることなどを目的としている。
(11) 世界自然保護基金は、これらの村のPHBML認証取得のために約3200万ルピアの資金を提供した。この認証は15年間有効で、5年ごとに審査を受けなければならない。

参考文献

立花敏・根本昌彦・美濃羽靖 2003「森林認証制度の可能性――国際的森林認証の動向とインドネシア・マレーシアの試み」井上真編、(財) 地球環境戦略研究機関 (IGES) 監修『アジアにおける森林の消失と保全』272-291頁，中央法規出版.

Colchester, M., M. Sirait and B. Wijardjo. 2003. *The Application of FSC Principle No.2 and 3 in Indonesia: Obstacles and Possibilities.* Jakarta: WALHI and AMAN. <http://www.forestpeoples.org/documents/asia_pacific/indonesia_obstacles_and_possibilities_03_eng.pdf>2010年1月5日アクセス．

Down to Earth. 2001. *Certification in Indonesia: A Briefing.* <http://dte.gn.apc.org/Ccert.htm>2010年1月5日アクセス．

Elliott, C. 2000. *Forest Certification: A Policy Perspective.* Bogor: CIFOR.

LEI. 2000. *Pocket Book of Certification Procedure.* Bogor: LEI.

Muhtaman, D. and F. A. Prasetyo. 2006. "Forest Certification in Indonesia." In B. Cashore, F. Gale, E. Meidinger and D. Newsorn (eds.) *Confronting Sustainability: Forest Certification in Developing and Transitioning Countries*, 33-68. New Haven: Yale School of Forestry and Environmental Studies.

Nussabaum, R. 2002. *Group Certification for Forests: A Practical Guide*. Oxford: DFID.

Nussabaum, R. and M. Simula. 2005. *The Forest Certification Handbook*, 2nd edition. London and Sterling, VA: Earthscan.

Riva, W. F. 2004. "Sertifikasi PHBML: Sebuah Pengakuan Kelola Hutan Berbasis Masyarakat." *Jurnal Sertifikasi Ekolabel*, Edisi October 2004: 12-23.

Tacconi, L. 2007. "Verification and Certification of Forest Products and Illegal Logging in Indonesia." In L. Tacconi (eds.) *Illegal logging: Law Enforcement, Livelihoods and the Timber Trade*, 251-274. London and Sterling, VA: Earthscan.

第9章

インドネシアにおける環境造林と地域社会
――CDM植林をめぐって

増田和也

1 環境問題と造林

　本章は、木を植えて人工的に森をつくりだすということ、すなわち造林について検討する。とくに、造林の取り組みが、ある地域に暮らす人々による自主的な行為ではなく、外部からの主導で進められる場合に地域社会にどのような影響を及ぼすのかということを、インドネシアを事例にして考えてみたい。
　造林が本格的に取り組まれるようになるのは、19世紀以降のドイツにおいてである（ドヴェーズ 1973；ウェストビー 1990）。すでに16世紀には、イギリスやフランスなどのヨーロッパ諸国では深刻な森林荒廃を経験しはじめていた。木材は当初、大航海のための船の建材として、その後、製造業が盛んになると燃材として、また鉱山や鉄道網が拡大すると坑道の支柱や線路の枕木として用いられた。その一方で、農地や放牧地の拡大は森林の伐採を促進した。森林伐採の拡大は、たんに木材の不足を招いただけでなく、土壌浸食、洪水、沈泥などの自然環境の荒廃を引き起こしていた。
　このような状況のなかで森林を人工的に管理・経営することを目的に森林科学は生みだされ、とりわけ17世紀以降のドイツで発達した。当初の森林経営は天然更新に依存したものであったが、より集約的な生産の必要から、やがて人工造林がおこなわれるようになったのである。造林の目的は、木材の生産性を高めることに加え、森林荒廃による自然災害の防止も重要であった。そして、森林の機能として、大気浄化、沙漠化防止、二酸化炭素吸収、遺伝子源の保存といった点が指摘され、環境保全一般を目的とした造林は環境造林とよばれている。
　とくに近年、注目が高まっているのは、森林の炭素吸収源としての機能である。温室効果ガスの排出による温暖化は地球規模の環境問題として広く議論されるようになった。1997年の気候変動枠組条約（UNFCCC）第3回締約国会議（COP3）に

おいて採択された京都議定書では、地球温暖化防止に取り組むための基本事項や先進国の義務と責任が定められた。そして、それにもとづく温室効果ガスの排出抑制とその吸収に向けたメカニズム（京都メカニズム）のひとつとして導入されたのが、クリーン開発メカニズム (Clean Development Mechanism: CDM) である[1]。

CDMは、先進国や企業と途上国が共同で温室効果ガスの排出削減あるいは吸収のための事業を実施し、それにより生じた削減・吸収分の一部を先進国や企業のクレジットとして認め、削減目標達成に利用できるという仕組みである（井上 2004: 33）。CDM事業は、大きく2通りの方法に区分される。ひとつは、温室効果ガスの排出量を削減しようとするもので、産業や農業部門でエネルギー効率の向上や再生可能エネルギーの生産・利用といった案件が進められている（排出源分野）。もうひとつは森林分野での事業で、荒廃地への造林により二酸化炭素の吸収源としての森林の面積拡大をめざすものである（吸収源分野）。本章では、CDM事業としての造林をCDM植林と称する[2]。

CDM事業の実施に向けた詳細なルールは段階的に議論・交渉され、2001年のCOP7では開発途上国での新規植林と再植林（各定義については後述）が二酸化炭素の吸収源として認められた。日本では、林野庁がCDM植林事業を促進するために「CDM植林ヘルプデスク」を設置して、情報提供のほか、ガイドラインへの対応指針や支援ツールの作成、人材育成などに努めている[3]。一方、途上国側もCDM事業の受け入れにむけて動きだしており、インドネシアもそうした国のひとつである。インドネシアは、2000年における温室効果ガス総排出量がアメリカと中国に次いで世界第3位であり、とくに森林分野での二酸化炭素排出量は世界第1位である[4]。このため、インドネシアの森林破壊・減少による二酸化炭素排出問題への関心は国内外で高まっている。

このように、CDM植林は温室効果ガスの削減による温暖化防止という地球規模の公益を大義として、グローバルな基準と市場原理に従いながら、先進諸国の政府や企業といった外部者がホスト国（CDM事業を受け入れる国）に介入することによって実施される。しかし、広大な森林が広がるインドネシアでは森林に大きく依存しながら暮らしている人々が少なくない。それでは、CDM植林が展開された場合に、対象地周辺の地域社会はどのような影響を受けるのであろうか。

2　CDM植林の仕組みと問題点

植林対象地の選定条件

　インドネシアは2004年に京都議定書に批准し、CDM事業が導入される運びとなった（山田 2005）。CDMの事業化には、投資国（事業主体の属する国）とホスト国双方の承認が必要である。インドネシアでの実施を計画している案件は、林業省からの推薦とともに国内のCDM国家委員会に申請され、そこでの審査を経て、国連のCDM理事会に登録される。それでは、一連の手続きのなかで、どのような領域がCDM植林地として選定されていくのであろうか。

　まず、国際枠組の規定からみていこう。COP7で規定された定義（マラケシュ合意）によると、二酸化炭素の吸収源として認められるのは、新規植林（afforestation）と再植林（reforestation）である。前者は過去50年間以上裸地であったところへの植林であり、後者は1989年12月31日の段階で「森林」とみなされなかった土地への植林である。ここでの「森林」の定義はCOP9（ミラノ会議）で定められ、樹冠率・最低樹高・最低面積の各項目について一定の閾値から各ホスト国が決定することになっている。インドネシアにおける「森林」の定義は、樹冠率30％以上、樹高5m以上、面積0.25ha以上、の3条件をすべて満たしている空間を指す。しかし、インドネシアでは50年以上も過去の土地の状態を立証するのは困難であるうえに、1990年代に高まったといわれる違法伐採が原因の荒廃地はCDM植林の対象とはみなされない。このような問題をかかえながらも、たとえばインドネシア国内には、約4.7億haものCDM植林候補地があり、そのうちの1.73億haが優先的な事業対象地だという[5]（Murdiyarso et al. 2008）。

　このようなCDM植林適合地の面積はあくまで植生条件や人口分布などの統計データや衛星画像データに従って算出された数値であり、実際にCDM植林を進めるにはインドネシア政府の諸規定にも適合した土地を選出する必要がある。すでに林業省を中心にCDM植林の事業化に関する諸制度が整備されており、それらのなかではCDM造林を実施するための事前資格や条件が定められている。ここではとくにCDM事業をおこなうための土地選定についての項目をあげる。

　まず、森林もしくは土地の所有権や利用権が明確であることが条件となっている。現行の土地制度では、土地は一般地と林地に大分され、さらに一般地は国有地と私有地に、林地は国家林（Hutan Negara）と個人や団体の権利が確立している権利林（Hutan Hak）に分類される。この土地区分に応じて植林事業を実施するた

めに必要とされる許可申請は異なる。しかし、いずれにしても、事業対象地が土地権をめぐる争議が生じていない土地であること、そして、その土地の所有権が法的に有効であることが、地方自治体（県もしくは市）により証明される必要がある。

　こうした許認可のあとに、事業計画書は林業省を通じてCDM国家委員会に申請され、事業実施後のインパクトが経済・社会・環境の側面から審査される。CDM植林の実施には、事業実施前にその土地を利用していた者がそこから得ていた産物やサービスを、その者の意思に反して大きく損なわないという原則がある。審査では、案件がその原則に適合しているかどうかを利害関係者の意見もふまえて検討されるとともに、事業への地域住民参加や地域社会開発の仕組み、実施先で社会紛争が発生した場合の解決手段、事業による収益や使用権の分配方法、などの項目が評価される。

CDM植林の問題点

　2009年10月現在、国連のCDM理事会にて承認・登録されたCDM事業のうち、インドネシアにおける事業は30件ある[6]。しかし、いずれも排出源分野のもので、吸収源分野の事業は1件もない。吸収源分野のCDM事業は全世界でも8件にとどまり、総じて吸収源分野の取り組みは立ち遅れている。

　この理由として、次のような問題点が指摘されている（福島 2005: 11-12、清野 2008, 2009）。1) 森林の成長には長期間を要する。また、森林は伐採・消失・枯死により消滅すると二酸化炭素を排出するために、森林による二酸化炭素の吸収は非永続的である。こうした森林の特性に対応するために吸収源としてのクレジットには期限が設けられているうえに、その更新には費用がかかる点、2) CDM植林候補地の状況について公開されている既存データの量と質が限られており、CDM植林による二酸化炭素の吸収量を予測・評価することが困難である点、3) CDM植林事業が対象地域に与える社会的・経済的影響についての評価基準が不明瞭である点、4) 事業化に向けたルールが厳しいために、事業申請に必要な項目の検証や認証のために投入する費用が大きい点である[7]。

　現在のCDM植林では、炭素だけを評価対象としながら市場原理にもとづいて導入しようとするために、制度そのものが森林特有の性質にうまく対応できておらず、事業としての採算性が低いことが指摘され、問題点は事業評価に関する制度や技術の側面が中心となっている。しかし、実際のCDM植林は特定の地域を対象として実施されるものであり、事業の成否は地域住民とのかかわり方にかか

っている(福島 2005: 15; 加藤 2006: 28)。にもかかわらず、事業例が少ないことも関係しているのであろうか、CDM植林が実施される地域社会との関係性については具体的に議論されていないように思える。

　CDM植林は上記のような厳しい規定をふまえた通常のものと、規模に上限を設ける代わりに、手続きを簡単にした小規模なものに分かれる[8]。小規模CDM植林はホスト国が指定した低所得者層やNPO、NGOなどの非営利事業体が主体となり、一般企業は採算の点から産業造林(後述)をベースにした大規模面積での早生樹種植林事業を指向すると想定される。これまでインドネシアでは、商業伐採、プランテーション、産業造林、ダムや鉱山の開発、あるいは国立公園の制定、といった大規模な事業が森林地域において展開されるなかで、事業主体と地域社会との間で土地の権利をめぐるコンフリクトが頻発してきた。前述のように、CDM植林を展開するにはさまざまな手続きが必要とされる。そこでは対象地における土地の所有関係や地域住民の参加などの項目が審査され、植林後の社会的影響についての評価の実施など、地域社会への配慮が明確に示されているように思える。しかし、こうした手続きを進めるうえで前提となる土地区分や土地権の確定プロセスに問題はないのであろうか。つぎに、インドネシアにおける土地・森林制度について概説し、これまでの森林事業がなぜ地域社会との間に問題を生みだしてきたのかを述べる。

インドネシアにおける土地問題と慣習林の位置づけ

　インドネシアの統計によると、国土の7割あまりが森林とされている[9](Badan Pusat Statistik 2008)。しかし、こうした森林は無人地帯であるわけではなく、多くの地域では古くから人々が狩猟や採集、焼畑などにより暮らしの場として森林を利用してきた。そこは、地域社会が「自分たちの領域」という意識のもとに共同で利用・管理してきた空間であり、森林の利用をめぐる一定のルールが慣習として地域ごとに定められている場合が多い。ここでは、こうした森林を「慣習林」とよぶことにする。

　しかしながら、森林が資源として重要となると、政府、商人や企業などの外部者は国家レベルの法制度にもとづいて森林を囲いこんだり、地域住民による森林利用を制限したりとする。とくに1960年代なかばから30余年もの間に政権を維持したスハルト前大統領は、開発を国づくりの重要な柱として、周縁地域にまで開発事業をもたらしてきた。そこでは、中央主導の開発政策を円滑に進めるため、中央集権的な行政機構とともに近代的な土地制度が整えられた。

今日のインドネシアにおける土地制度は1960年土地基本法にもとづいているが、森林地帯については別の法律によって規定されている。まず、スハルト政権下に定められたのが、1967年林業法である。そこでは、特定の個人や集団による所有が不明確な土地については、国が国家林として管理することになった。また、いわゆる慣習林の権利は、国家や公共の利益に反しない限りにおいて認められるとされた。ここで公共の利益が何であるかというのは議論の分かれるところであるが、開発が国是とされるなかで、多くの場合は慣習林の権利よりも開発が優先された。こうして地域住民が慣習にもとづいて利用してきた森林は国家林として組みこまれ、そのほかの国家林とともに政府の土地利用計画にもとづき、政府は企業などの開発事業者に対して、森林伐採権（Hak Pengusahaan Hutan: HPH）や土地利用事業権（Hak Guna Usaha: HGU）を発行した。このような一方的な開発により、多くの地域では開発側と地域社会との間で土地の権利をめぐるコンフリクトが引き起こされてきたのであった。

　一方、1998年5月にスハルト政権が崩壊し、地方分権化・民主化の気運が高まると、1999年林業法が制定された。ここで注目された点として、慣習共同体による森林管理の権利が一定の範囲内で認められ、慣習林が法的に認知されたことがあげられる。ただし、その位置づけをめぐっては論理的矛盾が指摘されている。ヘダール（2004: 249）によると、1999年林業法において、慣習林は慣習共同体の領域内にある国家林である、と規定される（第1条第6項）。一方、国家林は土地権の存在しない土地にある、とされる（同第4項）。さらに、権利林は土地権の存在する土地、つまり、特定の個人や団体による権利が明確である土地である、とも規定されている（同第5項）。この3つの規定を総合すれば、慣習林は、慣習法にもとづいた権利をもっているにもかかわらず、特定の権利者が不在である国家林に類別され、慣習共同体の権利とは関係ない土地である、という矛盾した状態となる。また、1999年林業法以降に、慣習林を具体的に運用するための施行細則は出されていない（大田・御田 2008: 6）。つまり、新しい林業法においても慣習林はいまだ完全な権利として位置づけられていないのである。

　総じて、森に依存しながら暮らす人々は発言力が小さい。このために、いくらCDM植林のなかで地域社会に対する配慮があるとしても、いざ政府や事業主体といった外部者が地域住民の意思に反してCDM植林を実施しようとする場合、外部者と地域住民の間での不均衡な力関係を背景に、地域社会の権利が反古にされる可能性は否定できないのである。

　以上のように、一般に、森林事業をめぐる土地問題は、事業を進める外部者と

地域社会の間での二項対立構造でとらえられる。しかし、地域社会はけっして一枚岩ではなく、事業への賛否やその関わり方も一様ではない。つまり、慣習林の権利が外部者によって認知された場合でも、慣習林での事業化をめぐって地域社会内部で新たな問題が生みだされる可能性もある。これまで筆者は、スマトラ島リアウ州の村落社会を対象に人類学の見地から研究をおこなってきたが、そこでも大規模の森林事業は地域社会内部に大きな影響を与え、いくつかのレベルで土地権をめぐる争議は大きな問題となってきた。

　次節以降では、スマトラの一村落での事例を示しながら、森林事業をめぐって引き起こされてきた土地問題が単純な構造ではとらえきれないことを指摘したい。

2　慣習林をめぐる2つの問題——リアウの事例から

森林利用についての慣習

　ここでは、リアウ州のほぼ中央部に位置する一村落（プララワン県パンカラン・クラス郡B村、図1）の事例を取りあげる[10]。プララワン県一帯は、広大な低湿地帯と深い熱帯多雨林に覆われており、1980年代頃まで大規模な開発から取り残され、人口密度も低かった。こうした地域の内陸部で森に大きく依存しながら暮らしてきたマレー系の人々がプタランガン（Petalangan）である。2003年9月の時点で、B村の住民の約90％はプタランガンであった。B村の人々は、移動型の焼畑による稲作を主たる生業として、これにラタン・野生ゴム・ダマール（樹脂）・ハチミツといった林産物の採集、猟や漁などを補完的に組み合わせてきた。また、オランダ植民地下の1930年前後には、一部でパラゴムノキの栽培も導入され

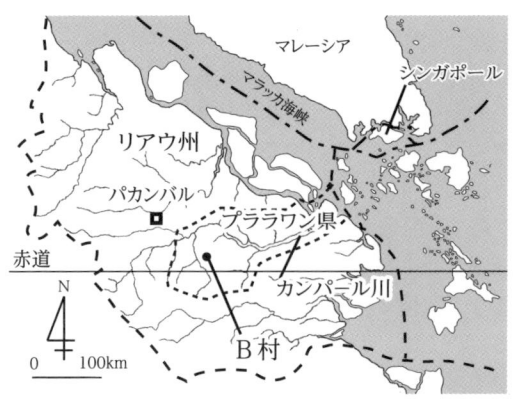

図1　調査地の位置

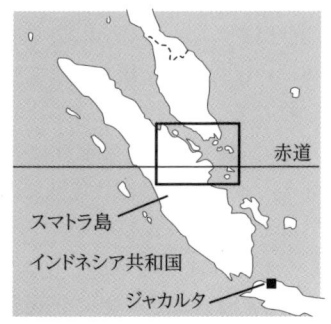

た。

　以下はテナス(Tenas 2000)をもとに、プタランガンの慣習について概説する。プタランガン社会は、母系出自原理にもとづいた氏族(suku)により構成される。そして、婚姻関係、相続、儀礼などは氏族を単位としておこなわれる。各氏族はバティン(batin)とよばれる首長によって統括される。ここでは、バティンとその補佐役などの慣習的地位にある者たちを慣習リーダーとよぶ。慣習リーダーはいずれも男性で、原則として母系原理に従い継承される。慣習が指し示すものは、地域社会における義務・権利・責任、エチケット、価値観、儀礼などの広い領域に及ぶ総体であり、森を利用する際のルールもこれに含まれる。慣習リーダーは、慣習にもとづきながら冠婚葬祭や儀礼などを執行するほか、もめごとの仲裁や外部社会との交渉などをとりおこなう。

写真1　シアランの木
ハチミツを採るために、幹には木の棒を籐で巻きつけたハシゴがかけられている。

　特定の氏族は、タナ・ウィラヤット(tanah wilayat)とよばれる自治領域をもち、これを広い意味での慣習林とみなすことができる。タナ・ウィラヤットは利用形態に応じて区分され、それぞれに利用慣行が規定されている。このうち、居住地や樹木園(おもに果樹やゴムなどを植栽)は特定の個人や親族の財産とみなされる。こうした土地は放置されていても、人の手によって植えられた有用樹が残るかぎり、それを植えた人物やその子孫が保有するものとされる。

　一方、氏族が保有する土地として明確に意識されているのが、禁止森(rimbo larangan)である。このなかに含まれるのが、シアラン(sialang)とよばれる大木(写真1)とそれを囲む森(rimbo kopungan sialang)である(以下、この2つを合わせて「シアランの森」と表記)。シアランとは、ミツバチが営巣する高木の総称であり[11]、聖なる存在とみなされている。シアランの木では、ジュアガン(juagan)とよばれる呪術師が儀礼を通じてハチミツ採集をおこなう。シアランの森では、採集・狩猟活動は認められるものの、焼畑のような大規模な森の伐開をともなう活動は禁じられている。

上記以外の土地は氏族が保有するものの、誰でも焼畑を拓いてよいとされる。通常、焼畑は1回から2回の耕作で放棄され、別の場所に移動される。休閑から2年間が経過すると、別の者がその土地をふたたび利用できるようになる[12]。原則では、バティンの許可なく焼畑の土地を住宅地や樹木園にしてはならない。このように、焼畑耕作では氏族の土地を一時的に借りることになり、集落地や樹木園のように永続的な保有権は生じない。つまり、焼畑の土地では耕作期間中に限って耕作者が一定領域を占有するものの、休閑から一定期間が過ぎると、ふたたび氏族の土地に戻るのである。このように、シアランの森や焼畑の土地が狭い意味での慣習林ととらえることができる。

森林事業の背景とプロセス
　B村の周辺で展開してきた森林事業は、アブラヤシ・プランテーション開発と産業造林事業である。
　アブラヤシ栽培の特徴は、大規模農園と搾油工場が一体となったプランテーション経営にある。アブラヤシの実は、収穫後24時間以内に処理しないと品質が低下するため、農園からほど近い距離に搾油工場が必要となる。また、工場が採算をとるには、最低3000haの農園が必要となる（鶴見 1996: 312）。そこで生みだされたのが、中核農園システム（Perkebunan Inti Rakyat: PIR）である。中核農園システムは、国営もしくは民間の農園企業が中核（Inti）となるプランテーションと搾油工場を持ち、その周囲にプラスマ（Plasma）とよばれる小農を配置するというものである。リアウでは1970年代後半より中核農園システムによるアブラヤシ・プランテーションが建設されるようになり、パンカラン・クラス郡では1987年に最初のアブラヤシ・プランテーションが操業を開始した（*Riau Pos,* 25 Jun. 1993）。
　一方、産業造林は、木材やパルプ材の産出など産業目的のための造林事業である。インドネシアでの産業造林は、焼畑や商業伐採により劣化した森林を緑化（penghijauan）および森林再生（reboisasi）することをめざすと同時に、成長した植林樹を原料として利用する「環境保全型」産業の展開を目的とし、1984年より政府の開発計画に組みこまれてきた（安部 2006; 横田・井上 1996; 横田 2003）。ただし、そこでの植林はもともとの植生の回復をめざしたものではなく、有用性の高い早生樹種を単一に植栽するモノカルチャーであることが特徴である。リアウには1980年代以降に2社の製紙工場が造られ、これはともにアジアでも最大級の生産規模を誇る。そして、これらの製紙産業を支えるパルプ材の供給源として、

州内に大規模な産業造林地が広げられてきたのである。

　こうした森林事業は、経済発展あるいは環境保全という面から国家や公共の利益に大きく寄与するという考えのもとで、政府によって進められてきた。当時の森林における所有や利用の権利を規定していたのは1967年林業法であった。すでに述べたように、いわゆる慣習林の権利は国家や公共の利益に反しない場合に認められるとされており、B村周辺の森林は経済発展と環境保全という大義のもとで国家林に組みこまれ、森林事業が展開されてきたのである。

開発側と地域住民の間でのコンフリクト

　B村の人々は、上述のような慣習に従って森林を利用してきた。村人からの聞き取りによると、彼らが利用してきた森林はある範囲に収まり、かつ利用目的によっておおよその傾向があった。焼畑は集落周辺の二次林を中心に拓かれ、商品用の林産物採集は遠方の原生林で泊まりこみながらなされた。しかし、こうした森林は国家によって一方的に接収され、1990年前後より森は切り拓かれた。現在のB村では2つのアブラヤシ・プランテーションが集落を挟むように広がっている。一方、これに続くかたちで1990年代前半から展開してきたのが産業造林である。これはアブラヤシ・プランテーションよりも時期を遅くして事業が始まったために、幹線道路から集落を抜けた先の奥地に広がっている。B村の奥に産業造林を展開するのはA社である。

　こうして、B村住民が焼畑に利用してきた土地はアブラヤシ・プランテーションに、林産物を採集してきた森は産業造林地として拓かれた。2000年の段階で、パンカラン・クラス郡におけるアブラヤシ・プランテーションは計10カ所7万6000ha、産業造林地は1万haであり、その総計は郡面積の49.9％にも達している（Panitia Persiapan Pembentukan Kabupaten Baru Cabang Kecamatan Pangkalan Kuras 1999）。

　森林が接収される際には、村人に多少の補償が支払われた。しかし、対象となったのはゴム園と耕作中の焼畑だけであった。補償が支払われないこともしばしばで、村人は、森林事業地と幹線道路を結ぶ道路を封鎖したり、プランテーションの事務所を取り囲んだり、プランテーションに火を放ったり、その拡大工事を阻止したりして、抗議をした。また、村人のなかには、A社の開発にともなって整備された道路を利用して奥地の森林地帯で木材伐採を始める者もいたが、彼らはA社用地内の木を盗伐したとして逮捕されることもあった。これに対して村人は、A社の用地を示す境界が不明瞭であることが原因であり、そもそもA社の土

地は村人が昔から利用してきた森である、という理由でA社の対応に不満を募らせ、道路封鎖をおこない抗議した (Riau Pos, 6 Jun. 1997)。これ以外にも、A社との間には深刻なコンフリクトが生じていた。それは、A社が産業造林事業を進めるなかでシアランの森を伐採していたからであった。

1998年5月にスハルト政権が崩壊し、国内各地で民主化を求める動きが活発になると、B村周辺でもアブラヤシ・プランテーションや産業造林企業に対する抗議はますます大きくなった。1990年代半ばには、プタランガンの慣習リーダーを中心として「プタランガン慣習協会 (Lembaga Adat Petalangan: LAP)」が発足しており、LAPは伐採された慣習林をめぐって政府や企業と協議を重ねた。その結果、パンカラン・クラス郡周辺で操業する計12社の企業は、慣習林を不当に開発したことを認めた (Riau Pos, 28 Jul. 1998ほか)。

そのなかでとくに問題が大きかったのはA社であった。A社は、造林地の造成に際して大量のシアランの森を伐採したとLAPに告発された。そして、シアラン伐採の被害現状を把握するために、LAP・政府役人・A社による調査チームが構成された (Riau Pos, 16 Sep. 1998)。その調査結果によると、A社によって伐採されたシアランの森は計22カ所 (総面積273.5ha)、そのうちミツバチが営巣していたシアランは計194本、ミツバチが未営巣のシアランは計915本であり[13]、LAPはその補償として総額67億3600万ルピア (約8000万円) をA社に請求した[14]。一方、A社は、補償問題が未解決のままであった2001年2月、A社がB村の住民による抗議行動を力づくで抑えこもうとする事件が発生し、事態はより深刻な事態に発展した (Kompas, 6 Feb. 2001)。

このように、政府や企業といった開発側と地域住民の間での力関係は明らかに対等ではなく、とくにスハルト政権下での地域住民の土地や資源に対する権利は弱く、政府や企業は一方的に開発を進めてきた。そして、両者の間に土地の権利をめぐるコンフリクトが生みだされてきたのである。

地域社会内部でのコンフリクト

それでは、慣習林の権利が認められれば、開発をめぐる土地問題は解決するのであろうか。ここで注目したいのは、こうした問題が大きく2つのレベルで展開するという構造である。第1のレベルは、上述の開発側／地域社会という対立構造である。一方、第2のものは地域社会内部における問題である。開発や市場の拡大とともに土地が商品価値をもつなかで、土地の権利をめぐる相克は地域社会内部でも生じつつある。

第9章 インドネシアにおける環境造林と地域社会　　199

　プタランガン社会において、外部者と地域社会をつなぐ窓口となり、地域社会内部の意見をとりまとめ、それにもとづいて開発側と交渉するのは慣習リーダーである。しかし、以下の事例が示すように、慣習リーダーは必ずしも地域社会の総意を代表する存在ではないことがわかる。

〈事例1〉
　1998年9月20日、隣の郡内でP氏族が中心となって、あるバティンに対する抗議行動が起きた。その4年前の1994年、P氏族が所有するシアランの森100haはプランテーション企業に売却され、伐採された。しかし、その売却金はそのまま不明になっており、その行方と分配についてバティンを問いただしたのであった。バティンは、P氏族が保有する100haの森の売却を認めた。そして、その売却金はまったく使うことなく銀行に預金してあること、現在、バティンの名を冠した財団を設立しようとしており、P氏族のための福祉や奨学金に使用するつもりであることを伝えた。(*Riau Pos*, 25 Sep. 1998)

　このように、シアランの森の売却金はバティンから氏族の一般成員に分配されていないばかりか、伐採後4年間もその使途が明らかにされていなかった。穿った見方をすれば、このバティンが売却金を独り占めしようとしたと受けとることもできる。このほかにも、一部の慣習リーダーはプランテーション企業や伐採業者から定期的に金銭を受けとり、村人が土地の売却に応じるようにうながす役を引き受けていると、村人のあいだで噂されている。また、ある村人は、慣習リーダーに任せているかぎり土地問題は埒が明かず、そのために村人はプランテーション企業に対して実力行使の抗議を起こした、というのである。
　リアウを代表する文化人であり、プタランガンの慣習復興にも深くかかわってきたテナス・エフェンディ（Tenas Effendy）は、2000年10月に州都パカンバルで開催された、プララワン県の土地問題に関するセミナーにおいて、次のように述べている。「本来、慣習林の売却は慣習の成員や親族の協議と合意を経てなされるものである。にもかかわらず、多くの場合、バティンひとりで土地の売却をおこない、これが土地問題を引き起こしている」(*Riau Pos*, 4 Oct. 2000)。つまり、同様のケースはこの他にもしばしば生じていることがうかがえる。
　また、慣習林の権利が氏族を単位としているために、当該氏族に属さない者が受益者から排除されるという事態もある。しかし、それは、氏族に応じて受益者が限定されるという単純な状況ではなく、地域の歴史的な背景も重なり複雑な事

態を招いている。

〈事例2〉
慣習によると、B村はモンティ・アジョとよばれるバティンのタナ・ウィラヤットに属し、モンティ・アジョはP氏族内で継承されてきた。しかし、1970年代にモンティ・アジョの継承が途切れていた。1984年に外部者の尽力により慣習を復興する動きが高まり、慣習リーダーを再任することになった[15]。しかし、P氏族は成員数が少なく、継承者として妥当な系譜にある者はまだ少年だった。そのため、新しいモンティ・アジョはP氏族ではなく、別の氏族（L氏族）から選出された。タナ・ウィラヤット内のシアランの森や禁止林はバティンの属する氏族のものとされる。2005年、B村とT村の境にある慣習林がアブラヤシ・プランテーションに売却されることになった。このとき、この慣習林は新しいモンティ・アジョの帰属するL氏族の保有とされ、L氏族の女性にその分配を受ける権利があるとされた。このとき、P氏族の人は「本当は、そこはP氏族の森だ」とこぼしていたものの、少数派であるP氏族から表だった不満は出されず、結局、慣習林はL氏族によって伐採された。

このように、P氏族は歴史的には慣習林の権利をもっていた。にもかかわらず、慣習リーダーの氏族が移行したことによって、その権利を失った。慣習林の売却による受益分配をめぐってP氏族の者から不満が出ていたものの、ここでは氏族間での力関係によって問題は抑えられてしまったのである。同様の問題は、移民との間でも生じている。

〈事例3〉
B村は、行政機構の再編によって、ひとつのタナ・ウィラヤットが3つの行政村（B村、K村、T村）に分割されるかたちで生まれた。このうちK村は、19世紀末に当時周辺地域を統治していたプララワン王国が役人をこの地に赴任させた際に、ともに移ってきた人々（沿岸ムラユ人）が、モンティ・アジョから土地を割譲してもらうことで誕生したという経緯をもつ（Tenas 1997: 60-61）。産業造林のA社は、K村領内のシアランの森をいくつも伐採していた。しかし、この問題をめぐる争議ののち、A社による補償はB村に暮らすモンティ・アジョが受け取り、K村に対してはその一部がわたっただけであった。
また、モンティ・アジョの娘婿がK村領内のシアランを販売を目的に伐採した

ことがある。そのとき、その娘婿はシアラン伐採の見返りとしてK村の元村長にバイク1台を贈り、B村内で饗宴を1回開いた。こうして、K村領内のシアランが伐採されたにもかかわらず、K村の一般住民にはシアランからの受益はまったく分配されなかった。

このように、モンティ・アジョの慣習領域内に暮らしながらも、当該氏族以外の村人やK村住民は慣習にもとづいた権利をもたないために、森林事業による一連の土地問題では、その補償の受益者からは除外されているのである。古くからインドネシアでは国内移民政策がおこなわれ、B村周辺でも森林事業にともなって多数の移民が流入している。しかし、こうした移民は慣習共同体の成員としては含まれないために、慣習にもとづいた権利はない。安部（2006）も指摘しているように、慣習林の権利が高まると、当該地域に新しく移ってきた者の土地への権利が脅かされ、今度は移民が新たな被害者となってしまう場合があるのである。

これらの事例で示されたように、地域社会はけっして一枚岩ではない。地域社会内部には、それぞれの地域に固有の歴史背景や複数の要因が重なったことで生みだされてきた状況があり、それがもとになって多様な立場の者たちが存在するが、それぞれの関係性も一様ではない。つまり、森林事業をめぐる土地問題では、第1に開発側と地域社会という構造でとらえられるが、地域社会の内部でもさまざまなかたちで問題が生じる可能性がある。このためCDM植林の実施をめぐっては、住民側の意思決定プロセスや住民参加のあり方などを地域ごとの状況に合わせて柔軟に、そして公正に検討する必要がある。

4　おわりに —— CDM植林がくるとき

これまで、森林事業によって地域社会にもたらされうる問題として、土地権をめぐるコンフリクトがさまざまなレベルで生じうることについて取りあげてきた。

これまでにもインドネシアでは、森林開発に加え、自然保護地域の制定や造林事業といった、本来は自然環境を保全するうえで好ましいとされる取り組みが、森林を暮らしの場としてきた人々を森林から追いだし、悲劇を招いてきた。上述のプタランガン社会における事例はアブラヤシ・プランテーションと産業造林によるものであり、CDM植林によるものではない。CDM植林の実施に先立つ審査では地域社会に配慮する項目が連なっており、その評価にはさまざまな利害関係者が参画することになっている。

しかし、現行の林業法においても慣習林の権利は十分に確立しているとはいえない。しかもCDM植林の事業主体は、インドネシア国内ではなく、海外の先進国からやってくる。そして、それは地球温暖化の抑制という地球規模の正当性を背景に、国連の理事会のお墨付きで地域の現場にもたらされる。そうした圧倒的に不均衡な力関係のなかで、かりに事業対象地の人々にマイナスなことがらが予想される場合、それは十分に考慮されるのであろうか。CDM植林においても、かつてアブラヤシ・プランテーションや産業造林の開発が進められてきたのと同じように、事業地の土地権をめぐる問題が起こらないとは断言できない。

一方、開発に由来する地域社会内部でのコンフリクトに示されたように、この問題を事業主体（国家、企業）／地域社会という二項対立の構造でとらえるだけでは不十分である。地域社会内部はけっして一枚岩であるとはいえず、新たな事業に対する賛否について意見が分かれる可能性もある。また、慣習林に対する権利が高まっても、それによってもたらされる利益が地域社会内部で均等に分配されるのかどうかは不明である。さらに、地域住民の側から外部者に対して意見が出されても、両者をつなぐ役が特定の人物だけに限定されていたり、合意形成のプロセスに透明性が確保されていなかったりすれば、それが地域社会を代表する意見であるという保証はない。こうした地域社会内の多様性や力関係についても配慮する必要があろう。

現行のCDM植林の規定は厳格であり、そのためにCDM植林の事業化はさほど進んでいないといわれる。2007年12月にインドネシア・バリで開催されたCOP13（バリ会議）に先だって、インドネシアの林業研究開発局（Badan Penelitian dan Pembangunan Kehutanan）局長は、インドネシアでは過去50年間の森林の転換についてのデータを提示するのが困難であるとして、CDM植林の条件の緩和を参加団体に要求したい旨のコメントをしている（*The Jakarta Post*, 18 Oct. 2007）。また、林業省大臣の最近のコメントからうかがう限りでは、CDM植林は基準の厳格さゆえに消極的に受けとめられており、むしろインドネシア政府の関心は、COP13で提案された「途上国における森林減少・劣化からの温室効果ガスの排出削減（Reducing Emission from Deforestation and Degradation: REDD）」に向けられているようである（*The Jakarta Post*, 28 May 2009, 29 May 2009）。

日本の林野庁は引きつづき海外でのCDM植林をサポートしており、インドネシアにおいてCDM植林のパイロット事業の適正地選定の調査を実施している（林野庁 2009）。CDM植林事業についての規定が今後見なおされれば、当事業の導入により、これまでの森林事業が引き起こしてきたのと同様の問題が生みださ

れる可能性は否定できない。CDM植林を含め、環境造林という名の下に森林地域の人々の暮らしが脅かされるような事業が繰りかえされないような配慮が必要である。

注

(1) このほかの京都メカニズムには排出権取引と共同実施がある。各内容については清野 (2009) などを参照のこと。
(2) ここでは「造林」と「植林」をほぼ同様の意味合いで用いる。厳密には、植林とは人工林造成の更新段階のみに当てはまる用語である一方、造林は天然更新による更新も含み、森林の更新から全生産過程を通じて育成管理をすることをさす (藤森 1996: 439)。CDMにもとづいた造林に関しては、CDM植林という用語が一般的になっているので、ここではこれを用いる。
(3) 林野庁CDM植林ヘルプデスク (http://www.rinya.maff.go.jp/seisaku/CDM/top.htm)。なお、京都メカニズム全般については環境省も情報提供をおこなっている。環境省京都メカニズム情報コーナー (http://www.env.go.jp/earth/ondanka/mechanism/index.html)。2009年12月5日アクセス。
(4) World Resource Institute The Climate Analysis Indicators Tool (CAIT), version 6.0 (http://cait.wri.org). 2009年12月5日アクセス。
(5) ムルディヤルソらは、植生条件に加え、人口密度、人間開発指数 (Human Development Index)、火災発生リスクを加味して、県・市レベルで候補地を選出している。
(6) 京都メカニズム情報プラットフォーム (updated 5 Oct. 2009) Clean Developement Mechanism (http://www.kyomecha.org/CDM.html)。2009年10月6日アクセス。
(7) インドネシア国内でCDM事業全般を実施するに際しての問題として、市原 (2008) は地方自治体の理解不足やプロジェクト実施に要する資金融資についての国内金融機関の認識不足を指摘している。
(8) 当初、小規模CDMとは炭素貯蓄量が年8kt以下の事業とされたが、COP13では年16kt以下と規模の上限が引き上げられた。
(9) ただし、森林とされる領域でも伐採はなされており、実際の森林被覆率はもっと低いと推定される。
(10) 本章のもととなった一次データは、2000年8月から2007年2月にかけて断続的におこなった現地調査で得られたものである。
(11) ここでのミツバチとは、オオミツバチ (Apis dorsata) のことで、木の枝下に板状の巣をつくる。
(12) ただし、焼畑としてふたたび森を拓く場合、通常は10年ほどの休閑をおいて、森

の木々の幹の太さが太腿ほどに生長してからおこなう。
(13) Keputusan Musyawarah Besar II Nomor：04/MUBES II-LAP/VII/1998. (1998/7/4)
(14) Tim Terpadu Tiga Kecamatan Lembaga Adat Petakangan Nomor：25/Tim-Lap/IX/2000.(2000/9/18), Lembaga Adat Petalangan: Nomor：56/LAP/XII/2000. (2000/12/9)

参考文献
安部竜一郎 2006「途上国の自然資源管理における正統性の競合――インドネシア・南スマトラの事例から」『環境社会学研究』12: 86-103.
ウェストビー, J 1990『森と人間の歴史』熊崎実訳, 築地書館.
市原純 2008「インドネシアにおけるCDMプロジェクト実施の現状と課題」『環境情報科学論文集』22: 85-90.
井上真 2004『コモンズの思想』岩波書店.
大田真彦・御田成顕 2008「インドネシアにおける慣習林(Hutan Adat)スキームの現状と課題」『日本熱帯生態学会ニューズレター』73: 6-10.
加藤剛 2006「インドネシアにけるCDM植林候補地を求めて」『熱帯林業』66: 21-28.
清野嘉之 2008『CDM植林の問題点と展望――研究者の立場から』『海外の森林と林業』71: 3-8.
――― 2009「京都メカニズムとCDM植林」(独)森林総合研究所編『森林大百科事典』604-605頁, 朝倉書店.
ドヴェーズ, M 1973 『森林の歴史』猪俣禮二訳, 白水社.
鶴見良行 1996「アブラヤシ生産の発展と移民労働者」鶴見良行・宮内泰介編『ヤシの実のアジア学』298-318頁, コモンズ.
福島崇 2005「吸収源CDMの枠組みと持続可能性の検討――諸アクターの利害関係に着目して」『熱帯林業』63: 10-16.
藤森隆郎 1996「造林」太田猛彦ほか編『森林の百科事典』439頁, 丸善.
ヘダール・ラウジュン 2004「独立国家の『植民地法』」島上宗子訳, 阿部昌樹ほか編『グローバル化時代の法と法律家』240-253頁, 日本評論社.
林野庁 2009「平成20年度 CDM植林総合推進対策事業(技術ガイドラインへの対応指針作成および人材育成)実施報告書」林野庁. <http://www.rinya.maff.go.jp/seisaku/cdm/20cdm.htm>
山田史子 2005「インドネシアの京都議定書とCDMをめぐる動き(第2報)」『NEDO海外レポート』956, 2005年6月1日.
横田康裕・井上真 1996「インドネシアにおける産業造林型移住事業――南スマトラに

おける事例調査を中心として」『東大農学部演習林報告』95: 209-246.
横田康裕 2003「地元住民からみた『森林破壊』——インドネシアの産業造林」桜井厚・好井裕明編『差別と環境問題の社会学』163-183頁，新曜社．

Badan Pusat Statistik. 2008. *Statistik Indonesia 2008*. Badan Pusat Statistik.
Murdiyarso, D., *et al*. 2008. "District–Scale Prioritization for A/R CDM Project Activities in Indonesia in Line with Sustainable Development Objectives." *Agriculture Ecosystems and Environment* 126(1-2): 59-66.
Panitia Persiapan Pembentukan Kabupaten Baru Cabang Kecamatan Pangkalan Kuras. 1999. *Kondisi dan Potensi Wilayah Kecamatan Pangkalan Kuras*. Sorek Satu: Panitia Persiapan Pembentukan Kabupaten Baru Kampar Bagian Hilir Cabang Kecamatan Pangkalan Kuras.
Team Advokasi Lembaga Adat Petalangan. 2001. *Buku Putih: Dosa-Dosa PT Arara Abadi Terhadap Masyarakat Adat Petalangan*. Pekanbaru: Lembaga Adat Petalangan.
Tenas, Effendy. 1997. *Bujang Tan Domang: Sastra Lisan Orang Petalangan*. Ecole Française d'Extreme-Orient, The Toyota Foundation, and Yayasan Bentang Budaya.
―――. 2000. *Hutan Tanah Wilayat: Masyarakat Petalangan*. Pekanbaru: Unpublished Manuscript.

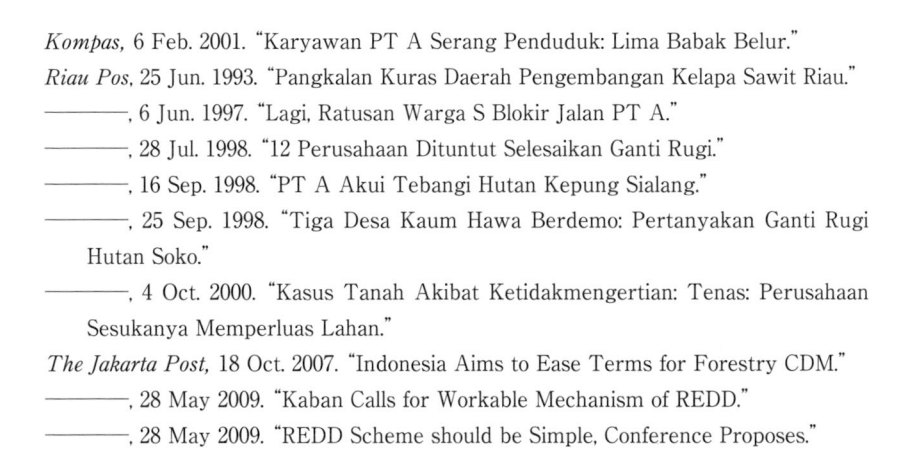

Kompas, 6 Feb. 2001. "Karyawan PT A Serang Penduduk: Lima Babak Belur."
Riau Pos, 25 Jun. 1993. "Pangkalan Kuras Daerah Pengembangan Kelapa Sawit Riau."
―――, 6 Jun. 1997. "Lagi, Ratusan Warga S Blokir Jalan PT A."
―――, 28 Jul. 1998. "12 Perusahaan Dituntut Selesaikan Ganti Rugi."
―――, 16 Sep. 1998. "PT A Akui Tebangi Hutan Kepung Sialang."
―――, 25 Sep. 1998. "Tiga Desa Kaum Hawa Berdemo: Pertanyakan Ganti Rugi Hutan Soko."
―――, 4 Oct. 2000. "Kasus Tanah Akibat Ketidakmengertian: Tenas: Perusahaan Sesukanya Memperluas Lahan."
The Jakarta Post, 18 Oct. 2007. "Indonesia Aims to Ease Terms for Forestry CDM."
―――, 28 May 2009. "Kaban Calls for Workable Mechanism of REDD."
―――, 28 May 2009. "REDD Scheme should be Simple, Conference Proposes."

第10章

REDD実施が村落に果たす役割と課題
——カンボジアの事例より

百村帝彦

1　奇妙な看板

　この写真の看板を見てほしい（写真1）。カンボジアの村落の道路沿いにぽつんと立っている。これは植物、いや森林が二酸化炭素を吸収して酸素を放出するという光合成の機能について説明したものだ。この周辺に住む人々は、自分たちの生活をとおして燃材などの木材や非木材森林産物（NTFP）などさまざまな森の幸が得られることは知っているだろうが、おそらく光合成の機能までは知らない。かといって、これは彼らの理科の知識向上のためのものでもなさそうである。看板には「森林があると、炭素が蓄えられ、利益・効果をもたらします」といったことが書かれている。つまり、光合成による炭素貯留の役割を促進するために森林を守っていくことが、自分たちの利益につながる、ということを言いたいわけである。

写真1　カンボジア・オッドーミエンチェイ州にあるREDDプロジェクト宣伝のための看板

　この看板にあるように、森林が二酸化炭素を吸収する機能が、世界の森林、とくに途上国の森林において大きな注目を集めている。この機能が地球温暖化を防止するために役立つというのだ。近年、地球温暖化による危機が現実のものになってきているといわれている。このため、温暖化の進行を遅らせるた

めの緩和策や、海水面上昇や気温の変化といった温暖化によって引き起こされる問題への適応策、そして低炭素社会の構築などさまざまな議論がなされている。そういった議論のなかで、森林に蓄積された二酸化炭素の排出を抑止しようという緩和策が、地球温暖化防止のために有効であるといわれはじめている。この仕組みは「途上国における森林減少・劣化からの温室効果ガスの排出削減（Reducing emissions from deforestation and forest degradation in developing countries: REDD）」とよばれ、国際条約での議論の下、そのルールを定めようとしている。

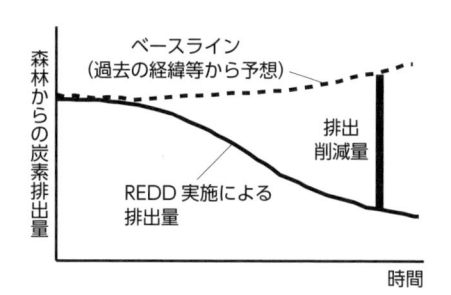

図1 REDDのシステム概説（出所：筆者作成）

REDDは途上国の森林政策に大きな影響を与えようとしている。森林管理をおこなうことで利益を得ることができるため、多くの途上国がREDDに関心をもちはじめた。現在、各国はREDD実施のための準備に取りかかりはじめている。制度設計・実施こそ中央政府によってなされるが、その導入による森林管理の影響をもっとも身近で受けるのは、森林近くに居住し、森林資源や森林そのものを利用し、そこからさまざまな恩恵を受けている地域住民である。

本章では、途上国の森林をとりまくこのREDDの動向について述べるとともに、カンボジアで実施されているREDDプロジェクトにおけるローカルレベルでの森林管理を概観し、REDDが途上国の森林管理においてどのような影響を与えるのかについて検討をする[1]。

2 REDD概略

REDDとは？

森林が減少・劣化すると、森林内の樹木が消失、また森林土壌が流出してしまい、これらのバイオマスに蓄積されていた二酸化炭素が地球上に放出されることで、温暖化が加速される。そこで炭素の排出を抑制するために、森林減少や森林劣化が起こらないよう森林利用制限や森林管理の強化などの対策を講じる。この活動で排出が抑制された森林の炭素量を算出してその対策にかかったコストを、当該国政府や森林利用者に対価として支払うことで、経済的なインセンティブを与えようというのがREDDの基本的な考え方である。

世界で発生している森林減少は、その多くが途上国、なかでも熱帯諸国において激しくなっており、ブラジルの310万ha／年、インドネシアの187万ha／年を筆頭に森林減少の上位10カ国はすべて熱帯の途上国である。それら10カ国の森林減少総面積は822万ha／年にも及ぶ（FAO 2006: 14-23）[2]。このように潜在的に森林減少抑止の効果が高い途上国においてREDDは適用される。REDDの事業対象は、森林の皆伐や農地転換など森林がすべてなくなる「森林減少」と、木材の択伐などで森林の質が低下する「森林劣化」の2つである[3]。

　近年、保護地域の森林管理や住民参加型森林管理といった森林管理事業に対する援助機関の資金が少なくなってきている（Khare et al. 2005: 247-254）。このような状況においてREDDは、途上国の森林管理に対して援助・資金を呼びこめる可能性があり、各国の森林政策決定者にとって、非常に魅力的なものになっている。

REDDの動向

　REDDが議論されるようになった背景について簡単に述べておく。REDDを含めた地球温暖化対策に関する国際的な合意は、気候変動枠組条約においておこなわれている。REDDが急速に国際社会で注目されたのは、2005年にパプアニューギニアとコスタリカが気候変動枠組条約の第11回締約国会議（COP11）に対して「森林減少の回避（Avoided Deforestation）」を検討するよう提案したことがきっかけである。2年後の2007年、インドネシア・バリでの第13回締約国会議（COP13）では、REDDが主要議題のひとつとして取りあげられた。そして「バリ行動計画」およびCOP13決議において、今後のREDD実施のための課題への政策的取り組みと積極的なインセンティブを考慮し、途上国の能力向上支援や実証活動等に取り組むこととされ、REDD実施に向けて大きく前進した。

　2008年12月のポーランドのポズナンでの第14回締約国会議（COP14）においても、先進国・途上国双方を含めた20カ国によるREDD推進に関する閣僚級共同声明が発表されるなど、途上国、先進国ともREDD実施に前向きになっている。REDDへの関心の高まりの背景として、途上国側はREDD実施にともなう新たな資金メカニズムが設定されることを期待している。一方、先進国側は、ポスト京都の枠組みに途上国を取りこむためのひとつの方策として考え、あるいはREDDによる排出削減炭素を炭素クレジットとして新たな市場の開拓を試みる思惑もある。REDDを実施するためには、参照排出レベルの設定、森林炭素計測方法、資金メカニズム、事業対象（森林減少・森林劣化・森林保全）や事業規模

（国レベル・準国レベル）といった事項についての国際的な合意が必要である。また、途上国の実施能力や政策や制度確立といった途上国の実施能力など多くののりこえなければならない課題がある。それにもかかわらず、先進国・途上国双方の政策決定者の思惑もあり、実施の方向で議論は進められている。

　REDDの目的は、温暖化抑止のための二酸化炭素排出削減であるが、同時に他の目的の達成も期待されている。森林保全活動をおこなうことによって、貴重な動植物が生息する保護地域の生物多様性の保全が実施され、森林周辺に居住する地域住民に対して村落開発をおこなうことで生計の確保や向上がはかられるのである（Brown et al. 2008）。つまりREDDを実施することで、森林の生物多様性の保全や住民の生計向上といった副次的利益（コベネフィット）も同時に達成できる。

　REDDでは、技術方法論の確立や制度設計などが必要であるが、現地で具体的な森林管理活動が新たにおこなわれるわけではなく、保護地域管理事業やコミュニティ林業事業など、既存の森林管理活動や、村落開発を通じて森林への依存度を減少させるような方策がとられると考えられる。

　REDD実施にあたっては、国際的な枠組みの合意を得たうえで各途上国がREDD戦略を策定する必要がある。気候変動枠組条約や関連会合においてさまざまな議論が続けられているものの、炭素クレジットを少しでも自国に有利なかたちで取りこみたいという各国の利害がぶつかりあい、次期約束期間の内容を取り決める2009年12月のコペンハーゲンでの第15回締約国会議（COP15）でも、実施に向けた国際的な合意は得られなかった。また各途上国の技術的能力や政策や制度の確立の課題もある。各国がREDD戦略を策定するには困難な状況にあり、正式な実施までにはまだ時間を要する様相である。

　このようななか、国際的な合意によらない自主的な枠組みでのREDD事業の試みが、援助機関、民間企業、政府などのプロジェクト事業を基盤として動きはじめている。アジアでも、インドネシアのアチェ州でREDDのパイロットプロジェクトが始まったところである。他の途上国でもREDDプロジェクトの設計・実施が進んでいる（Jonhs *et al.* 2009: 7-25; Wertz-Kanounnikoff and Kongphan-apirak 2009: 2-5）。

3 カンボジアにおけるREDDプロジェクト

　森林減少・劣化が激しいとされるカンボジアにおいても、この自主的な炭素取

引によるREDDパイロットプロジェクトが計画されている。このREDDプロジェクトは、同国のコミュニティ林業プログラムを基盤として実施される予定である。途上国全体をみてもREDDプロジェクトはまだわずかしかないうえ、コミュニティ林業をもとに展開したものは、存在していない。公式にはREDDが実現していない現状において、将来のREDDの可能性や課題を明らかにする観点からも、このカンボジアのREDDプロジェクトを検討することに意義がある。

オッドーミエンチェイ州の動向

　REDDプロジェクトの対象地であるオッドーミエンチェイ州は、カンボジアの北西部に位置しており、その一部がタイと国境を接している。同州の東部は、1979年のヘン・サムリン政権樹立以降もポルポト派の最後の拠点であり、西部は三派連合(ポルポト派、ソンサン派、シアヌーク派)とヘン・サムリン政権軍との激戦地であった。1991年のパリ和平会議以降もこの地域では内戦が続いていたが、ポルポト派の最後の司令官であったタ・モクが1998年に投降したことによって、現政権によって統治がおこなわれることとなった (Swift 2003: 8-9)。このようにオッドーミエンチェイ州は内戦の影響を最後まで色濃く受けていた地域であった。このため、この地域では長く居住していた住民が少なく、旧ポルポト政権軍、難民キャンプ出身者など内戦の影響で住み着いた事例が多くみられる。

　この州の住民への世帯調査の結果をみると、暫定的なものも含めて公式な農地の利用権を保持しているものは、わずか17%でしかなかった。一方、98%もの世帯が農地を利用している。公式に認められた農地を利用している世帯が、いかに少ないかということがわかる。また、この地域の問題として、食糧不足をあげる世帯が全体の74%にも及び、森林からの非木材森林産物による生計の確保など農作物以外の収入源が重要である (Foster 2005: 19-22)。

　内戦終結後、この地域では道路などのインフラ整備や経済土地コンセッション (ELC)[4]などの開発事業が促進されていった。開拓農地を求める他州からの移住者も多く、2000年以降に設立された村落も多く存在する (Swift 2003: 10-13)。このため、オッドーミエンチェイ州は「開発のフロンティア」ともいえる地域であり、2002年から2006年の5年間に6万1238haもの森林が減少しており、カンボジア国内でもっとも森林減少面積が大きい。

REDDプロジェクト概説

　REDDプロジェクトは、このオッドーミエンチェイ州で展開されているコミ

ュニティ林業を基盤として実施される。このREDDプロジェクトの目的は、コミュニティ林業における森林管理活動を通じて、森林面積を減少から増加に転じさせることである。その結果、森林からの二酸化炭素排出を抑止し、30年間に700万CO_2トンの排出が抑止できると推計されている (Forestry Administration *et al.* 2009: 44)。また同時に、プロジェクト対象地域の地域住民の生計を維持・向上させることも主要な目的のひとつである。プロジェクト対象地域は、オッドーミエンチェイ州 (面積66万3165ha) にある13のコミュニティ林業 (CF) サイトであり、58カ村の住民が事業に参加している。サイトの面積は6万7853haであるが、このうち6万390haが森林であり、サイトの89%が森林に覆われている (Forestry Administration *et al.* 2009: 8)。同州はカンボジア内でコミュニティ林業の面積がもっとも大きく、プロジェクト実施による効果がもっとも大きいといわれる。

　同プロジェクトはREDDプロジェクトを支援するアメリカのNGOであるCFI (Community Forestry International: 2009年から別のNGOであるPACT Cambodiaに業務移管) によって設計された。政府機関は、中央レベルでは農林水産省森林局が制度の整備や省庁間の調整をおこなっている。地方レベルでは、森林局の出先機関であるシエムリアップ森林管理局が総括している。下部組織の森林事務所とオッドーミエンチェイ州で活動する地元NGOであるCDA (Children Development Association) が活動の支援をおこない、地域住民の組織であるコミュニティ林業管理委員会 (CFMC) が主体となって森林管理をおこなう。また、アメリカのコンサルタント会社のテラ・グローバル社が、参照排出レベルの設定・森林炭素計測方法・追加性の確認といったプロジェクトの技術・方法論を担っている。同社は、プロジェクトによって削減された二酸化炭素クレジットを計測して炭素市場に流通させ、それを売買するブローカーの役割を果たしている。

　活動としては、①土地利用権の確定、②土地利用計画の策定、③森林保護活動、④天然更新と補植の促進、⑤改良かまどの設置、⑥家畜の蚊の予防を木材を燃やす方法から蚊帳利用へ転換すること、⑦農業の強化、⑧水資源の確保、⑨非木材森林産物による収入向上、⑩山火事防止が提案されている (Forestry Administration et al. 2009: 199)。これら活動に沿って、移民や企業などによって実施されてきた農地開拓などの農業活動や、地域住民の木材伐採や農業活動も規制されることとなる。活動資金は炭素クレジットの利益から充てられるが、政府とコンサルタント会社との取り決めでは、純利益の50%が地域住民に対する活動に分配される。地域住民への生計向上をめざす側面が大きいのである (Bradly 2009: 22-23)。

このプロジェクトでは、森林炭素の計測方法などの技術・方法論は、世界的に活用されている第三者機関による自主的排出削減の審査・認証制度のひとつである「自主的な炭素基準（Voluntary Carbon Standard: VCS）」によっている。その有効化審査を受け、二酸化炭素排出量の検証・認証を取得することで、精度を高めることをめざしている。またこのプロジェクトでは、「気候・地域社会・生物多様性プロジェクト設計基準（Climate, Community and Biodiversity Standards: CCB基準）」という別の自主的な排出削減の認証制度の取得もめざしている。CCB基準によって二酸化炭素の排出だけではなく、生物多様性や地域住民の生計についてもプロジェクトの影響を評価し、これらにプラスの要因をもたらすプロジェクトのみを承認することにしている。このようにしてコベネフィットの確保をめざしている[5]。

またこのREDDプロジェクトは、CFIによるコミュニティ林業支援事業に端を発している。1990年代以降、カンボジアではさまざまな援助機関によってコミュニティ林業が支援され、徐々に広がっていった。コミュニティ林業は地域住民が法的に土地や森林の権利を主張することができ、カンボジアで急速に広がった農地開発や森林伐採など開発事業に対抗できるツールとしても認識されていった。その後、政府もコミュニティ林業制度を認めるようになり、法制度の整備をおこなってきた。政府は、今日、コミュニティ林業をコミュニティ外部の者による森林破壊や地域住民による過度な森林利用を防ぎ、持続可能な森林管理をめざ

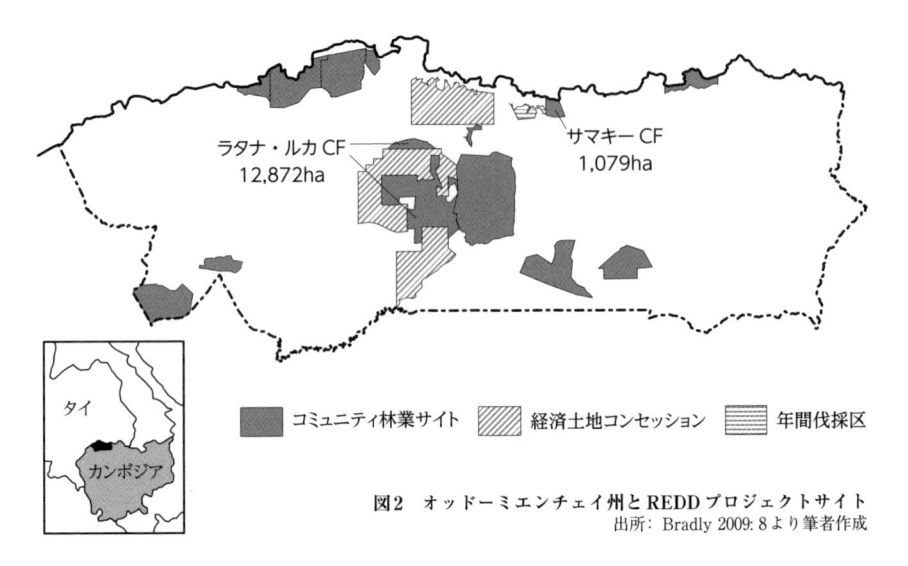

図2　オッドーミエンチェイ州とREDDプロジェクトサイト
出所：Bradly 2009: 8より筆者作成

すひとつの方策としてとらえている。

　コミュニティ林業は、その設置が承認されると、住民組織であるCFMCが15年間の森林管理の権利を得る（森林法第42条）。森林周辺に居住するCFMCのメンバーには、燃材など自家消費の木材利用や持続可能な範囲での非木材森林産物の採取など、慣習的な森林利用の権利を認められる（森林法第40条）。このREDDプロジェクトにおいても、コミュニティ林業の森林利用権が政府からCFMCに委ねられ、制度上は地域住民がイニシアティブをもった森林管理が可能となり、外部者による土地利用の介入を阻止することができる。

　カンボジア国内には、300以上のコミュニティ林業が存在するといわれているが、そのほとんどが将来的な候補地でしかない。法的に承認され、住民が森林利用権を得たものはわずかである。しかし森林局は、REDDプロジェクトのコミュニティ林業サイトについては、早期に承認を取得できるよう支援した。このため2009年5月に13サイト中9サイトが、さらに2サイトが追加承認され、合計11サイトが承認された。

　森林局も、カンボジアにおいてはじめて試みられたこのREDDプロジェクトの行く末に期待している。プロジェクト成功のため、州政府に支援を要請したり、コミュニティ林業サイト内に違法に駐留する軍関係者に対して退去するよう直々に要請したりするなど、積極的な側面支援をおこなっている。

プロジェクトサイトの現状

　現在、各コミュニティ林業サイトではプロジェクト実施のための準備が進められている段階である。本項では2つのサイトの現状について概説する。

　a）ラタナ・ルカ・コミュニティ林業サイト

　ラタナ・ルカ・コミュニティ林業サイトは1万haを超える森林面積をもち、カンボジアのREDDプロジェクトのなかでも、またカンボジア全土でも2番目に大きなサイトである。図を見て明らかなように、かなりいびつな形をしている。しかも北側の一部は分断されてしまっている（図2参照）。このような形になったのは、サイト周辺の土地が経済土地コンセッションとして企業によって囲いこまれたためである。

　ラタナ・ルカ・コミュニティ林業サイトは、2004年にバク・ヌン村とコウン・ドムライ村を中心とした周辺16村によって、地元NGOの支援のもとで設置され、州知事によってその領域が認められた。主要村落の多くは、元ポルポト派兵士を

写真2　ラタナ・ルカ・コミュニティ林業サイトと経済土地コンセッションサイト。この土地の元の植生は、後ろに見える（乾燥）フタバガキ科林である

写真3　コミュニティ林業サイトで見られる樹木の樹脂（レジン）の採取

含む内戦以降に定住した住民で構成されている。住民のおもな生業は天水田と焼畑耕作であるが、雨季の間、多くの世帯が食糧不足となると、樹木の樹脂を採取し、販売することで収入源を得るなど、非木材森林産物が住民の生計向上に大きく寄与していた。このように、村から比較的近い森林が主要な生計確保の場として利用されており、この森がコミュニティ林業サイトとなった。

　このサイトに大きな変化を起こす事態が訪れたのは、2007年のことであった。その年の3月頃、この地域一帯を旋回するヘリコプターの姿を住民たちは記憶している。その後、この周囲一帯が4つの企業によってサトウキビやバイオ燃料の原料となるナンヨウアブラギリの栽培予定地として経済土地コンセッションとなったという知らせを受けた。経済土地コンセッションの面積は約2.7万haにもおよび、大部分がコミュニティ林業サイトと重なっていた。この状況に危機感を募らせた地域住民の代表らは、NGOの支援を受けてプノンペンの農林水産省や森林局に、関連援助機関に対して現状を訴えた。これら住民側から訴えもあり、政府はコミュニティ林業サイトの1万2872haの土地を確保する決定をくだし、該当部分の経済土地コンセッションは解除されることとなった。囲い込みによって、すでに多くの森林を失っていたが、その7割ほどを取り返せたことは、大きな成果でもあった。

しかしながら、その後もコミュニティ林業サイトの森林減少への懸念は続いた。2007年暮れ以降も、100世帯を超える人々が他州から移住し、経済土地コンセッション周囲からサイト近辺にかけて開拓を始めている。彼らのなかには、農地を開拓してこの地で生計を立てることを考えている者もあれば、経済土地コンセッションに労働者として雇用されることを期待している者もある。このような状況が現在も続いている。

b）サマキー・コミュニティ林業サイト

サマキー・コミュニティ林業サイト（図2参照）もNGOの支援によって2003年に設置されたサイトのひとつである。4つの村から構成されているが、やはり元ポルポト軍の兵士家族などが多く含まれている。住民のおもな生業は、天水田や焼畑など農作物栽培である。しかし、土地なし世帯が2割もあり、また土地があってもコメなど十分な農産物が確保できない世帯も多いことから、非木材森林産物はこの地域に暮らす人々にとって重要なものであった。

この地域でのコミュニティ林業実施のきっかけは、森林から非木材森林産物や薪炭材の利用の権利を確実なものとし、貧困削減にも効果があると、地元NGOから聞かされたことであった。村の居住地周辺はほとんどが農地化されていたため、村から7kmほど離れたタイとの国境沿いの山の斜面の常緑樹林帯をコミュニティ林業サイトとして申請し、認可された。

しかし、このサイトにおいても、土地の囲い込みが起こることとなった。小規模な森林コンセッションに相当する年間伐採区（Annual Coupe）[6]が森林局の承認を得て設置されたのだ。このため、サイトの面積は約3500haから約1000haへと減少してしまった。

またサイト近隣の村の外部者からの阻害行為もある。サイトの南側には、移住者が居住しているが、彼らの一部によって農地開拓がおこなわれている。加えてコミュニティ林業に参加していない近隣村の住民による盗伐もあり、2007年と2008年にはそれぞれ4人が捕まっている。サイトの南東側には軍のキャンプがあるが、軍関係者によってもたびたびサイト内の木材が伐採された。

カンボジアのREDDプロジェクトの実効可能性と課題

カンボジアのREDDプロジェクトは、コミュニティ林業制度の下で実施されていることに加え、CCB基準の認証取得を予定するなど、体制としては地域住民の権利に配慮して実施されているといえる。これらの地域では、これまで経済

土地コンセッションや年間伐採区といった政府機関の許可を得た事業による森林の囲い込みや土地利用転換がおこなわれてきたが、コミュニティ林業が正式に承認されたことで、これら他の政府関連事業に対して法的に対抗できる制度が整ったといえる。

一方、対象サイトでの土地や森林利用の現状を鑑みると、その実効性に課題もある。対象サイトは、旧ポルポト政権軍の兵士、難民キャンプ出身者や他州などからの移住者など、その多くが比較的新しくこの地に定住した人々で構成されている。このため、慣習的な土地や森林の利用がなされていた例は非常に少ない。サイト設立も、援助機関主導による外部からの支援が中心であり、その実施基盤は必ずしも強固なものではない。

プロジェクトの主体となる地域住民サイドにも課題がある。カンボジアの制度では、村落のすべての住民が参加メンバーであるとは限らない。メンバーになるかどうかは任意であり、コミュニティ林業からの便益はいらないと考えた世帯はメンバーにならなくてもよい。ラタナ・ルカ・サイトの場合、対象16村に約3400世帯が住んでいるが、メンバーになっているのは約2000世帯（約6割）でしかない。非参加組の住民が自らの利益のため、違法な木材伐採や農地開発などに加担する可能性もある。

サマキー・サイトでは、軍が関与した違法伐採が散発的に起こっている。パトロールなどによって一定の成果はあがっているとはいえ、効果的に防ぐことができているとはいえない。プロジェクトではコミュニティ林業メンバーによるパトロールの強化で対応できるとしているが、今後これらの動きをいかに抑止していくかが課題となるであろう。

外部から流入しつづける移住民への対処も困難な課題である。上述のようにラタナ・ルカのサイト周辺は農業開発地が多くあり、新たな土地を求めて多くの住民が現在も移住しつづけている。このような流れを完全に拒絶することはかなり困難であろう。さらに彼らが農業開発を試みる投資家などのもとで働きはじめると、その対応がよりいっそう困難となる。

一方、森林局としては、このプロジェクトを将来のREDD事業の試行とみており、ぜひとも成功させたいと考えている。今後、コミュニティ林業を基盤としたREDDプロジェクトを他地域へ拡大することを考えており、カンボジア全土のコミュニティ林業サイトの面積を現在の30万haから200万haにまで増やすことも検討している[7]。今後、森林局と援助機関によるプロジェクト支援により、地域住民による主体的なコミュニティ林業管理が実現していく可能性はある。

またプロジェクト成功の鍵を握るのは、炭素クレジットの分配方法である。プロジェクトの設計段階において、自社に利益を誘導したいテラ・グローバル社、政府で資金を管理したい森林局、地域住民に利益を還元したい援助機関と、三者それぞれの立場から激しいせめぎあいがあった。その結果、森林局とテラ・グローバル社との間で合意がなされ、炭素利益の純利益の最低50％が地域住民に対する活動に充てられることになった。住民への利益分配が非常に多い取り決めとなったのである（Bradly 2009: 22-23）。利益配分内容は森林局によって決定・実施されることになるが、具体的な活動内容や地域住民への利益配分方法はまだ決まっていない。援助機関が想定している活動内容は、村落開発、マイクロファイナンスの構築、地元NGOへの支援、森林監視業務など、地域住民の生計向上に直接・間接的に寄与するものである。しかし、利益配分が確実に地域住民に関与する活動に使われるのか、またどのようなかたちで分配されるのかは、まだ不透明である。プロジェクトが実際に動きはじめた後の運用が注目される。

4　REDDが森林管理に果たす役割と課題

　これまで森林から提供される資源といえば木材や非木材森林産物であり、これらを利用することによって、政府、企業や地域住民は経済的な便益を受けてきた。しかしREDDでは、森林資源の保全自体によって利益を得ることができ、経済的な便益を受ける方法が大きく異なる。ここで紹介したカンボジアの事例も、コミュニティ林業の下で森林保全策を実施し、炭素クレジットから利益を得ることが主目的である。REDDでは、国全体の森林の炭素を計測することが想定されている。これまで政府の目の届かなかった遠隔地の森林も含まれることになり、政府にとっては国全土の森林資源を掌握できるまたとない機会である。
　筆者が数カ国の途上国の森林政策担当者からREDDについて話をきいて共通していることは、森林が新たな価値を生みだし、経済的な便益が得られることに非常に大きな魅力を感じていることである。このため、政府にとっての利益を生まずに、ただ森林減少・劣化を起こす行為は、抑えこまれることになる。それが地域住民の慣習的な森林利用であったとしても、排除の対象とみなされるであろう。本章の事例ではあまりみられなかったが、東南アジアの住民による慣習的な土地利用形態である焼畑などは、そのようにみなされるかもしれない。このような場合REDDでは、住民の「破壊的」な森林利用をやめさせるかわりに村落開発などの代替生計事業が導入される。これはひとつの方策であろうが、諸刃の剣で

もある。たしかに焼畑による森林減少・劣化は、検討されなければならない。しかし、ある程度の休閑期間をとり、森林を回復させたうえで利用している焼畑もある（竹田2008; 横山ら2008）。焼畑排除の考え方は、REDDを推進する側にとっては、森林の「保全」を促進することが利益になることであるから、正当化しやすい。しかし、焼畑が森林管理のうえで本当に問題なのか検証されなくてはならない。

　気候変動枠組条約におけるREDDの合意事項は、技術方法論の課題や資金メカニズムなど大枠についての合意のみである。各国のREDD戦略、その実施体制、利益配分方法や現地レベルでの森林管理は各国政府に任されることになる。途上国政府はREDD戦略を策定する準備を進めているが、すでにさまざまな利害関係者が自らの利益や目標を果たすため、激しいせめぎあいを始めている。援助機関は生物多様性保全や持続可能な森林管理をめざそうとし、炭素市場関係者は炭素利益を求めて参入を試みる。先進国にもそのような動きがある。たとえば、アメリカやオーストラリアなどはREDDを有力な排出削減枠ととらえており、さまざまなかたちで途上国の事業に参入しようとしている（百村 2009b）。はじめに述べたように、REDDの第1の目的はCO_2排出削減による炭素クレジットの獲得である。そのため、政治的に力のあるアクターが利益や資源を取りこもうとするなか、森林地域に居住している力をもたない地域住民の声が軽視されがちになる。地域住民にとって森林は、生計の確保や収入源獲得といった経済的な利益を享受する場であるだけではなく、食糧不足時などのセーフティネットであり、また慣習や宗教など文化的な意味で非常に重要な存在でもある（百村2002: 76-78）。

　REDD事業は今後、どのように実施されるのであろうか。その答えは、これから実施されるREDDプロジェクトの成果や、各国で策定されるREDD戦略の実施を待たなければならないであろう。森林の価値を検討する際には、経済的・生態学的な意義のみならず、社会・文化的な価値も含めた総合的な価値を検討する必要がある。そのうえでREDD事業が設計され、その実効性を監視するシステムが必要不可欠だ。

　本章ではREDDについて論じたが、近年議論されている森林をめぐる資金メカニズムはこれだけではない。森林を含めた生態系のサービスの経済的な評価を促進させようという動きが、進みはじめている（林2009）。このための新たな資金メカニズムは、生態系保全など森林管理のために資金が入るという点で一定の評価ができる。しかしそのことは同時に、森林を経済的な物差しで計測しようという動きでもある。森林をめぐる利害関係者として、生態系サービスに関心をもつ

市場関係者、先進国政府や援助機関が新たにかかわっていくことになり、森林をめぐる利害関係はこれまで以上に複雑な様相を呈することになる。今後、REDDを含めた生態系サービス保全のための制度の実施が、森林に暮らす人々から乖離することなく進められるように、注視していかなければならないであろう。

注
(1) 調査は、まずREDDやコミュニティ林業に関する文献レビューをおこなった。次に、森林に関する主要な利害関係者からの聞き取りと資料収集をおこなうとともに、コミュニティ林業サイトへの現地踏査をおこなった。聞き取りや資料収集をおこなったおもな機関や人々は、農林水産省森林局担当職員、地方林野行政であるシエムリアップ森林管理局担当職員、REDDプロジェクトを支援するアメリカのNGOであるCFI、オッドーミエンチェイ州にある地元NGOのCDA、そしてプロジェクト対象地となるオッドーミエンチェイ州のコミュニティ林業サイトの地域住民や僧侶などである。現地踏査と聞き取り調査を2008年11月に、また追加的な聞き取り調査は2009年2月と6月におこなった。
(2) ただし、すべての途上国で森林が減少しているわけではない。森林面積の増加の著しい国には、中国・ベトナムなども含まれている。これらの国では、動員型による大規模な造林事業が展開されたことによる。百村・関・ロペス (2010) 参照。
(3) REDDは、議論の過程においてその事業対象が広がりつつある。当初、2005年にパプアニューギニアとコスタリカがCOP11で提案したのは「森林減少」の回避のみであった。それが2007年のCOP13のバリ行動計画において「森林劣化」の抑制も正式な検討事項となり「REDD」となった。2009年のCOP15のコペンハーゲン合意においては、「森林保全」、「持続可能な森林管理」、「森林の炭素蓄積増加」を加えた「REDD-plus」を議論することで合意されている。
(4) 経済土地コンセッション (ELC) とは、農林水産省による承認を受け、産業的な大規模農業開発のために土地の使用権を与えるものである。森林は対象とされない、1企業による合計面積が1万haを超えてはならない、コンセッション承認後1年以内に事業に着手しなければならないなど規制があるが、実際には遵守されていない事例が多くみられる。
(5) CCB基準は、コンサベーション・インターナショナル (CI)、ザ・ネイチャーコンサーバンシー (TNC)、野生生物保護協会 (WCS) といった国際環境NGOだけではなく、インテル社、SCジョンソン社といった民間企業が参画して設計されたものであり (CCBA 2008: 50)、プロジェクト開発側だけではなく、投資家やオフセット購入側も参画して開発され、双方の意向が反映されている (百村 2009b)。

(6) 森林コンセッションによる木材伐採は、森林の過伐、違法伐採、汚職などさまざまな問題点が指摘され、2002年以降全面一時停止措置がとられている。しかし国内市場での小規模な木材流通を目的として、比較的小規模な年間伐採区は設定・実施されている。

(7) RECOFTC (12 May 2009 updated) "CF Agreement Signing Cambodia: Ty Sokhun Speech." RECOFTC (Regional Community Forestry Training Center). <http://recoftc.org/site/index.php?id=700 >

参考文献

竹田晋也 2008「非木材林産物と焼畑」横山智・落合雪野編『ラオス農山村地域研究』267-300頁, メコン.

林希一郎 2009「生物多様性と経済を取り巻く国際動向」林希一郎編『生物多様性・生態系と経済の基礎知識――わかりやすい生物多様性に関わる経済・ビジネスの新しい動き』11-33頁, 中央法規.

百村帝彦 2002「ラオス南部での森の利用――救荒植物と森にまつわる禁忌」『森林科学』36: 76-78.

―――― 2009a「カンボジアにおけるREDDパイロットプロジェクトにおけるコ・ベネフィットの実効性の検討」『環境情報科学論文集』23: 499-504.

―――― 2009b「生物多様性と温暖化――森林保全策としての森林認証とREDD」林希一郎編『生物多様性・生態系と経済の基礎知識――わかりやすい生物多様性に関わる経済・ビジネスの新しい動き』245-268頁, 中央法規.

百村帝彦・関良基・ロペス＝カセーロ・フェデリッコ 2010「アジアの発展途上国における造林事業の比較研究――地域住民の権利関係の観点より」『林業経済』62(11): 1-20.

横山智・落合雪野・広田勲・櫻井克年 2008「焼畑の生態価値」河野泰之編『論集東南アジアの生態史　第1巻』85-100頁, 弘文堂.

Bradly, Amanda. 2009. *Communities & Carbon: Establishing a Community Forestry-REDD Project in Cambodia*. Phnom Penh, Cambodia: Pact Cambodia.

Brown, D., F. Seymour and L. Peskett. 2008. "How Do We Achieve REDD Co-Benefits and Avoid doing harm?" In A. Angelsen (ed.) *Moving Ahead with REDD Issues, Options and Implications*. Bogor, 107-118. Bogor, Indonesia: CIFOR.

CCBA. 2008. *Climate, Community & Biodiversity Project Design Standards,* Second Edition. Arlington,VA: CCBA.

FAO. 2006. "Extent of Forest Resources." *Global Forest Resources Assessment 2005,*

11-36. Rome: FAO.

Forestry Administration of Cambodia, *et al.* 2009. *Project Design Document on Reduced Emissions from Deforestation and Forest Degradation in Oddar Meanchey Province, Cambodia: A Community Forestry Initiative for Carbon and Biodiversity Conservation and Poverty Reduction.* Phnom Penh, Cambodia.

Foster, Matthew. 2005. *Baseline Survey Results for the Provincial Development Strategies: Oddtar Meanchey Province.* Phnom Penh, Cambodia: CARE / MALTESER / ZOA.

Jonhs, T. and E. Johnson (eds.) 2009. *An Overview of Readiness for REDD: A Compilation of Readiness Activities Prepared on Behalf of the Forum on Readiness for REDD.* Falmouth, MA: The Woods Hole Research Center.

Khare, A., S. Scherr, A. Molnar and A. White. 2005. "Forest Finance, Development Cooperation and Future Options." *Review of European Community and International Environmental Law* 14 (3): 247-254.

Swift, Peter. 2003. *Oddar Meanchey Province Needs Assessment.* Phnom Penh, Cambodia : The European Commission's Humanitarian Aid Office (ECHO).

Wertz-Kanounnikoff, S. and M. Kongphan-apirak. 2009. *Emerging REDD+: A Preliminary Survey of Demonstration and Readiness Activities.* Bogor, Indenesia: CIFOR.

第11章

生物多様性条約の現状における問題点と可能性
―― ボルネオ島の狩猟採集民の生活・文化の現実から

小泉 都・服部志帆

1 生物多様性条約

はじめに

「生物多様性条約(Convention on Biological Diversity: CBD)」という名称は、自然保護ということしか連想させないかもしれない。しかしこの条約は、生物の保全だけをあつかうのではない。豊富な生物資源をもつ発展途上国や生物を利用している地域社会[1]の権利を尊重しようといった社会的な内容も含んでいる。もちろん、背景にはそれが生物の保全につながるという考え方がある。社会や経済の問題を考慮せずに生物多様性を保全することはできないといってもよい。自国で過去に開発を進めた先進国が途上国に保全を強要する、先進国企業が開発した農作物の品種には育成者権(知的財産権の一種)が認められるのに、開発に利用された在来品種にはそれが認められないといった状況は、倫理的にも問題があるうえ途上国や地域社会による生物多様性保全への意欲をそぐ(Swanson 1999)。生物多様性条約はそのような問題を解決しようとしている。ただし条約の地域社会に関する規定は、資源利用や社会システムに関する堅実な理論的基礎に欠く面もある。現在、条約の目的を達成するための道筋が国際社会で検討されているが、条約の実効性を高めるためには現実をふまえた議論が必要である。

ここでは、生物多様性条約(以下、条約とする)について地域社会に関係する部分を中心に検討する。熱帯雨林に暮らす狩猟採集民の生活や文化を例にとり、条約の枠組みにおいて議論を進めている国際社会の地域社会に対する理解や想定にまだ十分ではない点があることを指摘したい。問題の解決に向けての参考事例として、地域社会への理解と尊重をベースとした森林保全計画についてもふれる。

条約の成立まで

　条約の萌芽となるアイデアは1981年から国際自然保護連合（IUCN）において検討されはじめ、条約草案が作成された（McGraw 2002; McNeely 2004）。ここには、遺伝資源の国際的な取引から生じる利益の一部を途上国での保全活動を支援する国際基金にしようという提案が含まれており、遺伝資源の利用・利益配分・保全をリンクさせる考え方の先駆といえる。ただし現在の条約と異なり、遺伝資源はオープンアクセス、つまり研究や開発に供することは自由だとされていた。これは当時の国際社会の常識、遺伝資源は人類の共有財産だという認識を踏襲したものだった。

　国連環境計画（UNEP）が条約制定に向けてこれを引き継ぎ、1988年から専門家会合、1991年から政府間交渉委員会による検討がおこなわれた（McGraw 2002）。条約の交渉過程で途上国の主張が通り、各国は自国の天然資源に対する主権をもち遺伝資源へのアクセスを決定する権限をもつこと、途上国や遺伝資源提供国への遺伝資源利用に関する技術の移転を進めることなどが条文に盛りこまれた点は注目に値する[2]。

　条約は、1992年5月にケニアのナイロビでその条文が採択され、同年6月にブラジルのリオデジャネイロで開催された地球サミットにおいて署名のために開放され、翌年に所定の要件を満たして発効にいたった。2010年1月末現在、日本を含む192ヵ国および欧州共同体が加盟している[3]。

条約の内容と構造

　条約は3つの目的をかかげている。1）生物多様性[4]の保全、2）その構成要素の持続可能な利用、3）遺伝資源の利用から生じる利益の公正で衡平な配分である（第1条）。条約ではこれらを個別にではなく総合的に達成しようとしており、条約が取り組む個別課題それぞれにおいて、この3つの目的が組みこまれている。これは地域社会に関する課題についても当てはまる。先住民[5]社会や地域社会に関するもっとも重要な条項、第8条ｊ項を引用しておこう。

第8条　生息域内保全

　締約国は、可能な限り、かつ、適当な場合には、次のことをおこなう。
　（ｊ）自国の国内法令に従い、生物の多様性の保全および持続可能な利用に関連する伝統的な生活様式を有する原住民の社会および地域社会の知識、工夫および慣行を尊重し、保存しおよび維持すること、そのような知識、工夫および

慣行を有する者の承認及び参加を得てそれらのいっそう広い適用を促進すること並びにそれらの利用がもたらす利益の衡平な配分を奨励すること。

ところで、第8条j項の表現にみるように条文で定められているのは協力義務や努力目標にすぎず、締約国会議(COP)の決議[6]や議定書[7]によって、内容を具体化し拘束力を高めていかなければならない。締約国会議は条約の最高意思決定機関であり、現在2年ごとに開催されている。会議ではコンセンサス方式という、加盟国から異議がでなければ提案文書を採択して決議とする方法をとっている。これまでに締約国会議において、さまざまな課題についての作業計画やガイドラインが採択されてきた。義務規定ではないが、条約の内容を具体化するものといえる。

締約国会議に助言を与える補助機関や作業部会も設置されており、これらからの提案は締約国会議で検討される。このうち第8条j項及び関連規定に関する作業部会は、1998年第4回締約国会議で設置が決められ、2009年までに6回の会合を開いている。先住民の人々がメンバーとして参加しており、先住民自身が議論に参加するための仕組みでもある。第8条j項以外の課題に関する議論の場においても、先住民の参加が進められている。

条約の枠組みにおける議論の課題区分も紹介しておこう[8]。条約が取り組む問題は、7つのテーマ領域と18の横断的課題に整理されている。テーマ領域は生態系による区分で、本書に関連する「森林の生物多様性」もそのひとつだ。横断的課題はすべてのテーマ領域つまりすべての生態系にかかわる問題群である。ここには「伝統的知識、工夫および慣行——第8条j項」や、地域社会への利益配分との関連で問題になる「遺伝資源へのアクセスと利益配分」などが含まれている。締約国会議の決議の具体的内容については、議論の展開に応じて取りあげよう。

条約が果たしうる役割

生物多様性条約は義務規定が弱いが、これは環境に関する多国間条約によくみられる傾向である。厳しい義務規定に各国が合意し遵守できればよいが、厳しすぎると条約を批准しない国が増えてしまう(亀山 2003: 48-51)。締約国会議においても、コンセンサス方式をとっているため厳しい規定は採択されにくい。条約の目的達成のための理論や技術も確立しておらず、短期的に問題が解決される見込みは低い[9]。

地域社会の権利の尊重についても、第8条j項の「可能な限り、かつ、適当な

場合には」「自国の国内法令に従い」などの表現にみられるように、努力目標にとどまっている(10)。締約国会議の決議も同様だ。たとえば2004年第7回締約国会議で採択された「アグウェイ・グー・ガイドライン (Akwé: Kon Guidelines)」は、地域社会の文化、環境、社会に開発が及ぼす影響のアセスメントを奨励し、その手順や考慮すべき要素を示している。しかし、締約国は実施を義務づけられていない(田上 2006aも参照)。条約を締約する主体は国家であり、締約国会議でも国家の代表者たちによって決議が採択されるため、地域社会の利益が国家の利益を損なうと国家が判断した場合、地域社会の利益は優先されがたい。

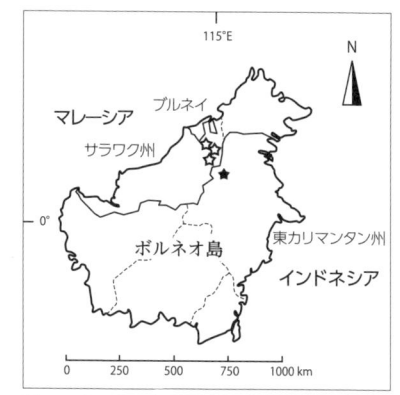

図1　ボルネオ島と本文で取りあげるプナンの居住地域のおよその位置(黒星はインドネシア側、白星はマレーシア側のもの)

　では生物多様性条約は地域社会の権利保護において無意味なのかというと、そうではない(11)。地域社会と国家の利益が対立しない場合には、条約の作業計画やガイドラインを参考に、政府が地域社会の権利や文化に配慮した政策を立て、事業を計画実施することができる。また、自然保護と地域社会の資源利用が両立するという認識を普及させた功績も大きい。地域社会の権利を尊重する立場をとる人々を増やしていくことは、地域社会の権利を拒否しようとする主体への圧力にもつながる。

　地域社会にかかわる人々の認識に訴えていく際に重要なのは、現実に即した理論や理解の枠組みを提供する努力である。問題となる地域社会と直接かかわらない人々の関心をひくためだけなら、キャッチコピーだけでも十分かもしれない。しかし問題に対処していく際に理想化された地域社会を想定していると、現実を不適切な基準で評価したり、大きすぎる現実との落差に挫折したりしかねない。そこで以下では、熱帯雨林の狩猟採集民を例にとり、条約が想定している状況と実際の地域社会の乖離や、条約が克服すべき問題について検討していく。生物多様性が高い地域において、それを身近に利用しながら暮らす地域社会の事例である。

2　地域社会の現実

ボルネオ熱帯雨林の狩猟採集民プナン

　ここに取りあげるのはボルネオ島のプナンという狩猟採集民だ[12]（図1）。プナンは熱帯雨林のなかで狩猟採集によりイノシシ、サル、ヤシの澱粉や若芽、各種果実などの食糧を得て暮らしてきた。現在ではほとんどの人々が、定住もしくは半定住して焼畑稲作など農業も営んでいる。そのため厳密には、狩猟採集から複合的な生業形態へ移行中の社会だといえる。村によって自然環境や社会環境が異なるが、開発による影響の少ない村の様子を紹介しよう。

　インドネシア、東カリマンタン州の山間に、ロング・ブラカという人口約160人のプナン[13]の小さな村がある。住民は1950年代半ばから1970年代にかけて定住を始めた人々だ。現在では、森林での狩猟採集を続けるかたわら（写真1）、焼畑で稲やキャッサバなどを育てている。近隣の農耕民にくらべると家や服装はいくぶん粗末だが、村にはボートやテレビもある[14]。インドネシア国民として選挙権もあり、選挙日には村に設置される投票所におもむく。とはいえ、直線距離で180 kmほどの河口の町より遠くへ行ったことのある人は数人しかいない。首都ジャカルタの様子をテレビで見ることはあっても、それがインドネシアの都市かどうかを知らない男性がいるなど、外部社会についての理解は限られている。

　そのようなプナンが森林に入ると、余人の敵わぬ能力を発揮する。谷筋や尾根筋の位置関係を把握することで、広い森林の中を迷わずに移動していく。地面に残る足跡、果実の齧り跡、低木を切りつけた跡などにつねに注意を払い、どのような動物や人間がいつごろそこを通ったのか判断する。動物たちがつけた跡や餌を食べる音などを頼りに狩猟動物を探しだす。あるいは吹矢の待ち伏せ猟なら、動物が来そうな場所の傍にそっと隠れて動物を待つ。それぞれの動物がどのよう

写真1　熱帯雨林の小川のほとりでヤシ澱粉の採集準備をするプナン女性（ロング・ブラカ、2004年撮影）

な餌を好むか、どのような群れで行動するか、どのような時にどのような声で鳴くかなどをよく観察している。

　30歳代後半ともなれば個人差はあるが、森林の中の大半の樹木を見分けられるようになる[15]。どの種類の植物がどんな環境でよく見られるのか観察しているのはもちろんのこと、特定の個体がどこに生えていたのかもよく覚えている。都市の人々にとって森林は、緑がいっぱいで心地のよい場所だったり、どこまでいっても似たような光景が続く退屈な場所、あるいは恐ろしい場所だったりするだろう。しかしプナンにとっては、その構成要素である地形や動植物をはっきり認識しているという意味で具体的であり、そこから必要なものを得るための知識をもっているという意味で勝手知ったる生活の場なのだ。

持続可能な利用

　さて、森林をよく知っているプナンは、条約が期待する保全や持続可能な利用に役立つ知識や慣習を持ち、それに従って行動しているのだろうか。森林利用が維持されてきた歴史をみれば持続的であったことは明らかだ。しかし、プナンの行動は持続的な利用に無頓着にみえることも多い。木に果実がなっていれば、熟すと自然に落ちてくる種類でないかぎり、通常は木に登り果実がついている枝を切り落とす。しかし登れないようなら、木を切り倒して果実を採集する。果物の木は森林にいくらでもある、とプナンは言う。食糧を貯蔵することもない。イノシシのように大きな獲物があれば、他の家族とも分けあい、好きな時に好きなだけ食べて楽しいひと時を過ごす（写真2）。なくなれば、また森林に狩猟に行く。持続性を意識しなくとも、森林の生産力に対して人口密度が非常に低かったため、結果的に破壊にいたらなかったのだと考えられる。

　では、プナンは森林資源を持続的に利用することに無自覚なのかというとそうではない。プナンも必要だと感じれば破壊的なことを極力避ける。お香の一種である沈香は、ジンチョウゲ科の沈香木という

写真2　狩猟で獲れたイノシシをさばくプナン男性。この後、集落の各世帯に肉が分配された（ロング・ブラカ、2007年撮影）

樹木から採集される。沈香木は菌に感染すると樹脂を分泌し、これが材に黒く沈着したものが沈香とよばれる。ボルネオの熱帯雨林では高価な林産物として沈香の採集が盛んで、プナンもこれを採集している[16]。まず幹を鉈で数カ所切りつけ、黒い部分があるか調べる。あまりないと、沈香が増えるのを期待しながら、そのままにしておく。いくらかあれば、黒い部分のみ切りとる。黒い部分がかなり広がっているときだけ、木を切り倒して沈香を切りとる（金沢 2009 も参照）。このため樹木個体はほとんど減らない。沈香が一時的に枯渇しても、数年後には残しておいた個体から沈香が採集できることも多い[17]。

　ところが現在、ボルネオで沈香木の減少が問題になっている。木材伐採に加え（金沢 2009）、地域外からやってくる沈香採集者がその大きな要因だと考えられる（Momberg *et al.* 1997）。外部の採集者は、ひとつの村に数週間滞在して沈香を採集し、また別の場所へ移動していく。プナンのような地域住民とは違い短期的な利益を追求するため、黒い部分があまりなくとも木を切り倒して採り残しのないようにする。ロング・ブラカ村の森林にも外部の採集者が何度か入っている。彼らの去ったあとの森林へ行けばその破壊的な切り方は一目瞭然で、ロング・ブラカの人たちも憤慨している。しかし、外部の採集者の入林を禁止はしない。森林にあるものはだれもが採ってよいという倫理観をプナンはもっており、それが禁止措置をためらわせているのかもしれない。

　もちろん、プナン自身が特定の生物種にダメージを与えることもある。利用方法は資源自体の性質と利用目的によって異なるため、沈香のように非破壊的な採集が可能だとは限らない。ただし需要の強弱によって、最終的な結果は変わってくる。自家用もしくは近隣の村々で売ってささやかな収入にするためのものなら、その資源をわざわざ遠くまで探しにいくことはなく、ダメージは狭い範囲にとどまる。また多くの場合、同じ目的に使える別の資源が存在する（百瀬 2005 も参照）。ロング・ブラカで販売用のラタン籠を作りすぎて材料のラタンの一種が村の周囲で少なくなったことがあった。このとき村人たちは、別種のラタンで違う型の籠を作って売るという対応をみせた。利用が別の種に移されることで、資源の極度な枯渇防止と利用が両立できたといえる。

　問題は、市場で特定の資源に強い需要がかかりつづけるような場合だ。ロング・ブラカの村人はだれも実物のサイを見たことがない。しかし、彼らの何世代か前のプナンは、農耕民に頼まれて角をとるためのサイ猟を手伝っていたという。これがどこまで信用できる話かはわからないが、ボルネオ各地でサイの地域絶滅が起こったのは事実である[18]。このような資源はワシントン条約（CITES）で国際

取引を管理したり、国内の法令によって狩猟採集等を制限したりするなどして保護する必要があるだろう。

ところで、地域社会における資源利用の持続性について、生物多様性条約はこれを評価するための指針や基準を明示していない。2004年第7回締約国会議で採択された「アジスアベバ原則およびガイドライン」はこれに関連はするが、現状の評価ではなく確実に持続的に資源を利用するための指針である。このため、政策、法律、制度の整備といったことが強調されている。当然ではあろうが、制度的な管理によらずとも持続的になっている状況についてはとくに言及していない。

先入観による判断を防ぐために、熱帯雨林の例を参考にしつつ、資源利用の持続可能性を評価する際に考慮すべき要素をまとめたい。まず利用を、利用量と利用方法の2つの要素に分けて考えてみよう。プナンの事例にみるように、利用量が十分少なければ問題はない。利用量は、人口や嗜好など地域社会の内的要因、および市場の存在や価格など外的要因に左右される。適切な利用方法は、利用量の効果を軽減する働きがある。これには、プナンの沈香採集方法のように持続的な利用を目的とするもの、別の目的の副産物であるもの、偶然おこなわれているものがありうる（井上 2001）[19]。また、プナンではみられなかったが、資源の利用権といった社会制度は、利用量と利用方法を規制する役割を果たしうる。

資源自体の性質も重要だ。資源の現存量、分布様式、再生様式と速度などの要素が考えられる。たとえば、成長が早く多産なイノシシと、一子ずつ出産するサイとでは、狩猟を受けたあとに集団が回復する過程は異なる。

持続可能性の評価が、対象とする空間的・時間的な範囲の設定に依存する点にも注意が必要だ。たとえば、多くの集落の半径約2 kmの範囲内である生物資源の枯渇が起こっているとしよう。このとき、それ以上外側へその資源の利用が広がらず、集落同士の距離も十分離れているなら、持続的な資源利用とはいえないまでもその生物種の存続には影響しない場合もある。しばらくある資源を使いつづけて枯渇してくると、探すコストがかかりすぎるので利用を停止する場合は、短期的には非持続的だが長期的には持続的だという見方もできる。

ある地域社会においてどのようなメカニズムで持続的な資源利用が実現されうるかは、地域の社会環境と自然環境によって異なる。その地域の環境に適さない基準を用いると、問題が生じているような錯覚に陥りかねない。したがって、地域社会の資源利用を評価する際は、先にあげたようなさまざまな要素を注意深く観察して判断すべきだ。もちろん社会環境や自然環境が急激に変化しているときには、地域社会で資源の枯渇が認識されているにもかかわらず、自力で問題を解

決できない場合もある。そのような場合には外部者の仲介が有益なこともあるだろう。

知的財産権、利益配分

　プナンは熱帯雨林の生物の使い方をよく知っており、熱帯雨林からの恩恵に浴して暮らしている。彼らの知識や彼らの土地に存在する生物を外部の者が利用したり、そこから利益を得たりした場合、プナンが規制をかけたり利益を得たりできる仕組みを整備することを条約は勧めている。当然のように聞こえるかもしれないが、これには難しい問題が絡んでくる。

　薬用植物を例にとろう。ロング・ブラカのプナンは、プナン語でクマニャという植物を痒みの治療に利用できると知っている。ドラウ、アティウという植物もそれぞれ下痢、痛みの治療用としてだれもが知っている。その知識の由来について村人に尋ねると、父や母に教わった、先祖から伝えられてきたといった答えが返ってくる[20]。クマニャは他の民族にはあまり知られていないようだが、ドラウにあたる植物は適用症状に違いはあるものの薬用植物として多くの民族に知られている。アティウにあたる植物にいたっては、インドネシアやマレーシアなど東南アジアにおいて、薬用植物として朝鮮人参に相当する知名度をもつ。

　ここで、地域社会の知識・遺伝資源へのアクセスや利用に際して、地域社会が主張しうる権利を2つに大別しておこう。まずひとつは負の影響を防ぐための権利だ。ある知識が外部者に知られることを拒否する権利や、ある知識や遺伝資源に由来する商品開発や特許を認めない権利などが考えられる。たとえば、宗教儀礼に利用される植物について、外部者に知られたくない、もしくは商品化されるのは精神的に耐えがたいと地域社会の人々が感じたときに、そのような権利が必要とされるだろう（名和2004も参照）。

　もうひとつは正の影響を保障するための権利だ。知識や遺伝資源へのアクセスやその利用に由来する利益配分を受ける権利が考えられる。とくに産業化によって金銭的な利益が生じたときに、その利益配分が大きな問題になるだろう。また、そもそも利益配分を求めるということは利用を前提としているため、アクセスや利用を制限しようとする立場と対立することもある。

　このような問題についての議論で、伝統的知識に対する知的財産権（知的所有権）がよく話題にのぼる。この権利を認めることは問題解決の可能性のひとつであり、現行制度を理解しておく必要がある。知的財産権のなかでも、産業にかかわる発明に与えられる特許に注目してみよう。世界貿易機関（WTO）の「知的所有権

の貿易関連の側面に関する協定（Agreement on Trade-Related Aspects of Intellectual Property Rights）」（以下 TRIPS 協定）は、加盟国が多く大きな影響力をもつ。TRIPS 協定によると、特許は新規性、進歩性、産業上の利用可能性のある[21]技術分野の発明にのみ与えられる。

例示したような世代間の共有知識、集団内の共有知識、民族を超えたいわば公共知識には新規性があるといえず、TRIPS 協定によると特許は認められない（名和 2002；田上 2006b）。たとえば、クマニャの葉のゆで汁を痒みの治療薬とする技術に対して、ロング・ブラカの村人が特許をとり、独占的にゆで汁を生産販売することは認められない。もちろん外部者がこの知識を「発見」して特許を申請しても認められない[22]。この知識をもとにクマニャに含まれる成分や薬効を明らかにし、薬用成分を効果的に抽出する方法または合成する方法を考案し、薬用クリームを作ることに成功したような場合にはじめて、特許が与えられる可能性が出てくる。

TRIPS 協定では、伝統的知識や遺伝資源へのアクセスや利用、特許申請に際して、地域社会に情報を提供し合意を得ることを義務づけていない。逆に、遺伝資源の保有国の国内法で伝統的知識の保護のためにこれを義務づけることを妨げるものでもない。すなわち、TRIPS 協定は地域社会の権利について強化も否定もしていない。

TRIPS 協定が各種の知的財産権の適用の基準・申請の手続き・保護の範囲などを規定しているのに対して、生物多様性条約は知的財産権自体を規定するものではない。条約は遺伝資源や伝統的知識へのアクセスと利用におけるルールを決めることで、資源保有国や地域社会の権利を守り、これらへの利益配分を確保しようとしている。とくに、遺伝資源へのアクセスは各国政府が決定の権限をもつとするとする第15条[23]を受けて、途上国では遺伝資源や伝統的知識を守る国内法を制定しつつある。しかし、条約が影響力のある国際的制度を構築するにはいたっていない。アクセスと利益配分に関する作業部会で国際的制度の内容が交渉されているが、最終的なかたちはいまだ不透明だ。

これに関連して「ボン・ガイドライン（Bonn Guidelines）」が、2002年第6回締約国会議ですでに採択されている。しかし法的拘束力がないため、国際的制度の創出にはつながらなかった。ただし、ガイドラインの勧める内容自体は参考になる。地域社会の権利にかかわる規定については、以下のようなものがある。遺伝資源や伝統的知識へのアクセスには、国内の法令に従って地域社会から事前の情報にもとづく同意を得るべきである。利用の取り決めにおいて、地域社会の倫理観へ

の配慮や慣習的利用の継続への保障を合意条件に含めてもよい。利益配分は合意にもとづいて、地域社会を含むすべての関係者の間で公正かつ衡平になされるべきである。また知的財産権に関して、以下のように提案している。締約国は、知的財産権の申請にあたり遺伝資源の原産国や伝統的知識の出所を開示するよう奨励する措置をとるべきである。貢献度に応じた知的財産権の共同所有の可能性を利用の合意条件に含めてもよい。

　ここで、国家と地域社会の権利の関係も考えておこう。遺伝資源の利用に関する現在の対立構造は国家単位でみると、豊富な遺伝資源を有するが産業化関連の技術の面で立ち遅れている途上国と、高度な技術により途上国の遺伝資源を利用して開発した商品から利益をあげている先進国の利益の取り合いといえる。途上国にとっては地域社会の権利保護が、自国遺伝資源に由来する先進国の無制限な研究開発や利益の独占を防止するひとつの根拠となっている。しかし、途上国の研究機関や企業が今後技術力を高めていった場合、資源保有国内において企業と地域社会の対立が生じる可能性もある (Smeltzer 2008 も参照)。国際的制度の交渉すら難航している現状ではあるが、地域社会の権利を保護する国内法や制度が未整備な国に対しては、整備をうながす必要がある。

　ここまで論じてきたような地域社会の権利を尊重する法律や制度を整備すれば問題が解決するかというと、まだ伝統的知識の存在様式に落とし穴が残っている。ロング・ブラカからドラウを採集して研究開発に供する際に同意を得るべき範囲は、この村のプナンだけなのか、ドラウを利用している他の村のプナンや他の民族も含むのか。どこまでをドラウやその利用知識に関係がある地域社会とするのか線引きが難しく、どの範囲で地域社会と合意を結べばよいのか判断しがたい。伝統的知識を利用した国際的な新薬開発事業において、関係する大学、企業、地域社会が合意にもとづき、地域社会への金銭的・非金銭的利益配分を約束した実例もあるが、開始後にこれに参加していなかった地域団体が反対運動を始め、事業は失敗に終わったという (Berlin and Berlin 2004)。

　また利害関係者とされる地域社会の範囲が広くなるほど、同じ案件について産業化や特許を認めない意見とこれを認めて利益配分を求める意見が対立する、利益配分の方法について意見がまとまらないなどの問題が起こりやすくなるだろう。利益配分に関しては、産業化がときに巨大な利益を生むことが問題をさらにこじれさせる。確率の高いほどほどの成功を想定するのか、まれに生じる大成功を想定するのかで意見は大きく変わりうる。

　国際的制度の構築だけではなく、地域社会における意見の対立を調停し合意を

促す組織が必要になるだろう（Berlin and Berlin 2004 も参照）。この役割を担いうる既存の組織が存在する場合はよいが、新たに設置するとなると、費用の負担、中立的な立場の確保、地域社会への影響力の確保などさらなる問題が出現する。地域レベルにおける課題の議論抜きには、地域社会の権利尊重は単なる理想にとどまってしまう。

写真3　ロング・ブラカの小学校の1,2年生クラス。前日に支給された新しい制服が嬉しいのか、たくさんの子どもたちがやってきた。しかし、この年、小学校は数日しか開かなかった（ロング・ブラカ、2004年撮影）

プロセスへの参加

　前項で焦点となった地域社会との合意は、条約のさまざまな課題において推奨されている地域社会の参加のひとつのかたちだ。この参加の問題についても考えてみよう。

　ロング・ブラカのプナンは、今から50年から30年ほど前に定住しはじめた人々だ。遊動していた頃から学校に通うことも不可能ではなかったが、それは森林で生活する親と離れて農耕民の村で生活することを意味し、だれもがとりえた選択肢ではなかった。このため中年以上の世代では読み書きができない人も多い。現在は自分たちの村に小学校があり、教育は無償で受けられるが、小学校は不定期にしか開かれない（写真3）。派遣されてくる教師たちは、村の生活に馴染めず村を留守にしがちだ。農繁期には、親たちは子どもを集落に残すより焼畑に連れていくことを選ぶため、村から子どもがいなくなる。また子どもが嫌がるなら、親は無理に学校へ行かせようとはしない。小学校を卒業する子どもは現在でも少数派で、定住後に生まれた若い世代でも読み書きに不自由する人は多い。数字の取り扱いにも不慣れな人が多く、国内外の地理についてもごく限られた知識しかもっていない。

　外部社会との交渉はあるが、周りの農耕民がおもな相手だ。それでも、プナンの行動や論理は農耕民のそれとかけ離れているので、よく理解されず非難されることも多い。たとえばプナンは、食料がなくて困ったときに近くの家にバナナが

なっていると、持ち主に断りなくそれを採ってしまう。森林で採集活動をするときと同様で、お腹が空いているのになっている果実を採らないほうがおかしい、というわけだ[24]。しかしそのような狩猟採集民的な理屈は、農耕民にはとうてい受け入れられない。

　社会としてのまとまりの問題もある。狩猟採集民社会は、集団構成員の流動性が高く、強力なリーダーをもたない傾向がある（Woodburn 1982）。プナン社会もこの例にもれない。森林を遊動していた頃は、基本的には世帯ごとに行きたい場所へ移動していったという。現在でもたとえば、インドネシアの行政システムに従って選出された村長が村の共同作業に参加するよう知らせても、気が向かない村人はこれを無視してしまう。農耕民社会では、何か問題がもちあがった時、たいていは村長の裁定に従う。しかしプナン社会では、村長が裁定を下したとしても、それで納得するのは村長と親密な数家族の範囲を出ない。どの個人の判断も村全体を統率することはなく、村の代表者というものが事実上存在しない。

　条約は、地域社会の参加を進めるために、地域社会の能力開発を支援することを勧めている。しかし、十分な能力開発は短期間では達成できない。私たちが学校で勉強してきたことや、進学や就職で新しい社会に所属しはじめた時のことを思い出してほしい。数時間あるいは数日のセミナーで、プナンの個人に十分な交渉能力を伝授したり、プナン社会を外部との交渉に有利な状態に変化させたりするのはほぼ不可能だろう。ただ、これまで取りあげてきたロング・ブラカは幸いにも、外部社会との関係において深刻な問題はかかえていない。つまり、集団としての高い交渉能力が要求される状況に立たされていない。

　しかし、マレーシアのサラワク州には、実際に問題に巻きこまれている別のプナンも存在する。いくつか例をあげよう。村の領域で自分たちは合意していない商業伐採を受けているプナンの村々がある。その地域のある村のリーダーたちは、伐採会社との会合があっても出席しないという。字が読めないので、会合に参加するとだまされて合意文書にサインをさせられるかもしれないと危惧している。また、商業伐採に加え、農耕民との土地問題をかかえている場所もある。この地域のプナンは数家族ごとのごく小さい集団に分かれて暮らしているが、土地に対する権利を主張するために、大きな集団にまとまる必要を感じている。しかし、その拠点をどこにおきリーダーを誰にするかなど具体的な話は、それぞれがそれぞれの思惑をもつばかりで進まない。

　現状において、「能力開発」や「相互の合意」が、すんなりとかつ地域社会の権利を尊重する方向で達成できるかはおぼつかない。地域社会の人々が正確に状況を

把握するすべをもたないことを逆手にとって、形式的に手順をふみ、地域社会と「合意」したとして開発を進めるようなことも起こりうる。中立な立場を確保された第三者機関が、地域社会の参加の健全さを確認する必要があるだろう。

地域社会で理解される言語を利用したり、参加の機会を確保したりすることは重要な要件だが、これだけでは地域社会の十分な参加につながらない可能性がある。ボン・ガイドラインで言及されているが、地域社会が仲介者の支援を受けることは有益だろう。ただし、仲介者には地域社会をよく理解し交渉にも長けた人物が望まれるが、そのような人物がいつもみつかるとは限らない。アグウェイ・グー・ガイドラインが勧めるように、外部者が地域社会への理解を深めていくことも必要だ。能力開発は、地域社会が外部社会を理解するためだけではなく、その逆に外部社会が地域社会を理解するためにおこなわれてもよいのだ。

プナンの例は少し極端かもしれないが、地域社会の参加には多かれ少なかれ教育程度、文化的な論理、集団内での合意形成などの問題が絡んでくる。国際社会の論理によって世界が動くべきだと考えず、地域社会の事情を理解しようとする姿勢が本当の意味での地域社会の参加を引きだす鍵だろう。

3　生物‐文化多様性の尊重に向けて

生活の場を保障する重要性

生物多様性条約の目的を達成するには、持続可能な資源利用を保障する資源管理方法、地域社会への利益配分を保障する制度、地域社会の参加をうながす能力開発などが重要だと考えられている。しかし、プナンの人たちにとってはどれも馴染みのない話だろう。説明すれば理解されるだろうが、実施にはすでに述べたとおり困難も多く効果は未知数だ。これは他の地域社会についても当てはまるだろう。挑戦には大きな意義があるが、成功するのは一部に限られるかもしれない。地域社会にとって新しい概念や制度を導入することで問題解決をはかるだけでなく、ごく普通の生活を尊重するという方向性も考えられてよいのではないか。

開発の影響をあまり受けていない村としてくわしく紹介したインドネシアのロング・ブラカは、長野県とほぼ同じ面積をもつカヤン・ムンタラン国立公園の中に位置する。1980年にこの地域は自然保護区に指定され、当時は規則としては狩猟採集など生活のための活動が禁じられていた。しかし、世界自然保護基金（WWF）の主導で、生物多様性と同時に地域社会の文化や森林資源利用について多くの調査がおこなわれ（Sorensen and Morris 1997など）、地域社会の権利と文化

を尊重しようという機運が高まっていった (Topp and Eghenter 2006)。その結果、1996年に国立公園に指定され、2002年には国と地域社会による共同管理を林業省によって認可されたインドネシアではじめての保全地域となった (Eghenter 2008)。地域社会による森林利用が焼畑も含めて認められており、また利用があっても豊かな自然も保たれている[25]。

　しかし前節でふれたように、マレーシアには生活の場を奪われてきたプナンも存在する。集落の目の前まで商業伐採を受けてきたプナンのある村では、村人は狩猟に出ることがほとんどなく獣肉を食べる機会もあまりない。村の周りから狩猟対象となる動物が消えてしまったからだ。伐採で森林が劣化して食糧となる植物や動物が減ったために、遊動生活をあきらめて定住、焼畑を始めたプナンの集落もある。しかし、近隣の農耕民もその土地に対する権利を主張しており、どこまで自由に焼畑を続けられるかは不透明だ。別のグループは、遊動域がマレーシアの国立公園に指定され、政府が用意した村に定住するようになった。政府から手厚い援助を受け観光関連産業からの収入もあり、負の影響だけを受けてきたわけではない。しかし、国立公園内では木1本切ってはならないのに、その外側では大規模な商業伐採が続いてきたことに疑問を感じている。果物の季節には森林の果物の木の近くでキャンプをしながら暮らす家族も多く、森林への親近感が今でも強いことをうかがわせる。

　狩猟採集民としての出自をもつ人々が全員、狩猟採集によって暮らしていきたいと思っているわけではない。都市で生活することを望み、実際にそうしている人たちもいる。森林に頼らない生活に変化することが問題なのではない。彼ら自身の意思に関係なく、外部の圧力によって地域社会のそれまでの日常生活が不便になり、他の方法による生活を余儀なくされることが問題なのだ。重要なのは、これまでどおり森林のそばで暮らしたいという人々の選択を尊重することだ。

生物-文化多様性の尊重

　地域社会の知識は、生物多様性の保全や持続可能な利用に役立つから価値があるとよく説明される。しかしこれは、自然至上主義にすぎるだろう。地域社会の普通の生活と文化の保障こそ、生物多様性の保全の大きな意義であるという認識が必要だ。従来地域社会の人々を排除してきた自然保護区で、近年生活のための活動が認められつつある。自然保護活動家や行政官の地域社会への態度が軟化したという話も聞く。住民と利害関係が一致しうる人たちの意識が変わってきたということだ。森林に頼って暮らす人々も、森林保護にかかわる人々も、森林が大

切だということに変わりはない。

　条約の内容はこういった変化に貢献していると考えられる。その代表格は、「エコシステムアプローチ」だろう。これは条約における資源管理の原則を示す概念的指針であり（米田 2005）、2000年第5回締約国会議で採択された。生態系についての知識の不完全さや生態系の流動性を認め状況に応じて変化させていく管理（順応的管理: adaptive management）、保護と非保護の二分法ではない状況に応じた柔軟な対処などを求めている。さらに、地域社会を重要な利害関係者としてその権利と利益を認識するべきこと、文化と生物の多様性の両者を中心的要素として考慮すること、文化的な多様性をもつ人間を多くの生態系において必要な構成要素であるととらえることなどを明記している。

　条約のテーマ領域「森林生物多様性」における拡大作業計画（香坂 2008参照）や横断的課題「保護地域」における作業計画など、森林地域や保護地域に関係する決議においても、地域社会の権利の尊重が求められている。管理や参加も強調されておりこれまで議論してきたことが問題になる場合もあるが、森林の保全において地域社会は重要な要素なのだという認識を広げる役割を果たしている。前述のアグウェイ・グー・ガイドラインは、開発の影響アセスメントの過程全般にわたって、これに地域社会が参加することを推奨している。商業的なものに限らず自然保護区の開発においても、地域社会が望まないかたちの開発を防ぐために役立つ指針である。これらはいずれも、拘束力のある規定ではないが、関係者たちの意識変革をうながしている。

　地域社会の生活や資源利用を保障することは、その文化の保全にもつながる。ロング・ブラカのプナンは森林についての豊富な知識をもっている。これを文書に記録しようとしても、大切な部分は抜け落ちてしまう。たとえばクマニャが薬に使えると教えてもらったところで、多種の植物が存在する熱帯雨林のなかでクマニャを認識できなければ意味がない。数種の植物を覚えるだけなら短時間で可能かもしれない。しかしプナンは、数百種類の植物を認識しその性質を理解している。狩猟採集のために森林に入り、動植物を丁寧に観察するという経験を重ねて身につけた知識だ。森林で狩猟採集をする機会に乏しい人々は、プナンであってもそのような幅広い知識はもっていない。生物多様性を利用する生活が成り立たなくなれば、生物多様性にもとづく文化もすたれてしまうだろう。

　地域社会における生物多様性・生活・文化の保全は一連のものといえる。生物・社会・文化の多様性が一体として尊重される社会の実現に向けて、希望をもって、あきらめず、現実を見すえながら問題解決の道を模索していかなければならない。

注

(1) 条約では「地域社会 (local communities)」を明確に定義していない。生物多様性の保全や利用という文脈における地域社会とは、ある生態系が存在もしくは生物資源が産出する場所で、その環境や資源と直接関係をもちながら生活している／してきた人々の社会をさすとここでは定義しておく。また条約では「先住民社会および地域社会 (indigenous and local communities)」という表現が使われるが、本章では先住民の地域社会も含むものとして地域社会という表現を用いる。

(2) 発展途上国に保全へのインセンティブを与える仕組みは、地球レベルで生物多様性の保全を実施するために重要だと考えられている (Swanson 1999)。しかし先進国のバイオテクノロジー産業にとって大きな痛手となりかねない内容でもあり、アメリカ合衆国や日本などの反対意見も強かった (林 2003)。

(3) 非加盟国はアメリカ合衆国を含む3カ国。アメリカ合衆国については、1993年にクリントン大統領が条約に署名したが、反対派による署名活動などの抵抗があり2010年1月末現在まで議会での批准にいたっていない。

(4) 条約では生物の多様性 (生物多様性) を、すべての生物間の変異であり、種内の多様性、種間の多様性、生態系の多様性を含むものと定義している (第2条)。

(5) 環境省生物多様性センターのウェブサイト (http://www.biodic.go.jp/biolaw/jo_hon.html) で閲覧できる条約の邦訳において、「indigenous and local communities」は「原住民の社会及び地域社会」と表現されている。しかし、日本語では「原住民」という表現は未開な人々という差別的な意味合いを含むことから、「先住民」という表現のほうがよく使われるようになっている。本章では、条文は原訳のまま引用するが、それ以外の部分では「先住民」という表現を用いる。

(6) 条約のウェブサイト (http://www.cbd.int/) で、締約国会議のすべての決議、各種会合の報告書や資料が閲覧できる。

(7) 議定書は条約の枠組みの下で制定される、条約と法的に同等な取り決めである。生物多様性条約においては、カルタヘナ議定書が採択され発効している。これは遺伝子組み換え生物の国際的な移動に関する取り決めで、地域社会への配慮については、締約国が輸入に関する決定をくだす際に考慮に入れてもよいとしている。2010年1月末現在、日本を含む156カ国と欧州共同体が加盟している。

(8) なお条約のくわしい構造については、香坂 (2007) がわかりやすい。

(9) ただし、2008年第9回締約国会議において議長国のドイツは「ビジネスと生物多様性イニシアティブ」を打ちだし、条約の実効性を高めるために民間部門の参加を促す経済的な仕組みの検討を後押しした。そのひとつが、生物多様性オフセットと保全バンキングだ。生物多様性オフセットとは、ある場所での開発による避けられない生物多様性の消失を、別の場所での生態系の保全や復元によって補おうという

考え方である。これに組みあわされる保全バンキングは、ある場所を保全するという保証を商品とし、開発者がこれを購入することで保全に資金が供給されるという仕組みだ。アメリカなどで実施されているが、条約の枠組みにおいて今後導入されるならば以下の点に注意が必要だ。開発および保全される場所の周辺の地域社会から理解は得られているのか、資源利用が著しく制限されないか。また、原生林など、復元に時間がかかる、あるいは復元が困難な生態系については、この仕組みで損失を抑えることは難しい。(次善の策ではあろうが、筆者は異なる場所を等価あるいは交換可能なものとしてあつかう考え方に賛同できない。)

(10) 締約国が条約をどの程度実施しているのかは、各国が作成する生物多様性国家戦略ないしは行動計画や、国内での条約の実施状況についての報告書で確かめられる。次節で取りあげる民族の暮らすインドネシアとマレーシアは、それぞれ「インドネシア生物多様性戦略及び行動計画(Indonesian Biodiversity Strategy and Action Plan: IBSAP)」と「生物の多様性に関するマレーシア国内政策(Malaysia's National Policy on Biological Diversity)」を発表している。両者とも条約の趣旨に反するものではなく、地域社会の権利についても言及している。しかし、それらの計画や政策の実施の進捗は遅く、2009年に発表された第4次国別報告書によると、インドネシア、マレーシアともに伝統的知識に対する地域社会の権利の保護について法令を準備している段階である。

(11) 国際環境法の機能についての包括的な議論は渡部(2001)や亀山(2003)などを参照のこと。本章では文化人類学者としての立場から、国際レジームやガバナンス論には深く立ち入らず、さまざまな主体による事象の認識にいかに貢献しうるかという側面から条約を評価したい。事象の認識は、意思決定や行動につよく影響すると考えられる。

(12) ここでは、東プナン(Eastern Penan)、西プナン(Western Penan)、ニア-スアイ・プナン(Niah-Suai Penan)という系統的に近い言語をもつ人々をまとめてプナンとしてあつかう。ボルネオにはこの他にもいくつかの狩猟採集民の言語グループが存在するが、異なる言語グループ間でも伝統的な生業活動には共通点が多い(Brosius 1992: 43-55)。

(13) 自称での民族名はプナン・ブナルイ(Penan Benalui)もしくはプナン・ムナルイ(Penan Menalui)。西プナン語を話す。

(14) 村に存在するボートやテレビの台数や所有者はつねに変化している。まとまった収入があった時にこういったものを購入するが、しばらくしてまたお金が必要になった際に近隣の農耕民などに売却することが多い。そうでなくとも、扱いが悪く数カ月で壊れてしまう。

(15) ただし、村に定住後は男女の分業が進み、女性は子育てや家事のために村に留ま

りがちなため、現在の若い世代の女性は森林についての知識が乏しい人が多い。
(16) おもに輸出用だが、*Aquilaria* 属のすべての種（沈香を産出する樹種）は2004年からワシントン条約の附属書Ⅱに掲載されており、国際的な取引が管理されている。しかし採集の現場をみるかぎり、採れただけ売れる状況が続いており、あまり変化が感じられない。一部の卸売業者の営業撤退も報告されているが、各国が日本へ輸出したとする量と日本が輸入したとする量が一致しないなど国際取引が正確に把握されておらず効果が疑問視されている（吉桝 2009）。
(17) ただし数年待つ程度では、高級品として取引されるほどの樹脂は蓄積されない。材が黒いほど等級が高く良い値で売れるが、黒光りする等級の高い材が見つかることはロング・ブラカの周りでも減ってきており、沈香採集をやめた村人も多い。
(18) ボルネオ各地にスマトラサイの亜種が存在していた記録が残るが、今ではマレーシアのサバ州東部でのみ生息が確認されている（Payne and Francis 1998）。サイの角は漢方薬や工芸品の素材として国際的な需要が高く、ボルネオを含む世界中で乱獲が起こった。現在はワシントン条約の附属書Ⅰに1亜種を除いて掲載されており、商業的な目的の国際取引が禁止されている。
(19) 2点目と3点目について、井上（2001）があげる例は以下のようなものだ。農民は雑草が少なく除草作業が楽になるという理由から、成熟した二次林を意識的に選んで焼畑をつくるが、これは生態系の養分蓄積量の回復ひいては焼畑用地の循環的・持続的な利用に役立つ（副産物としての持続的利用）。稲の収穫時に利用しない茎をわざわざ根元から刈り取る人はいないが、これは焼畑跡地の土壌侵食の防止に役立つ（偶発的な持続的利用）。
(20) ただし、知識はすべて先祖代々伝えられたものというわけではなく、個人の試行錯誤の結果、獲得されることもある（口蔵 1996: 198-99；服部 2007も参照）。条約においても、地域社会における「innovations（創意工夫、発明）」の存在は認識されている。
(21) 「新しく、自明ではなく、有用な」と言い換えられる。
(22) ただし、そのような「発見」に特許が誤って認められる可能性もあるので注意は必要だ（名和 2002参照）。
(23) 第15条の規定する内容は、各国は自国の天然資源に対する主権的権利を有し、遺伝資源へのアクセスは資源提供国の法令に従う、遺伝資源へのアクセスには事前の情報にもとづく資源提供国の同意を必要とする、利益配分は資源提供国との合意条件にもとづくなどである。
(24) 所有権の概念をもたないわけではないが、所有の概念よりも利用する側の事情を優先させる倫理観をもっている。
(25) インドネシアの1999年林業法では、地域社会による慣習的な森林利用が認められ

ているが，国家が最終的な森林管理の決定権をもっているため（原田 2001），政府の思惑で事態が急変する可能性がないとはいえない．

参照文献

井上真 2001「自然資源の共同管理制度としてのコモンズ」井上真・宮内泰介編『コモンズの社会学――森・川・海の資源共同管理を考える』1-28頁，新曜社．

金沢謙太郎 2009「熱帯雨林と文化――沈香はどこから来てどこへ行くのか」池谷和信編『地球環境史からの問い――ヒトと自然の共生とは何か』218-31頁，岩波書店．

亀山康子 2003『地球環境政策』昭和堂．

口蔵幸雄 1996『吹矢と精霊』東京大学出版会．

香坂玲 2007「国際交渉と生物多様性の歴史と展望」EICピックアップ No.128．<http://www.eic.or.jp/library/pickup/pu070816.html>

―――― 2008「生物多様異性条約における森林の拡大作業計画：第9回締約国会議（COP9）に向けた論点の整理」『日本森林学会誌』90(2)：116-20．

田上麻衣子 2006a「CBD・Akwé: Kon ガイドラインについて」『知的財産法政策学研究』10: 215-20．

―――― 2006b「生物多様性条約（CBD）と TRIPS 協定の整合性をめぐって」『知的財産法政策学研究』12: 163-83．

名和小太郎 2002「伝統的知識と知的所有権――解説」『情報知識学会誌』12(4)：77-83．

―――― 2004「シャーマン宣言」『情報管理』47(1): 42-44．

服部志帆 2007「狩猟採集民バカの植物名と利用法に関する知識の個人差」『アフリカ研究』71: 21-40．

林希一郎 2003「生物遺伝資源アクセスと利益配分に関する途上国の国内法と国際ルールの発展――生物多様性条約における利益配分と知的財産権」『三菱総合研究所所報』41:160-99．

原田一宏 2001「熱帯林の保護地域と地域住民――インドネシア・ジャワ島の森」井上真・宮内泰介編『コモンズの社会学――森・川・海の資源共同管理を考える』190-211頁，新曜社．

百瀬邦泰 2005「野生生物はどのような条件下で持続的に利用されているか――豊富な生物知識と生物多様性の効果」『科学』75: 542-46．

吉桝佐季 2009「沈香の国際取引と持続的利用モデルについての調査研究」『神戸女学院大学人間科学研究科紀要ヒューマンサイエンス』12: 84-85．

米田政明 2005「保護区と地域住民の共生――エコシステム・アプローチによる生態系保全と保護区管理の統合」独立行政法人国際協力機構，客員研究員報告書．

渡部茂己 2001『国際環境法入門』ミネルヴァ書房．

Berlin, Brent and Elois Ann Berlin. 2004. "Community Autonomy and the Maya ICBG Project in Chiapas, Mexico: How a Bioprospecting Project That Should Have Succeeded Failed." *Human Organization* 63 (4) : 472-86.

Brosius, J. Peter. 1992. "The Axiological Presence of Death: Penan Gang Death-Names." Dissertation, University of Michigan.

Eghenter, Cristina. 2008. "Whose Heart of Borneo? Critical Issues in Building Constituencies for Equitable Conservation." In Gerard A. Persoon and Manon Osseweijer (eds.)*Reflections on the Heart of Borneo*, 131-40. Wageningen: Tropenbos International.

McGraw, M. Désirée. 2002. "The Story of the Biodiversity Convention: From Negotiation to Implementation." In Philippe G. Le Prestre (ed.) *Governing Global Biodiversity: The Evolution and Implementation of the Convention on Biological Diversity*, 7-38. Hampshire: Ashgate Publishing Limited.

McNeely, Jeffrey A. 2004. "IUCN and the CBD." CBD News Special Edition.

Momberg, Frank, Rajindra K. Puri, and Timothy Jessup. 1997. "Extractivism and Extractive Reserves in the Kayan Mentarang National Park: Is Gaharu a Sustainably Manageable Resource?" In K. W. Sorensen and B. Morris (eds.) *The People and Plants of Kayan Mentarang*, 165-80. London: WWF Indonesia Programme / UNESCO.

Payne, Junaidi and Charles M. Francis. 1998. *A Field Guide to the Mammals of Borneo*. Kota Kinabalu: The Sabah Society.

Sorensen, Kim Worm and Belinda Morris (eds.) 1997. *The People and Plants of Kayan Mentarang*. London: WWF Indonesia Programme / UNESCO.

Smeltzer, Sandra. 2008. "Biotechnology, the Environment, and Alternative Media in Malaysia." *Canadian Journal of Communication* 33: 5-20

Swanson, Timothy. 1999. "Why Is There a Biodiversity Convention? The International Interest in Centralized Development Planning." *International Affairs* 75 (2) : 307-31

Topp, Lene and Cristina Eghenter (eds.) 2006. *Kayan Mentarang National Park in the Heart of Borneo*. Copenhagen: WWF Denmark / WWF Indonesia.

Woodburn, James. 1982. "Egalitarian Societies." *Man* (N.S.) 17: 431-51.

終章

ローカル、ナショナル、グローバルをつなぐ

生方史数・市川昌広・内藤大輔

　これまで、3部11章にわたって、熱帯アジアにおける「従来型」「住民参加型」および「市場志向・グローバル型」の森林管理制度の政策と実態を検討してきた。本章では、これまでの事例をまとめ、森林管理に関連する各制度がローカルな森林の現場に与える影響について、現状と問題点の洗い出しをおこないたい。そのうえで、森林とかかわりながら暮らす地域住民が、森林管理の制度をうまく使いこなし、森林を持続的に利用していくには何が必要なのかを考察する。地域住民の立場に立って、グローバルな環境保全の時代にどのようにローカル、ナショナル、グローバルな領域をつないでゆけばよいのか、よりよい森林ガバナンスのあり方を検討したい[1]。

　本書であつかった事例は、すべて東南アジアを中心とした熱帯アジア諸国のものである。これらの地域は、熱帯という気候条件、植民地支配（タイを除く）と独立後の急激な近代化路線といった一定の自然的および社会的特徴を共有している。しかし、少しくわしくみていくと、これらの国々を決してひとくくりにできない大きな相違が存在する。たとえば、タイ、ラオス、バングラデシュのような大陸部に位置する地域と、マレーシア、インドネシアやフィリピンのような島嶼部の地域では自然条件が大きく異なる。また、同じボルネオ島でも、マレーシア領のサバ、サラワク、インドネシア側のカリマンタンでは、国家の統治に関連した社会制度が大きく異なる。

　さらに、あつかっている森林の規模についてもコミュニティ林などの小規模なものから保存林のような比較的規模の大きいものまで、森林の質についても荒廃林のような質の低い森から国立公園のような生物多様性の高い豊かな森まで多岐にわたっている。さらに、住民によるチーク造林や企業による産業造林の事例（第8、9章）もあつかっている。そのため、厳密な意味で事例を横断した客観的な比較をおこなうことは難しい。

しかし一方で、これらの事例の論点が多くの共通項をもっていたこともまた事実である。なぜなら、19世紀末以来、国家の統治は、西洋型の国民国家と領域化、およびそれに引きつづいた民主主義の諸原則にもとづいてほぼ画一的に実施され、森林制度の動向もその影響を強く受けてきたからである。以下では、地域的な特徴をふまえたうえで、そのような共通部分に焦点を当て、森林管理制度の現状と課題を指摘することから始めたい。まず、各部で論じられた内容をそれぞれ整理する。次に、これらから導かれる特徴的な点を4点ほどにまとめ、ローカル、ナショナル、グローバルの領域をつなぐ森林ガバナンスのあり方について考察をおこないたい。

1　制度から現場へ、現場から制度へ

「従来型」制度——生みだされた二項対立と構図の変化
　第1章から第3章までは、「従来型」制度、すなわち国家を主体とした管理制度について、その成立の経緯や住民への影響と問題点を論じている。序章で述べたように、アジアの多くの国々においてこのような制度が成立した背景には、植民地時代の宗主国を中心とした「帝国」の成立があった。第1章では、マレーシア、サラワク州における森林管理の歴史を概観し、国家を主体とする制度がどのようにして成立してきたか、そして森林と住民居住の空間が、制度の成立とともにどのように切りとられていったかを論じた。そこから浮かびあがってくるのは、政府は地域住民の森林や土地に対する慣習的な権利を認める態度を示しつつも、慣習権の及ぶ範囲を限定して囲み、一方で価値の高い資源を有する森林も囲いこんでいったという事実である。結果として、地域住民の論理は優先されず、国家を絶対的な管理主体とする森林管理制度が成立した。こういった制度は、サラワクばかりでなく金太郎飴のように普遍的なものとして、さまざまな国々に普及してしまったのである。これに対して、一部の住民は、政府や森林開発をおこなう企業に対してさまざまな抵抗を試みている。このような対立関係は、とくに1980年代から顕著になり、今日、さらに強まりつつある。
　第2章と第3章は、このようにして成立した「従来型」管理制度がもたらした、住民との対立の経緯が描かれている。上に述べた経緯により、この制度は植民地宗主国によりほぼ画一的に導入され、独立後もそれがほぼ引き継がれたため、現在においても各国による制度的な差異は小さい。にもかかわらず、制度・政策がローカルな現場にもたらす影響が、両者で異なる論じられ方をされていることは

興味深い。

　第2章では、バングラデシュの国立公園において、現地に住む少数民族ガロを抑圧するような「エコ・パーク化事業」が計画され、ガロが計画への反対と策定プロセスへの参加を要求する運動をおこなっていくなかで、政府との対立を深めていく経緯が述べられている。ここでは、森林保全と地域住民との関係に関する行政側の偏った見方と運動への強硬姿勢が、妥協と意見調整の余地のあった両者の関係を崩壊させてしまった。反対運動を受けて行政側が設定した協議会は、「操作されたかたちの参加」をもたらしたにすぎず、対立をかえって激化させてしまったのである。これは、いわば「従来型」制度が創りだした二項対立的状況の典型であるといえよう。

　一方、第3章は、このような二項対立が、じつはより複雑な社会状況のなかで生まれたひとつの典型にすぎないことを教えてくれる。第3章では、ラオスの土地・森林分配事業を題材に、森林管理を失敗に導くような事業がなぜ実施され、その事業がなぜ改善されることなく維持されているのかが分析されている。ここでも、焼畑を一律に森林破壊の元凶とみなし、トップダウンで決めた規則や、それに従った農地と森林との区分が森林保全につながるという行政による安易な想定が存在する。その結果、制度と実態との深刻なギャップを生みだしており、住民が政策によって一方的な不利益をこうむるという状況が生じている。政策の目的が複数の領域にわたっていて不明確であり、影響力の強い行為主体（アクター）の思惑によって操作されやすいことも、この問題を深刻化させる要因のひとつとなっている。

　しかし、このような二項対立状況は、細かくみれば、地域住民や政府といったアクター内部の裂け目や、アクター間での現場レベルの調整をも包含している。この点、ラオスの焼畑規制の現場において、地域住民および役人が「焼畑」の定義を操作することによって、このような矛盾をやりすごしているという事実は興味深い。また、焼畑をどう取りあつかうかをめぐって中央と地方で見解が分かれている状況が指摘されており、政府側が必ずしも一枚岩ではないことが読みとれる。同じ二項対立状況のなかでも、政府の行動にはバリエーションが認められるのである。

　一方で、地域住民の側も、決して一枚岩ではない。たとえば、第2章で「エコ・パーク化事業」への反対運動を受けて行政側が設置した評議会は、ユニオン議会のベンガル人系議員を中心に人選が進められた。彼らは事業に賛成の立場をとり、反対派である少数民族ガロの指導者たちと対立を深めていったのである。

第Ⅲ部第9章でも、インドネシア、スマトラの産業造林の事例から、企業が国家の森林管理制度を利用して地域住民の慣習的な土地利用を脅かし、それが住民間の対立をも生んだことが指摘されている。

「従来型」制度による管理の過程で生じた社会対立は、必ずしも政府と地域住民の間だけではない。そもそも、地域住民と一言でくくっても、住民社会や森の慣習権・利用実態はさまざまであり、他地域からの移民が定着していることもある。森林保全や産業造林というきっかけによって、もともと多様であった地域住民の間に団結が生まれるのではなく、逆にコンフリクトが顕在化してしまう場合も存在するのである。このような実態は、政府が「従来型」制度を成立させ、維持し、それに抵抗していく力が政府内外のアクターの複雑な関係にもとづいていることを明らかにしている。同時に、政府がその政策的態度を改め、「住民参加型」政策にシフトすれば解決するというような単純な問題でないことも示している。

「住民参加型」制度――自生的秩序と制度設計のはざまで

第4章から第6章では、住民参加型の森林管理制度が地域住民と資源に与えた影響を分析している。住民参加型森林管理は、地域住民を軽視してきた「従来型」森林管理に対する批判と反省から生まれてきた。その結果、1980年代より、社会林業やコミュニティにもとづく森林管理（CBFM）といった政策や管理の枠組みが世界各地で登場し、政策用語のひとつとして浸透するようになった。いまや参加型管理は、政治体制を問わず、発展途上国の資源管理に不可欠な政策ツールのひとつとなっている。

第4章と第5章では、このような住民参加型管理の「氾濫」が、現場である農村にどのような影響を及ぼしてきたかが論じられている。ここで、両者でほぼ対照的な結果が示されていることは興味深い。第4章では、フィリピンの参加型森林管理政策が政府による新たな資源のコントロールの方策であること、さらにそれが、農村社会の論理をふまえず形式的に「コミュニティ」を想定し、かつ煩雑な行政手続きを導入したことによって、住民のためにもならず、森林管理の改善にもつながらない中途半端な政策になってしまったことを批判している。逆に第5章では、タイのコミュニティ林政策を政府など「上」からの意図の浸透としてフィリピンの場合と同様に規定しながら、農村社会など「下」からのインフォーマルな制度的基盤が存在する際には、両者の調整機能が働く場合があることを指摘している。

両者の差を厳密に解釈するのは難しいが、ひとつには、住民参加型管理が想定する農村社会や森林が、実際の現場におけるそれらとどれくらい一致しているかが大きな分かれ目になっていると考えられる[2]。タイ東北部における共有林管理では、すでに慣習的な実態がある程度存在しているが、フィリピンでは、少なくとも第4章の事例に限ってみれば、そのような要素は見いだしにくい。

このように、参加型管理を論じる際には、すでに自生的な制度として管理の実態がある場合と、そのような仕組みが既存の社会に見いだせない場合とに分けて考える必要がある。一般的に、後者のほうが、「上」からの参加型事業が失敗する確率は高いであろう。ハイエクのいうとおり、「自生的秩序をそれが依拠する一般的ルールの変更によって改良に努め、諸組織の努力によってその結果を補完することは可能であるが、構成員から彼らの知識を自分たちの目的のために使う可能性を取りあげる特定化された命令によって結果を改善することはできない」(Hayek 1973: 69)からである。このため、自生的な制度や秩序のなかに森林を保全する手がかりを見いだせない場合、資源保全、地球温暖化や生物多様性といった見地から保全が必要だとしても、外部による制度設計や介入に頼らざるをえないジレンマに陥ってしまう可能性がある[3]。

そのようななかで、第6章のインドネシア、ランプン州の事例は、ローカルな森林管理の伝統がない場合でも、外部者と住民との協働のもとで管理の実態の構築に成功した事例として際だっている。これらのアクターをつなぐネットワークの構築が、政府による頻繁な政策変更と土地収用の脅威から資産を守り、大森林公園における住民主導による土地利用とエンパワーメントに大きな役割を果たしたのである。このようなネットワーク形成のプロセスは、外部の助けがあるとはいえ、事業者による「上」からの制度設計のみによって成立したものではない。第5章で指摘された自生的な制度やネットワークの形成が、よりダイナミックなかたちで反映されているのである。とくにこの事例では、大学の研究者など、現地に新たなネットワークの形成をうながした外部者の役割や、森林保全・管理者グループ（KPPH）という「つながり」の接合面（インターフェース）の役割がよく描かれているといえよう。

ただし、注意すべき点がひとつある。それは、大森林公園における住民の資源管理の目的が、森林の保全というよりは、各世帯の「混合樹園地」の形成とその保全にあることである。したがって、個々の「森林」管理の実態は個人保有地のそれに近く、土地利用形態に限っていえば、他の事例とくらべてコモンズとしての要素はうすい。とはいえ、この事例に「共」的な側面がないわけでは決してな

い。住民の保全へのモチベーションは、第5章でいう「脅威による協同」の論理にもとづいている。彼らにとって、「混合樹園地」は、守るべき生活の糧である。この強力なモチベーションが、外部の支援と結びつき、これまで森林保全の慣習があまりなかった地域においても、「森林」保全への秩序形成へとつながったのである。このような住民と外部との「協働」体制をつくることが可能であれば、先のジレンマを克服し、グローバルなイニシアティブやそれを主導するアクターたちとつながることにも希望が見いだせるかもしれない。

　なお、この事例は、住民にとって森林とは何であり、どのような意味をもつのかという点において重要な示唆を含んでいる。温帯や寒帯にみられる森林とは異なり、熱帯林は優占樹種の優占度が低く、さまざまな樹種から構成されている。ゆえに住民は、大小さまざまな果樹や樹木を植栽し森に似せた景観を作ることによって、当局に森林として認めてもらおうとするのである。それらは、決してアブラヤシの農園やアカシアの植林地のような、単一植物による景観ではない。

「市場志向・グローバル型」制度——ビジネス・地域住民・森林の新たな関係?

　第7章から第11章は、「市場志向・グローバル型」の制度、すなわち国際環境問題に対して市場や民間ビジネスの活力を利用するアプローチや、近年の森林をめぐるグローバルな環境主義から生まれた制度枠組みがローカルな領域に与える影響をあつかっている。近年の森林への国際的な関心は、熱帯林破壊と木材貿易、生物多様性と製薬ビジネスというように、ビジネスと環境問題の対立的な文脈のなかで高まってきた。このため、無秩序なビジネスを規制し、ルールを改変することで、森林と地域住民の暮らしを守る国際的な枠組みを構築する必要性が叫ばれた。森林認証制度のような自主的な取り組みや、生物多様性条約のような国際環境条約は、このような議論によって生まれた枠組みである。ただし、これらは単にビジネスを規制するだけの制度ではない。一定の基準を満たした取引を推進することで、ビジネスと環境問題の対立構造を超えていく狙いがあったのである。

　近年の気候変動の議論では、このような市場志向のアプローチがさらに一歩進んだかたちで現れている。炭素市場という人工的な市場を創設し、ビジネスや市場のもつ強いモチベーションを生かしながら、環境問題を制御する枠組みが提唱されるようになったのである。クリーン開発メカニズム (CDM) や、2007年にバリでおこなわれた気候変動枠組条約の第13回締約国会議 (COP13) 以降議論の俎上にのぼるようになった「途上国における森林減少・劣化からの温室効果ガスの

排出削減（REDD）」のような仕組みが、温暖化防止の新しいツールとして期待されるようになってきている。第Ⅲ部における制度は、制度創設にあたって市場やビジネスと環境との関係をどう想定していたかという点で、上の2つに大別することができる。

第7章と第8章では、前者の代表である森林認証制度が現場にもたらす影響をあつかっている。まず、第7章のマレーシア・サバ州の事例では、林業局がこの制度を導入することで、森林管理が強化され、地域住民の従来からの森林利用が規制されることにつながった。制度内でうたわれている「住民参加」は、実質的にはそれほど機能せず、逆に形式的な手続きを踏むことによって事業の正統性を強める結果になっている。現場のモニタリングとして機能するはずの第三者による審査も、このような現状を根本的に変えるにはいたっていない。

一方、第8章のインドネシアの事例では、コミュニティによる小規模な認証制度（グループ認証）の影響をあつかっている。住民による人工造林の事例であるため、第7章との厳密な比較は難しいが、前章とは対照的に、制度の導入を積極的に評価する内容となっている。両者のもっとも大きい相違点は、マレーシアの事例では、政府機関がビジネスの実行者として君臨しているのに対して、インドネシアの事例においては、認証制度にかかわるアクターのネットワークが政府機関をバイパスしていることである。もちろん、ビジネスの規模も大きく異なる。グループ認証のような小規模なものは、ガバナンスや住民のエンパワーメントの点からみれば利点があるかもしれないが、政府機関が実行者や監督者となるような大規模なビジネスと競争することが難しいかもしれないし、制度の実行費用が割高になってしまうことは否めない。

なお、両章がそれぞれ2つの認証制度の並立状況をあつかっていることも興味深い。この点からみると、マレーシア（FSCとMTCC）でもインドネシア（FSCとLEI）でも、認証取得が難しく間口が狭い制度ほど、その普及によるエリアや取引量の拡大が難しく、比較的間口が広い国内制度は国際的な認知が低くなるという問題をかかえていることがわかる。このようなジレンマの解決は制度が内包する問題であり、今後の課題であろう。

第9章と第10章では、市場アプローチの最右翼であるCDM植林とREDDが、地域社会に与える潜在的影響をあつかっている。REDDはまだ議論段階にとどまっており、CDM植林にしても実施事業の数が少ないため、現在のところグローバルな気候変動対策として、これらの枠組みはさしたる影響を与えていない。しかし、将来的にはこれらの枠組みによってさまざまなビジネスが活発化する可

能性もあり、その潜在的な可能性と課題を考えることは非常に重要である。

第9章では、インドネシア・スマトラにおける産業造林と地域社会の事例から、CDM植林のもつ潜在的な危うさについて指摘している。これらの事業が「従来型」の土地・森林制度や権力構造の上に下りてくると、政府や企業と地域住民との間で大きな対立が起こりうるだけでなく、地域住民間の軋轢を招くこともありうることは、肝に銘じておかなければならない。第10章では、REDDの枠組みを利用したカンボジアの先駆的なコミュニティ林管理の事例を報告し、現状と課題について報告している。REDDのような仕組みがコミュニティと手をたずさえて森林保全に取り組むことができれば、グローバルな環境保全と地域住民の生活が両立することになるため、その潜在力は大きい。しかし、事業の実施方法や利益配分をめぐって途上国政府や炭素市場関係者がせめぎあい、地域住民の声が軽視されるのではないかという懸念も含め、すでにさまざまな課題が指摘されてもいる。今後、実行に向けた議論がなされていくなかで、このようなパイロット事業の経験が生かされるようにしていかなければならない。

最後に第11章では、国際環境条約が与える潜在的影響をあつかっている。生物多様性条約が地域住民の権利をあつかう際の課題を、インドネシア・プナンの社会をもとに、現場の視点から指摘している。豊かな生物多様性によって育まれてきた地域住民の伝統的知識は、製薬会社にとっては新薬の開発をするうえで大きな手がかりとなるものである。この点、生物多様性条約において、これらの伝統的知識が企業によって搾取されてしまうのを防ぐため、資源へのアクセスと利益配分（ABS）に関する地域住民の権利が認められたことの意義は大きい。

しかし、一方でさまざまな課題も指摘されている。たとえば、条約において現地社会への配慮は義務があるわけではない。しかも、地域住民と一言でいっても、実際には農耕民から狩猟採集民までさまざまな生計を営む人びとが森で暮らしており、伝統的な知的所有権の保護という観点からは、誰がどのような権利をもつのか規定することが難しい。参加に関しても、狩猟採集民のような人々が、慣れない「参加」の枠組みにうまく適応できるとは限らない。このような事実は、西洋的でフォーマルな権利概念や、参加の枠組みを彼らにそのまま安易に適用することの問題点をよくあらわしているといえよう。

2　4つの留意点

以上、各章の内容を制度の形式ごとにまとめてみたが、ここでは、各章で述べ

られた内容に共通する点を4つほど指摘し、総合的な比較をおこなってみたい。

制度の重層性と接合面への着目

　まず、序章で述べたように、森林管理制度が「従来型」一辺倒から「住民参加型」や「市場志向・グローバル型」の制度を取りこんだかたちへ移行しつつあることが確認できる。しかし、この移行は、単純に「従来型」制度が後者2つにとって代わったことを意味するわけではない。むしろ全体としては、「従来型」制度を基礎として、その上に後者の枠組みが構成されたというべきだろう。したがって、森林管理制度自体が重層的な制度の重なりとして立ちあらわれつつあるということができる。

　このような制度の「重層化」は、意図されたかたちでなされることもあれば、意図されずに結果としてもたらされることもある。しかし、どちらにおいても、この制度の重なりの接合面で多くの問題が発生していることに注意を向ける必要がある。たとえば、第2章の事例のように、表面上は「参加型」の装いをまといながら、実際には「従来型」、すなわち特定の住民を参加から排除し国家管理を強化していく事業が導入されることがある。また、森林認証制度（第7、8章）にしてもCDM植林（第10章）にしても、これら制度のもつ基準に加え、事業が実施される国の国内法の遵守が要求される。その一方で、第7章で述べられているように、国内法が遵守され国際的な基準が満たされるならば、国家や企業と地域住民の間に発生する問題に対して配慮がなされない危険性も出てくる。ここでは、国内法と認証制度の基準との接合がうまくいっていないのである。

　もちろん、国際的な基準のなかで国内法に対して修正を勧告したり、認証を取り消したりするなど、一定の圧力をかけることはできる。しかし、第11章の生物多様性条約の議論でみられるように、これだけで国家や企業と地域住民との間の問題に完全に対処できるわけではない。したがって、私たちは、重層的な制度とその接合面、そしてそこからこぼれおちる問題につねに注意を払う必要がある。

　なお、この重層性は、それらの制度群が適用される地域的な範囲に関しても重層性をもっていることも意味している。そのため、森林も社会も、単一の地域レベルでの考察にはおのずと限界がある[4]。たとえば、コモンズ論に裏づけられた住民参加型の森林管理が、コミュニティにもとづく天然資源管理(CBNRM)政策の一環として実施されている。しかし、他方では、地球レベルの気候変動をにらみ、グローバルなビジネスを活用したアプローチも展開されている。この2つは、本来まったく別の議論から生まれてきた制度的枠組みである。

しかし、グローバル化の進む現在、これらをまったく別個のものとして取りあつかうことが次第に難しくなりつつある。グローバル化や市場経済の浸透によって、孤立したコミュニティ像があてはまらなくなっているため、ローカルな関係のみに注意を払うコモンズ論やCBNRM政策では不十分になりつつある(Dolšak and Ostrom 2003)。一方で、グローバルな環境主義をローカルな領域に押しつけると、住民とのトラブルが頻発することになる。したがって、ローカルからグローバルまでの要求に答える森林保全を実施していくためには、これらをうまくつないでいく必要があるのである。そのような意味で、コミュニティ林管理と炭素市場をつなげようとしている第10章のREDDの事例は、今後注視すべきものである。

「上」からの論理の浸透力が強まっている

先に、制度の重層化について述べたが、「従来型」制度自体も、このような動向を受けて変容が進んでいる。住民参加型や市場志向・グローバル型の制度の論理を取り入れるようになっているのである。たとえば、第Ⅱ部の各章からは、政治不安(フィリピン:第4章)、社会運動への対応(タイ:第5章)、スハルト体制後の民主化(インドネシア:第6章)といった要因から住民参加型の森林管理の枠組みが導入され、これが省庁再編や地方分権化の流れと相まって、「従来型」の管理制度を多かれ少なかれ変容させてきたことが読みとれる。また、第Ⅲ部においても、森林認証制度やCDM植林、REDDなどに対して政府機関が積極的に制度作りに参画したり、制度を利用するアクターとしてふるまったりするケースがみられる。

このような変容に対して、大きく分けて2つの見方が存在する。ひとつは、変容を地域社会との良い意味での妥協や政府の柔軟な対応としてとらえ、効率的な森林管理へ道を開いたと評価するものである。もうひとつは、この変容を新たな統治のための政府の戦略変更としてとらえ、「上」からの論理の浸透としてみる批判的な見方である[5]。やや単純な見方をすれば、前者が政策当局者や森林保護活動家の視点であり、後者が「住民派」の活動家やフィールドワーカーの視点であるといえるかもしれない。

本書の各章は、おもに後者の視点から描かれており、フィリピンのCBFM政策(第4章)や、タイのコミュニティ林政策(第5章)においてその変容プロセスが分析されている。また、これに関連して、参加のプロセスが形式化、フォーマル化されることで、住民は「操作されたかたちの参加」への参画しか許されなくなる実態を批判している章もみられる(第2章)。市場志向のアプローチにおいても、

政府機関が森林認証制度の申請者である場合に、同様のケースが報告されている。この場合、「参加」プロセスの形式的な踏襲によって、かえって政府の意図と事業の正統性が強化されている(第7章)。第8章のインドネシアのグループ認証制度では、政府機関は事業者として介在しておらず、そこではそのような「参加」の問題が顕在化していないのとはまったく対照的である。さらに、第11章では国際条約がローカルな領域をあつかう際の問題点が述べられている。生物多様性条約が規定する地域社会への配慮は義務化されていないことに加えて、地域社会そのものが、フォーマルな法的・行政上の枠組みへ参画するには準備が整っていない。このような状態では、条約による地域社会の規定が、政府や企業の論理の浸透力を強化する方向のみに働きかねない危険性をもっている。

　ただし、当然ながらこれらの評価は、取りあげる事例そのものによっても大きく異なっている。第2章のバングラデシュにおける「エコ・パーク化事業」のように、まったく「従来型」としかいいようのない制度が「参加」をうたっている場合と、タイ(第5章)やインドネシア(第6章)のコミュニティ林政策のように、参加がある程度実質的な意味をともなっている場合とでは、おのずと評価が違ってきて当然である。政府の行動とその結果にも、バリエーションがみられるのである。このことは、次節でも述べるように、政府の行動をより詳しく研究する必要があることを示しており、官僚機構やレント・シーキング構造を研究対象とする政治経済学的な研究の重要性が高まっている[6]。

強くしなやかな社会が制度の有効性を担保する

　では、「従来型」管理が変容し、住民参加型などの論理を取りこむことで政府による政策浸透力が増してきているとするならば、どのような場合に社会は制度のなかでその力とのバランスを保ち、森林を地域住民の生活と調和したかたちで保全することができるのだろうか。

　この問いへのひとつの手がかりは、政府機関が住民参加の枠組みを取りこむ方法に注目することで得られる。本書の各章では、「フォーマル化」がその代表として論じられている。政府がある森林管理の事業に積極的に関与する以上、その事業に違法性がなく、法的に明確に位置づけがなされている必要がある。そのため、政府は事業における手続きを標準化・形式化し、場合によっては非常に複雑な事務作業を必要とするプロセスを構築していくのである。

　本書では、この「フォーマル化」に対して2つの見方が提示されている。ひとつは、インドネシアのコミュニティ林の事例(第6章)で論じられているように、フ

ォーマル化が当局や外部者によるいやがらせや侵入行為から自らの資源を守る防波堤として役立つという見方である。もうひとつの見方は、フィリピン(第4章)やタイ(第5章)の参加型管理で論じられるように、フォーマル化によって事務手続きが煩雑になったり、関与するアクターが増えたりすることで、これまで自らが管理してきた資源を守ることができなくなる可能性があるということである[7]。後者は、住民の生物資源利用に関する伝統的知識に関する西洋的な権利概念を、現地住民にそのままあてはめることの問題点(第11章)にも重なる。

　これら2つの見方は一見矛盾するようだが、じつは、必ずしも対立するものではない。第6章で紹介されているインドネシアのコミュニティ林は、数多くのフォーマル、インフォーマルな社会的ネットワークによって支えられているという事実に注意されたい。ここではフォーマル化は、そのネットワークを強化するための手段にすぎないのである。つまり、フォーマルな制度が正常に機能するためには、インフォーマルな制度やネットワークによってそれが支えられなければならない。インフォーマルなものの多くは誰かの意図によって設計されたものではなく、地域住民が生活を営み、さまざまな問題に直面するなかで自生的に生成されてきたものである。

　しかし残念ながら、政策担当者にとってはこのような制度はみえにくく、地域ごとにいちじるしく異なるため扱いが難しい。そのため、仮に重要性を認識していたとしても、結果として軽視されてしまうことが多い。Ostrom (1990) は、もっとも現場に近い領域でのローカルな制度やルール (operational rules や collective-choice rules とよばれる) の構築に、このようなインフォーマルな領域が重要な役割を果たすとしている。しかし、現在多くの森林管理の現場では、住民参加型といえども、あらかじめ決まった制度枠組みがローカルな現場に下りてくることによって、事実上これらは制度の「枝葉」の部分としてあつかわれるようになってしまっている。このため、本書ではこれらをあえて「基層」とよび、現場で制度が機能するために不可欠な暗黙知を構成しているという立場をとりたい。この「基層」部分の軽視こそが、フォーマルな制度とのギャップを生みだし、住民の主体性を失わせている一因になっていることをもっと真剣に考えるべきである。インフォーマルで自生的な制度やネットワークこそが、社会の強さやしなやかさを形成し、フォーマルな制度の有効性を担保していることを、強く主張したい。

　では、どうすればこの「基層」部分に根ざした制度をつくることができるのだろうか。私たちは、一度の制度設計でそれをつくることはできないと考えている。少なくとも初期の段階では、フォーマル化にこだわらない柔軟性が必要であろう。

そのうえで、さまざまな当事者が交渉を重ねながら、制度を漸次修正していくプロセスと、それが可能なネットワークの厚みが存在するかどうかが重要であることを指摘したい(8)。たとえば、第6章のインドネシアのコミュニティ林では、大学、NGO、住民、政府機関が緊密なネットワークを形成している。同様に、第8章のコミュニティレベルの森林認証の例でも、国際・国内NGO、住民、木材業者といった、認証市場を介したネットワークが存在することで、ビジネスと政府ではなく、ビジネスと社会を結託させることに成功している。このような多様なネットワークを構築することで、インターフェース機能をもつ主体の出現や交渉力の向上、柔軟な対応を生みだし、制度の高い有効性を担保しているのである。

 一方で、一度地域住民に不利益を与えかねない制度が導入されてしまえば、それが後になし崩し的に強化され、地域住民がさらに困難な立場におかれるようになるという懸念から、このような漸進的な考え方を批判する立場も考えられる。これを防ぐためには、少なくとも、土地や資源へのアクセス・利用や居住・生活に関してあらかじめ地域住民になんらかの権利が付与され、かつ彼らがいつでもそれらを行使できる状況になければならない。NGOが最近主張する「権利にもとづくアプローチ（right-based approach）」、すなわち「地域住民が尊厳のある生活を営むための最低限の条件を達成することに計画的かつはっきりと焦点を合わせ」（Nelson and Dorsey 2008: 89）、これらの権利を獲得・行使するための交渉力を高めていくアプローチは、この点で「強い社会」を形成するための有効な対抗手段になりうる。ただし、その場合、西洋的な「権利」概念をそのまま形式的に地域住民に適用する愚は避けなければならない。「権利」を地域住民がどのように自覚していくか、そのプロセスが重要なのである。

 また、井上の論じるような「かかわり主義」、すなわち「なるべく多様な関係者を地域森林「協治」の主体としたうえで、かかわりの深さに応じた発言権を認めよう」（2001:142）という理念は、「基層」部分に根ざした制度を構築する際の基本理念になりうる。ただし、熱帯アジア地域には、タイやフィリピンのように、比較的早い段階で権威主義的な政治体制から解放され、民主化が進んだ地域もあれば、インドネシアのようにこの十数年で劇的な体制変化を遂げた国や、ラオスやベトナム、ミャンマーのようにいまだ実質的に一党独裁体制下にある国も存在する。このような多様な政治状況のもとで、どのようにこの理念を実現していけばよいかという問題には、必ずしも明確な答えがあるわけではない。それぞれの社会に沿ったやり方があるはずである。

 「社会の強さ」や「協治」と書くと、民主的で「横の関係」の強い社会を思い浮か

べる読者が多いだろう。しかし、必ずしもそれだけとは限らない。ラオスのような一党独裁体制の国においても、やり方次第では、制度を漸進的に修正するための厚いネットワークをつくることが可能である。第3章で述べられているように、第三者機関が中央と地方の政府のギャップを戦略的に架橋したり、中央政府が利権政治の色合いの強い地方政府に対して圧力をかけたりする「縦のアプローチ」が有効に働くこともある[9]。先に述べたように、「従来型」制度下における二項対立状況の下にあっても、政府や住民は必ずしも一枚岩の存在ではなく、そのなかにさまざまな亀裂や差異をかかえている。それらを橋渡ししたり利用したりすることで、制度がうまく機能することがありうるのである。

制度設計の限界と2つのガバナンス

　最後に第4点目として指摘しておきたいのは、制度設計には限界があるということである。制度の生成に着目する場合、通常、私たちは以下2つの疑問を考えることになる。1つ目は、成功事例がどのようなプロセスを経て生まれてきたかという疑問であり、2つ目は、どのようにして成功事例をつくりだすことができるかという疑問である。

　両者は決して同じ問いではない。オストロムとともに2009年のノーベル経済学賞を受賞したウィリアムソンは、ガバナンスを前者の問いに対応する自生的なものと、後者に関連する意図的なものに分け、これまでの経済学が「見えざる手」である自生的なガバナンスを信奉し、「見える手」とでもいうべき意図的なガバナンスを過小評価していると批判している（Williamson 1996）。彼やオストロムを含め、制度の研究者は、総じて制度設計に対して楽観的な立場をとることが多い[10]。

　しかし、本書の各章を読むと、制度設計主義に対して決して楽観視することができない現状が浮かびあがってくる。第Ⅱ部のフィリピン（第4章）の事例では、参加型管理という設計されたしくみではなく、市場という自生的な「制度」が地域の景観を決めていた。また、第Ⅰ部のバングラデシュ（第2章）、ラオス（第3章）や第Ⅲ部のマレーシア（第7章）の事例では、制度設計のそもそもの前提に問題があったり、多くのアクターが操作できるように目的があいまいで複合的なものにされていたり、制度を運用する際に意図せざる問題が起こっていたりしている。これらの事例では、総じてアクター間の情報収集力や交渉力は非常に不均等なものになっている。この不均等性は、植民地支配下で「従来型」制度が導入された多くの発展途上国の資源管理の問題にきわめて特徴的に現れる。その結果、

できあがった制度で想定されるアクターの行動と、実際のアクターの行動にギャップが生じる可能性が高くなってしまう。このため、先進国で展開されるガバナンス論や制度の議論のように、関連するアクターが目的と価値をある程度共有し、問題解決をはかっていくようなプロセスを想定することが、時として難しくなってしまう。

この点、自由主義の権威であるハイエク (Hayek 1973) がウィリアムソンとはまったく正反対の指摘をしていることが興味深い。彼によれば、私たちの世界の秩序は、私たち自身が明確には認識できない数多くの要素によって構成されており、それによって維持されている。制度設計の際には、私たちはそのすべてを考慮することはできない。それゆえに、設計された秩序は、自生的に発達してきた秩序に完全にとってかわることはできないというのである。また、井上 (2001) のように、別の目的のために作られたルールの副産物としてコモンズが保全される場合や、偶発的で意図せざる変化によって制度が生成される場合があることを指摘する論者もいる。もちろん、制度だけでなく、それを生成する組織者・革新者としての個人に着目し、研究を展開していくことも重要だろうし、アクターのせめぎあいや政治プロセスに着目したポリティカル・エコロジーや、レント・シーキング構造の社会比較の研究も有益である[11]。

ここでは、自生的なガバナンスと意図的なガバナンスのどちらがよいかという議論をすることが目的ではないので、これ以上の考察は避ける。政府や市場が不完全であるのと同様に、制度も不完全である (Eggertsson 2005)。したがって、制度設計によるガバナンスの改善には限界があるということを認識しておくことは重要だろう。また、本書で述べられるような制度設計の問題点は、この2つのガバナンスの関係がどうあるべきか、再考をうながしているということもいえるかもしれない。

3　つながる機会、つなげる力——よりよい森林ガバナンスのために

以上、本書の最後の章として、本章では各章の共通部分に焦点を当て、森林管理制度の現状と課題を総合的にまとめた。森林管理制度が「住民参加型」と「市場志向・グローバル型」に向かうなかで、これらをつなぐガバナンスのあり方が求められている。以下では、ローカル、ナショナル、グローバルの領域をつなぐにはどうしたらよいかを考察するうえで、重要となる点をいくつか指摘して、本書の結語としたい。

まずなによりも、先進国に住む私たちが、世界各地で起こっていることに関心をもちつづけることが重要である。私たちの生活は、自国の資源だけではなく、本書で論じたような熱帯アジアの諸国からの資源も利用して成り立っている。よって、私たちはそこに住む住民がどのような生活をし、森林がどのような状態にあるのかを無視することはできない。幸い、グローバル化はヒト、モノ、カネの移動を自由にしてきただけでなく、情報伝達の速度を飛躍的に向上させた。私たちが彼らに対して関心をもって情報に接することは、「つながり」をもった森林ガバナンスを達成するうえで不可欠である。

次に、人や制度や資源がうまくつながる機会を増やし、つなげる能力を養うことである。参加型制度とグローバルな制度をつなげる、特定の制度を超えた人のネットワークをつくる、生産者から消費者への資源のつながりをより良いものに変えていく等々、これらの活動が、制度の漸進的な変化を支え、効率的かつ公平で、変化に対して柔軟な、よりよいガバナンスに導くと信じたい。もちろんこの「つながり」には、偶然の産物として形成されていく自生的なものもあれば、NGOや大学研究者などの第三者が意図的に「戦略的架橋」をおこなう場合もある。後者が成功するためにはいかなる条件が必要なのか、さらなる検討が必要だろう。

また、本書では森林管理制度をあつかったため、水や魚など、他の資源の管理については論じてこなかった。しかし、第5章でキノコ採取と魚とりのネットワークに変化が生じた例が述べられているように、住民の生活という視点からみれば、森林資源と他の資源利用は明らかにリンクしている。もちろん資源自体が、しばしば生態系あるいは物質循環の点で結びついている。これまでの資源管理制度は、多くが特定の資源を対象に設計されており、このような資源の関係を意識したガバナンスのあり方は考慮されていなかった。したがって、異なる資源をつないでいくことも今後の重要な課題となるだろう。

最後に、「つながり」をつくるプロセスに関して述べたい。本章では、これら人や制度や資源が具体的にどうつながればよいのかを示唆するような理念や戦略として、「権利にもとづくアプローチ」と「かかわり主義」を取りあげた。しかし、制度の「基層」部分を重視する立場からいえば、単につながりをつくり、四角四面に地域住民の権利や現場との「かかわり」の深さに敬意を払えばよいというものではない。いつ、どのようにつながることが、「基層」部分を損なうことなくよりよいガバナンスを確立することを可能にするのか、プロセスそのものが問われている。

本書が事例としてきた熱帯アジアだけをとってみても、森林そのものはいうま

でもなく、社会や政治体制も多様であることがわかる。したがって、これらを実現する方法も多様であるはずである。「横のアプローチ」ではなく、「縦のアプローチ」のほうが有効な社会もあるかもしれない。また、方法の地域的な多様性に加えて、つながる時期や取り組む期間も重要である。上のような理念や戦略をもっていたとしても、焦って時期を間違えてしまえば、これまでの過ちを単に繰りかえすことになりかねない。時間をかけて取り組む辛抱強さが求められている。

熱帯アジアにおいて、森林管理には、長いあいだ画一化された制度が用いられてきた。グローバルな環境主義の高まりは、従来の制度を変革するよい機会であるとともに、それらを強化する可能性も秘める「両刃の剣」である。より持続的で民主的な森林ガバナンスの実現のために、多様な方法で多様な「つながり」をつくることで、これまで画一的であった制度を多様化させ、地域の実情に合わせた方向で地域化させていく必要性を痛感している。本書のような研究書が、そのためにささやかながらも貢献することができれば、これ以上の喜びはない。

注

(1) 松下・大野は、環境ガバナンスを「上(政府)からの統治と下(市民社会)からの自治を統合し、持続可能な社会の構築に向け、関係する主体がその多様性と多元性を生かしながら積極的に関与し、問題解決を図るプロセス」(2007: 4)ととらえている。本書では、基本的にこの定義を踏襲し、環境ガバナンスの定義を森林に当てはめたものとして森林ガバナンスを定義したい。
(2) また、地域住民の生活のなかでの土地や森林への需要も、重要な相違点となっているかもしれない。タイの農村では、近年農外就業への依存がいちじるしく強まっており、相対的に土地や森林への生産目的の需要を弱めていると考えられるからである。
(3) たとえば、資源の希少化を契機として、住民による資源管理制度が自生的に形成される場合があるが、これは逆にいえば、ある程度まで資源が枯渇しない限り住民のなかに制度形成のモチベーションが起こらないともいえる。このような場合、資源保全の見地から政府の介入が正当化されうるが、住民のモチベーションがなければ保全は困難となる。Tachibana *et al.* (2001)は、森林管理に関する以上のようなジレンマを、森林政策のジレンマとよんでいる。
(4) このような環境問題のもつ空間的重層性に対処するガバナンスのあり方が、環境ガバナンス論の課題として取りあげられている(松下・大野 2007: 27)。
(5) 住民参加型管理導入のこのような解釈は、Agrawal (2005)に典型的にみられる。

(6) 天然資源に関してこのようなアプローチからおこなった先駆的な研究に、Ascher (1999) や Ross (2001) があげられる。
(7) 手続きが複雑化、システムが肥大化し、責任があいまいになることで、影響力のある個人がプロセスに恣意的に介入することも容易になる。
(8) 厚いネットワークが形成されることによって、システム全体が高い復元力(レジリエンス)(resilience) を保つことが可能になる。
(9) この「縦のアプローチ」が有効に機能した例として、Tendler (1997) が詳述したブラジル東北部における公衆衛生プログラムの事例があげられる。なお、NGO などの第三者が、多様な利害関係者を意図的につないでいく戦略的架橋に関しては、松本 (2007) を参照されたい。
(10) Ostrom (1991) も、灌漑システムの整備に関して論じ、制度設計の重要性を主張している。
(11) Khan (2002) は、アジアの経済発展に関する研究のなかでレント・シーキングのポジティブな効果に注目し、レント・シーキングの構造(分権的、集権的など)を国や地域ごとに比較することで、経済発展の過程で「価値創造的なレント」を創出する条件を考察している。森林管理制度においても同様のアプローチをとりながら比較していくことができるだろう。本書では、この点に関してこれ以上の議論はしないが、研究のひとつの方向性として重要な示唆を含んでいると考えられる。

参考文献

井上真 2001「自然資源の共同管理制度としてのコモンズ」井上真・宮内泰介編『コモンズの社会学——森・川・海の資源共同管理を考える』1-28頁, 新曜社.

松本泰子 2007「地球環境ガバナンスの変容と NGO が果たす役割: 戦略的架橋」松下和夫編『環境ガバナンス論』85-111頁, 京都大学学術出版会.

松下和夫・大野智彦 2007「環境ガバナンス論の新展開」松下和夫編『環境ガバナンス論』3-31頁, 京都大学学術出版会.

Agrawal, A. 2005. *Environmentality: Technology of Government and the Making of Subjects*. Durham: Duke University Press.

Ascher, W. 1999. *Why Governments Waste Natural Resources: Policy Failures in Developing Countries*. Baltimore: The Johns Hopkins University Press (『発展途上国の資源政治学——政府はなぜ資源を無駄にするのか』佐藤仁訳, 東京大学出版会, 2006年).

Dolšak, N. and E. Ostrom. 2003. "The Challenges of the Commons." In N. Dolšak and E. Ostrom (eds.) *The Commons in the New Millennium: Challenges and Adaptations*, 3-34. Cambridge: The MIT Press.

Eggertsson, T. 2005. *Imperfect Institutions: Possibilities and Limits of Reform.* Ann Arbor: University of Michigan Press.

Hayek, F. A. von. 1973. *Rules and Order,* vol.1 of *Law, Legislation and Liberty: A New Statement of the Liberal Principles of Justice and Political Economy.* Chicago: University of Chicago Press(『法と立法と自由Ⅰ ルールと秩序』矢島欽次・水吉俊彦訳, 春秋社, 2007年).

Khan, M. H. 2002. "Rent-seeking as Process." In Khan, M. H. and J. K. Sundaram (eds.) *Rent, Rent-Seeking and Economic Development: Theory and Evidence in Asia,* 70-144. Cambridge: Cambridge University Press(「過程としてのレント・シーキング」M・H・カーン, J・K・サンダラム『レント、レント・シーキング、経済開発――新しい政治経済学の視点から』中村文隆・武田巧・掘金由美監訳, 人間の科学社, 2007年).

Nelson, P. J. and E. Dorsey. 2008. *New Rights Advocacy: Changing Strategies of Development and Human Rights NGOs.* Washington D.C.: Georgetown University Press.

Ostrom, E. 1990. *Governing the Commons: The Evolution of Institutions for Collective Action.* Cambridge: Cambridge University Press.

―――. 1991 *Crafting Institutions for Self-governing Irrigation Systems.* San Francisco: ICS Press.

Ross, M. L. 2001. *Timber Booms and Institutional Breakdown in Southeast Asia.* Cambridge: Cambridge University Press.

Tachibana, T., H. K. Upadhyana, R. Pokharel, S. Rayamajhi and K. Otsuka. 2001. "Common Property Forest Management in the Hill Region of Nepal." In K. Otsuka and F. Place (eds.) *Land Tenure and Natural Resource Management: A Comparative Study of Agrarian Communities in Asia and Africa,* 273-314. Baltimore and London: The Johns Hopkins University Press.

Tendler, J. 1997. *Good Government in the Tropics.* Baltimore and London: The Johns Hopkins University Press.

Williamson, O. E. 1996. *The Mechanisms of Governance.* New York: Oxford University Press.

あとがき

　現在、熱帯アジアの森林にかかわりながら暮らす地域住民は、大きな環境変化に直面している。とくに、グローバル環境主義の台頭のなかで、森林の価値が従来の木材資源だけでなく、生物多様性の減少、気候変動問題のなかで位置づけられるようになってきている。そのなかで地域住民が森林資源管理に主体的にかかわることが難しくなりつつある。

　本書では、森林管理やガバナンスの制度について、地域住民の視点から制度をみつめなおすことの重要性を伝えることをめざしている。とくに第Ⅲ部（市場・グローバル志向の制度）では、森林認証制度、生物多様性条約、CDM植林、REDD制度と、制度としても比較的最近導入が始まり、今後進展していくであろう市場メカニズムを利用した森林管理制度をあつかっている。現場で実践されている政府機関やNGOの政策担当者および研究者の方々に、それらの制度が地域住民へあたえる影響について検討する際の一助となれば幸いである。

　本書の執筆は、2008年12月26～27日に総合地球環境学研究所において開催したワークショップ「アジアの森林保護政策・制度による人々の暮らしへの影響と対応」を契機としている。ワークショップでは、熱帯アジアの現場でフィールドワークに取り組んでこられた方々を中心に、グローバル、ナショナル、ローカルな森林制度による影響を地域住民の視点から発表していただいた。そこでは本書の執筆者に加えて、阿部健一氏、湯本貴和氏に報告いただき、また参加してくださった方々から数多くのコメントをいただいている。この場を借りてお礼を申しあげたい。

　出版に際して、ワークショップを企画した市川昌広、内藤大輔と発表者であった生方史数の3人が編者として、執筆者とともに本書の構成や理論的な枠組みの議論を積み重ねてきた。また鮫島弘光氏からは本書の構成について有益なコメントをいただいた。そして現在、動向が注目されているREDD制度の事例紹介のため百村帝彦氏に執筆に加わってもらった。本書全体の構成と各章の編集、基本用語の統一は編者がおこなっているが、場合によっては、地域的な背景の違いなどからあえて統一していない箇所もある。

本書の出版にあたっては、環境省地球環境研究総合推進費「炭素貯留と生物多様性保護の経済効果を取り込んだ熱帯生産林の持続的管理に関する研究（F-07）」、および総合地球環境学研究所「人間活動下の生態系ネットワークの崩壊と再生（D-04）」からの支援をいただいた。ここに記し、感謝いたします。

　最後に、人文書院編集部の伊藤桃子さんには、本書出版の企画にご理解・ご賛同いただき、刊行にいたるまで多大なご尽力をいただいた。加えて、本書においてFSC認証紙を使用する提案を快く認めていただき、ご助力いただいた。認証マークを付与した製品をつくりだすためには、加工流通過程のすべてにおいてCoC認証の取得が求められる。現時点では使用できる紙種も限られているなどさまざまなハードルを乗り越え、「FSC認証書籍」の発行を実現してくださった。装丁に関しては西田優子さんに大変お世話になった。編者の仔細にわたる要望に確実に応えていただいた。この場をお借りして、執筆者一同、心より感謝申しあげます。

　2010年3月

編者のひとりとして
内藤　大輔

索 引

1865年インド森林法　46
1878年インド森林法　46
1967年林業法(インドネシア)　128, 193, 197
1999年林業法／新林業法(インドネシア)　128-131, 193, 202, 240
CCB基準(Climate, Community and Biodiversity Standards)　212, 215, 219
CDA(Children Development Association)　211, 219
CDM(Clean Development Mechanism)　189, 190, 203, 248
　　―植林　10, 19, 189-193, 201-203, 249-252
CFI(Community Forestry International Cambodia)　211, 212, 219
CoC認証(Chain of Custody)　180-182
FSC(Forest Stewardship Council)　152-158, 160-165, 168-178, 182-185, 249
　　―原則と規準(FSC Principles & Criteria)　154, 170
Hkm　132, 133, 136
ITTO　→国際熱帯木材機関
JICA　→国際協力機構
LEI　→インドネシア・エコラベリング協会
NGO(非政府組織)　10, 67, 76, 78-82, 93, 100, 111, 112, 125, 136, 137, 143, 146, 151, 153, 157-160, 162, 163, 165, 168-170, 173, 178, 179, 183, 184, 186, 192, 211, 213-215, 217, 219, 255, 258, 260
PACT(Private Agencies Collaborating Together)　211
PEFC森林認証プログラム(Programme for the Endorsement of Forest Certification：PEFC)　158, 159, 163, 165
PHBML認証(LEIの持続可能な地域住民による森林管理に対する認証)　171, 178-186
REDD(途上国における森林減少・劣化からの温室効果ガスの排出削減)　8, 10, 16-18, 164, 202, 206-213, 215-219, 249, 250, 252
VCS(Voluntary Carbon Standard)　212
WWF　→世界自然保護基金

あ 行

アカシアマンギウム・プランテーション　35, 36
アグウェイ・グー・ガイドライン　225, 235, 237
アクセス　90, 110, 115, 116, 118, 121, 131, 134-136, 138, 154, 223, 224, 230, 231, 240, 250, 255
アクター　9, 15, 66-68, 75, 76, 78, 80, 82, 122, 123, 140, 145, 174, 218, 245-249, 252, 254, 256, 257
アジア開発銀行(ADB)　48, 49, 50, 55, 79, 95, 98
アジスアベバ原則およびガイドライン　229
アセスメント　160, 225, 237
アディバシ　53, 57, 62
アブラヤシ　34, 39, 42, 196, 248

アブラヤシ・プランテーション　　34, 35, 42, 196-198, 200-202
イギリス　　10-12, 13, 17, 158
移住政策　　135, 136, 201
遺伝資源　　223, 224, 230-232
意図的なガバナンス　→ガバナンス
イバン　　8, 37, 38
違法伐採　　53, 161, 162, 168, 169, 172-174, 177, 178, 185, 186, 190, 216, 220
移民　　92, 96, 97-99, 134, 137, 138, 144, 200, 201, 211
インセンティブ　　11, 17, 122, 151, 177, 207, 208, 238
インターフェース　　139, 141, 144, 145, 247, 255　⇔接合面
インド　　11-14, 17
インドネシア　　8, 128-134, 144, 168-171, 190-194, 201-202, 226 246, 247, 249, 250
インドネシア・エコラベリング協会(LEI)　　170, 171, 178-183, 185, 249
インドネシア共和国憲法第33条　　129
インドネシア大学生態人類学研究開発プログラム(P3AE-UI)　　129, 136-139, 143, 145
インドネシア熱帯研究所(LATIN)　　169, 185
インドネシア林業省　　130-131, 133, 134, 136, 137, 143, 144, 170, 190, 191, 202, 236
インフォーマル　　19, 96, 114, 115, 123, 124, 246, 254
ウドムサイ県　　69, 78
永久林　　25-36, 39, 42, 130,
エコシステムアプローチ　　237
エコ・パーク　　48, 49, 52-56, 58, 61, 245, 253
援助機関　　68, 92, 93-96, 97, 100, 104, 106, 110, 208, 209, 212, 214, 216-218,
援助事業　　93-96, 100, 106
エンパワーメント　　14, 41, 59, 113, 132, 137, 141, 143, 144, 145, 247, 249
オッドーミエンチェイ州　　206, 210-212, 219
オープンアクセス　　89, 90, 121, 223
オランダ　　13, 134, 135, 139, 156, 169
温室効果ガス　　188, 189
温暖化　　44, 164, 188, 189, 202, 206, 207, 209, 247, 249

か　行

海外援助機関　→援助機関
ガイドライン　　100, 101, 104, 154, 189, 224, 225, 229, 231, 235, 237
開発援助　　14, 58, 68
開発政策　　14, 192
外部者　　117, 121-123, 125, 141, 161, 193, 194, 199, 200, 202, 228, 229-231, 234, 235, 247, 254　⇔よそ者
カカオ　　139, 140
科学的森林管理　　7, 12
かかわり主義　　255, 258
囲い込み　　9, 11, 17, 18, 26, 28-33, 112, 121, 122, 164, 192, 214, 215

ガバナンス　　249, 256-260
　意図的な—　　256, 257
　環境—　　259, 260
　自生的な—　　256, 257
　森林—　　9, 17, 19, 243, 244, 257-259
カム　　69
カリマンタン　　41, 146, 178, 185, 226, 243
カルタヘナ議定書　　238
ガロ　　49-54, 60, 62, 245
環境天然資源省（フィリピン）　　87, 90-107
環境問題　　7, 9, 11, 12, 15-17, 93, 112, 188, 248, 260
監査　　161, 162, 165
慣習　⇔先住慣習権、先住慣習地
　—共同体　　193, 201,
　—的な土地／森林利用　　111, 163, 170, 195, 213, 217, 240
　—法　　38-40, 128, 192, 193
　—リーダー　　195, 198-200　⇔リーダー
　—林　　129, 178, 192-202
カンボジア
官僚　　101, 105, 253
気候変動　　7, 16, 17, 248, 249, 252
気候変動枠組条約（UNFCCC）　　8, 16, 188, 208, 209, 218, 248
基準　　16, 18, 151-160, 163, 168-170, 175, 179, 225, 229, 231, 248, 251
　—と指標（Criteria and Indicators）　　154, 168, 170
希少化　　114, 122, 259
基層　　254, 255, 258
北ダバオ州　　97
規範　　114, 120, 122, 123
脅威による協同　　121, 248
吸収源　　8, 188-191
境界画定　　92, 161
協治　　15, 121, 124, 125, 255, 256
協働　　125, 137, 146, 162, 247, 248
協同組合　　96-105, 107
共同森林管理（JFM）　　14
京都議定書　　8, 189, 190
京都メカニズム　　189, 203
共有林　　67, 91, 109, 114-122, 123, 124, 247
近代化　　14, 243
クリーン開発メカニズム　→CDM
グローバル　　7-9, 11, 15-19, 182, 184, 189, 243, 244, 248-250, 252, 258
グローバル環境主義　　13, 15-17, 124, 248, 252, 259
グループ認証　　171-178, 182-186, 249, 253

郡農林事務所(ラオス)　71, 72, 74, 80
経済土地コンセッション(ELC)　210, 212-214, 219
経路依存　115
検証基準(Verifiers)　157
原生林　9, 10, 28-30, 32, 37, 160, 197, 239
権利にもとづくアプローチ　255, 258
権利林　131, 190, 193
国営林業公社(インドネシア)　169
国際環境条約　16, 18, 239, 248, 250
国際協力機構(JICA)　80
国際自然保護連合(IUCN)　223
国際熱帯木材機関(ITTO)　31, 33, 40, 154, 155, 169
　―の「持続可能な森林管理を評価するための基準と指標(Criteria and Indicators)」　154
国内作業部会(National Working Group)　→作業部会
国内審議委員会(National Steering Committee)　157
国有林　52, 87-90, 91-93, 96-100, 102-107, 145, 172-174
　―地管理　87, 88, 90-92, 93-96, 97, 98, 100-102, 103-106, 173
国立公園　9, 10, 12, 16, 44-51, 55, 56, 59, 60, 112, 113, 121, 130, 132, 192, 235, 236, 243, 245
国連環境開発会議　16
国連環境計画(UNEP)　15, 223
国連食糧農業機関(FAO)　50
国家管理統治　129-130, 145
国家木材認証協議会(National Timber Certification Council)　152
国家林　129, 131, 134, 145, 146, 190, 193
国家林業評議会　154
コーヒー　135, 139, 140
コベネフィット　209, 212
コミュニティ　10, 13 14, 87-90, 92, 93, 95-97, 99, 100-104, 106, 113-115, 120-122, 146, 246, 249, 250, 252
　―にもとづく天然資源管理(CBNRM)　14, 15, 19, 252
　―にもとづく森林管理(CBFM)　10, 14, 87-89, 91, 93, 95-98, 99-100, 101-105, 109, 128, 246, 252
　―林　10, 14, 18, 109-118, 120, 122, 129, 146, 162, 243, 246, 250, 252-255
　―林業　58, 209, 211-216, 219
　―林法　112-115, 124,
ゴム　78, 139, 140, 194, 197
コモンズ　13, 14, 110, 123, 124, 247, 251, 252, 257
　―の悲劇　15, 103
混合樹園地　135, 139-140, 144, 247, 248
混合樹林地　144
コンセッション　12, 13, 111
コンフリクト　115, 192, 193, 198, 201, 202, 246

さ　行

サイ　228, 240
作業部会　133, 157, 170, 224, 231
サバ州　41, 157, 160, 161, 163, 165, 249
サラソウジュ　48
サラワク州　25-37, 39-42, 153, 155, 157, 165, 234, 244
参加型森林管理　11, 15, 17, 58, 109-110, 121, 122, 129, 132, 133, 144, 246
参加型土地利用計画　Participatoriy Land Use Planning(PLUP)　80
産業造林　172, 185, 188, 189, 192, 196-198, 200-202, 243, 246, 250
シアラン　195, 198-201,
シエムリアップ　211, 219,
資源管理　14, 19, 88, 93, 95, 100-102, 104, 105, 110, 115, 125, 129, 145, 164, 235, 237, 246, 247, 256, 258
市場　16-18, 100, 102-103, 105, 151, 154, 157, 158, 164, 170, 178, 189, 191, 198, 208, 218, 228, 229, 248, 249, 252, 255-257
市場志向・グローバル型　11, 15-18, 243, 248-252, 257-258
自生的秩序　246-248
自生的なガバナンス　→ガバナンス
自生的な制度進化　123
自然環境　102, 188, 201, 226, 229
持続可能な管理／利用　175, 223, 227-230, 235, 236, 240
持続可能な森林管理(Sustainable Forest Management)　10, 16, 151, 160, 168, 170, 177
下請け機関　88, 97, 102, 104, 105
実践的研究　129, 136-137, 138, 143, 145
社会経済研究・開発協会(PERSEPSI)　179
社会林業　52, 92, 93, 109, 162, 163, 173, 174, 178, 246
ジャワ　12, 134, 135, 138, 169, 176, 181, 184
住民
　―運動　14, 51-55, 55-58, 113, 122
　―参加型　11, 13-15, 19, 109, 243, 246-248, 251, 252, 257
　―参加型森林管理　→参加型森林管理
　―の組織化　96-97, 99, 105, 132, 136, 141, 144
　―の排除政策　136, 138, 139
　地域―　8-10, 11-14, 16-19, 49, 51-55, 66, 68, 75, 76, 78, 80-82, 87, 99, 104, 109, 112, 117, 162, 168-174, 177-181, 183-186, 191-193, 198, 202, 207, 209, 211-219, 228, 243-246, 248-251, 253-255, 258
従来型森林管理制度　11-14, 17, 109, 111, 113, 163, 243-246, 250-253, 256
私有林　168, 171, 173, 174, 178, 179, 183, 184
狩猟採集民　33, 38, 39, 158, 222, 225-227, 234, 236, 239, 250
商業伐採　151, 192, 234　⇔森林伐採、木材伐採
　―跡地　97-99, 107, 176
省庁再編　113, 252
植民地　11, 12, 18, 134, 135, 139, 243, 244, 257

植林　⇔産業造林　　10, 68, 78, 79, 90-92, 95-99, 101, 103, 105, 107, 110, 136, 141, 142, 144, 160, 162, 172, 175, 178, 185, 190, 191, 248
　再―　　189, 190
　新規―　　189, 190
ジレンマ　　45, 109, 122, 123, 247-249, 259
所有権／保有権　　12, 14, 90, 106, 130, 135, 146, 190, 191, 240, 250　⇔土地権
沈香　　227-229, 240
人工林　　9, 10, 53, 101, 168, 170
審査　　154, 159, 160, 168-170, 179, 212, 249
森林改正条例11（バングラデシュ）　　46
森林開発　　33-39
森林管理協議会　→　FSC
森林管理区（Forest Management Unit）　　154, 155, 159
森林管理計画（Forest Management Plan）　　160, 162, 174
森林管理者　　152, 153, 157, 160, 164, 184
森林管理認証　　164
森林局　　11-13, 17, 30, 31, 33, 39, 89, 91, 105, 110-112, 113, 115, 117, 212-217,
森林区域　　128-132, 134-138, 140, 142, 144, 145
森林組合　　173-177, 183, 186,
森林警備官　　49, 51, 56, 60, 135, 141-143, 147
森林減少　　7, 8, 11, 12, 16, 68, 90, 151, 152, 164, 168, 207-211, 215, 217, 219, 236　⇔森林劣化
森林認証制度　　10, 16, 18, 151, 152, 153, 154, 156, 157, 158, 159, 161, 162, 163, 164, 165, 168-171, 176, 178, 179, 183-185, 248, 249, 251-253, 255
森林伐採　　170, 181, 188　⇔木材伐採、商業伐採
森林ネットワーク（JAUH）　　173, 174,
森林破壊　　7, 8, 48-51, 55, 66, 106, 112, 121, 130, 134, 189, 245
森林法　　31, 33,
森林保全　　9, 10, 14-16, 18, 40, 41, 45, 46, 57, 58, 66, 67, 73-76, 78-82, 88, 106, 109, 112, 115, 119, 120, 122, 131, 170, 182, 185, 208, 209, 217, 219, 222, 245-248, 250, 252
森林保全・管理者グループ（kpph）　　138-145, 247
森林率　　67, 203
森林劣化　　7, 8, 16, 90, 207-209, 219, 236　⇔森林減少
水源林　　14, 66, 70-72, 75-77, 80-82, 114
水源林管理委員会　　80-82
水田　　116, 172, 178, 214, 215
ステークホルダー　→利害関係者
スマートウッド　　154, 169, 174
スマトラ　　134, 181, 194, 246, 250
スハルト政権／体制　　131, 172, 193, 198, 252
製造・加工・流通における認証　→CoC認証
生態系サービス　　44, 218, 219
正当性・正統性　　160, 202, 253
制度設計　　105, 122, 123, 247, 255-257, 260

生物多様性　　7, 8, 10, 18, 25, 44, 151, 163, 209, 212, 218, 222-225, 235-238, 243, 247, 248, 251
生物多様性条約(CBD)　　8, 10, 17, 19, 222-225, 229-231, 233-235, 237-240, 248, 250, 251, 253
世界銀行(World Bank)　　60, 95
世界自然保護基金(WWF)　　153, 156, 157, 165, 179, 181, 186, 235
世界森林資源評価　　49
世界貿易機構(WTO)　　230
接合面　　247, 251　⇔インターフェース
先住慣習権(Native Customary Rights)　　29-33, 37, 38, 159
先住慣習地(Native Customary Land)　　25-37, 39, 40
先住民　　14, 26-41, 53, 88, 90, 92, 96, 106, 151, 152, 156-160, 163-165, 178, 185, 223, 224, 238
先住民権利法　　90, 106
戦略的架橋　　256, 258, 260
相互認証　　156, 157, 158, 159, 163
早生樹種　　91, 92, 99, 110, 192, 196
造林　→産業造林
ソーシャル・フォレストリー(SF)　　132, 133, 162
村落移転　　71, 73, 76
村落合併　　71, 76

た　行

タイ　　8, 13, 15, 109-111, 114-116, 122, 125, 246, 247
大陸部　　8, 243
第三者認証機関　　151, 154, 157, 158, 161-165, 169, 174, 179
大森林公園(Taman Hutan Raya)　　135, 137, 141, 142, 146, 247
タナ・ウィラヤット　　195, 200
ダマール　　194
ダム開発　　70, 73, 111, 151, 192
タンガイル県　　48
炭素クレジット　　8, 189, 208, 209, 211, 217
炭素ストック　　7, 44, 203
タンボン自治体　　112, 115, 119, 120, 124
地域基準／国内規準　　154, 170
地域住民　→住民
地球サミット　→国連環境開発会議
チーク　　12, 171-176, 178, 183, 243
知的財産権　　222, 230-232
　　知的所有権の貿易関連の側面に関する協定(TRIPS協定)　　230, 231
地方自治　　115
　─法　　93
地方分権　　93, 115, 128, 133, 134, 135, 193, 252
中核農園システム　　196
中間組織　　97, 100

中部ジャワ州　　171, 172, 178-182
つながり　　8, 247, 258, 259
帝国主義　　12, 16
帝国林業　　12-14,
締約国会議(COP)　　8, 10, 224, 225, 229, 231, 237, 238, 248
伝統的知識　　224, 230-232, 239, 250, 254
天然更新　　188, 203
天然／自然資源管理　→資源管理
天然林　　10, 36, 60, 89, 90, 101, 168, 170, 172, 181
ドイツ技術協力公社(GTZ)　　79, 80, 95, 160, 179
統合社会林業プログラム　　92
途上国における森林減少・劣化からの温室効果ガスの排出削減　→REDD
島嶼部　　8, 16, 243
東南アジア　　8, 9, 16, 18, 19, 41, 145, 164, 217, 230, 243
東南スラウェシ州　　170-178, 184
土壌浸食　　13, 44, 188
土地・森林分配事業(Land Forest Allocation: LFA)　　66-82, 245
土地権　　131, 146, 192, 193, 198, 201, 202
土地所有権　　135, 169, 170, 175, 183, 184
土地測量局　　32, 37
土地法　　29, 30, 38
土地問題作業部会　　80
土地利用権　　67, 68, 71, 79, 87, 91, 92, 97, 98, 101, 102, 106, 170, 175, 211
特許　　230-232, 240
トップダウン　　73, 109, 121, 162, 245
トレーニング　　174, 179, 180

な 行

仲買人　　103, 105, 107
ナショナル　　9, 16, 18, 20
二項対立　　194, 202, 244-246, 256
二酸化炭素吸収　　188-191
二次林　　9, 10, 69, 135, 160, 197, 240
日本国際ボランティアセンター(JVC)　　79
認証管理団体(National Governing Body)　　158
認証基準　　152-157
認証機関　→第三者認証機関
認証材　　10, 156, 158, 161, 173-178, 180-186
認証林　　10, 17, 151-153, 157, 159, 160, 165, 171, 174, 175, 178, 180, 183, 184, 186
熱帯材不買運動　　154
熱帯アジア　　8, 9, 18, 243, 255, 258, 259
熱帯林　　17, 27, 30, 41, 151, 164, 168, 194, 222, 225, 226, 228-230, 237, 248

熱帯林トラスト　　173, 174, 186
ネットワーク　　80, 83, 111, 121, 143, 145, 247, 249, 254-256, 258, 260
年間伐採区（Annual Coupe）　　215, 220,
農民グループ　　173, 174, 176, 177, 179, 180, 183
能力開発　　234, 235

は　行

媒介　　143-145
排出権取引　　18, 203
排出削減　　207, 209, 212, 218
バイド　　52, 61
配当金　　98, 177, 183, 186
パイロットプロジェクト（事業）　　80, 202, 209, 210, 250
パクベン郡　　69-76, 78, 80
伐採権　　30, 39, 89, 94, 104, 105, 193
伐採反対運動　　33, 34
バッファー　　139-141, 144
バリ　　8, 202, 248
バングラデシュ　　44-49, 51, 53, 57, 59, 60, 62, 245
東カリマンタン州　　226
ビジネス　　238, 248, 249, 252, 255
非木材（森）林産物（NTFP）　　27, 28, 33, 38, 69, 75, 206, 210, 211, 213, 214, 217
非木材（森）林産物採取許可料　　141-144, 146
フィリピン　　13, 15, 87-88, 89, 91-94, 103-105, 246
フィールドワーク　　18
フォーマル化　　120-123, 253-255
副次的利益　→コベネフィット
フタバガキ科　　28, 30, 31, 89, 161, 214
プタランガン　　194, 195, 198, 199, 201
ブトゥン山　　129, 134-137, 139, 140, 145
プナン　　8, 33, 159, 160, 226-230, 232-237, 239, 250
プマカイ・ムノア（pemakai menoa）　　38
ブルック（Brooke）政府　　27-29, 41
ブレトンウッズ体制　　16, 17
文化的サービス　　44, 45
ベンガル人　　48, 53, 54, 245
保護区　　10, 12, 13, 16, 19, 25, 44, 59, 113, 235-237
保護林（Protected Forest）　　13, 31, 70-72, 77, 81
保存林（Forest Reserve）　　10, 12, 31, 111, 112, 152, 153, 159, 160, 161, 162, 163, 243
ボトムアップ　　109, 121
ポリティカル・エコロジー　　257
ボルネオ　　226-228, 239, 240, 243

ポルポト派　　210, 213, 215
ボランティア　　118, 119
ボン・ガイドライン　　231, 235

ま 行

マイクロファイナンス　　177, 181
マホガニー　　178
マレーシア　　8, 13, 30, 34, 41, 151-165, 230, 234, 236, 239, 240, 244, 249
マレーシアの持続可能な森林管理のための基準と指標(Malaysian Criteria and Indicators for Forest Management Certification : MC&I)　　154-158, 165
マレーシア木材認証協議会(Malaysia Timber Certification Council：MTCC)　　151-161, 163-165, 249
マルコス政権　　90, 91, 93-96
ミリ省　　29, 32
ミンダナオ島　　97
メコン・ウォッチ　　70, 80-82
木材生産　　89, 95, 98-100, 103-106, 165
木材伐採　　8, 10, 12, 13, 17, 26, 28, 30, 31, 33, 37, 103, 151, 152,173, 176, 177, 197, 212, 216, 219, 228, 236　⇔商業伐採、森林伐採
モドゥプール丘陵　　44, 47, 48
モドゥプール国立公園開発事業　　46-49, 50

や 行

焼畑　　8, 13, 14, 28-30, 32, 33, 36, 38, 39, 66-81, 83, 91, 92, 98, 106, 117, 162, 163, 192, 194-7, 203, 213, 215, 217, 218, 226, 233, 236, 240, 245
焼畑抑制政策　　67, 68, 75, 77
野生動植物保全条例　　48
ヤソートン県　　115, 116
誘発的制度進化　　114
有用樹　　26(有用木), 89, 135, 138-140, 144, 195
ユニオン　　245
よそ者　　67, 81, 82　⇔外部者

ら 行

ラオス　　8, 66-71, 75-83, 245
ラタン　　161, 194
ランプン州　　129, 134-137, 146, 247
リアウ　　194, 196, 199
利益配分　　100, 191, 200-202, 218, 223, 224, 230-232, 235, 240, 250
利害関係者　　17, 137, 146, 152, 156-159, 164, 191, 201, 218, 219, 232, 237, 260
リーダー　　51, 53, 120, 139, 141, 234　⇔慣習リーダー

領域化　13, 122, 244
レインフォレスト・アライアンス　169
レジン樹脂　194
レント・シーキング　102, 103, 107, 253, 257, 260
ローカル　9, 14, 18-20, 110, 120, 124, 182, 184, 243, 244, 247, 248, 252-254, 258
ローマクラブ　16
ワーキンググループ　→作業部会

　　わ 行

ワシントン条約(CITES)　228, 240

執筆者紹介
(執筆順。★印は編者)

市川 昌広(いちかわ　まさひろ)★
1962年生。京都大学大学院人間・環境学研究科博士課程修了。博士(人間・環境学)。高知大学農学部准教授。東南アジア島嶼部地域研究。『東南アジアの森に何が起こっているか——熱帯雨林とモンスーン林からの報告』(共編著、人文書院、2008年)、『生物多様性の未来に向けて』(大学教養課程パワーポイント教材)(共編著、昭和堂、2008年)、『森はだれのものか？——アジアの森と人の未来』(共著、昭和堂、2006年) など。

東城 文柄(とうじょう　ぶんぺい)
1973年生。京都大学大学院アジア・アフリカ地域研究研究科博士課程修了。博士(地域研究)総合地球環境学研究所プロジェクト研究員。「発展途上国における「地域住民による森林破壊」問題の再考——バングラデシュ・モドゥプール丘陵の事例研究」(『アジア経済』50巻2号, 2009年) など。

東　智美(ひがし　さとみ)
1978年生。一橋大学大学院社会学研究科博士後期課程在籍。特定非営利活動法人メコン・ウォッチ、ラオス・プログラム担当。東南アジア地域研究。「水資源管理における住民組織の役割——北タイのムアン・ファーイ・システムに関する一考察」(『タイ研究』4号, 2004年)、「政策の実施が創り出す村の土地森林問題」(『フォーラムMekong』8巻1号, 2006年)、『「はかる」ことがくらしに与える影響』(共著, メコン・ウォッチ, 2009年) など。

葉山 アツコ(はやま　あつこ)
1958年生。京都大学大学院農学研究科博士課程修了。博士(農学)。久留米大学経済学部准教授。東南アジア地域研究, 自然資源管理。『村落開発と環境保全——住民の目線で考える』(共著, 古今書店, 2008年), 『現代フィリピンを知るための61章』(共著, 明石書店, 2009年) など。

生方 史数(うぶかた　ふみかず)★
1973年生。京都大学大学院農学研究科博士課程修了。博士(農学)。岡山大学大学院環境学研究科准教授。資源経済学、ポリティカル・エコロジー、東南アジア地域研究。"Forest Sustainability and the Free Trade of Forest Products: Cases from Southeast Asia"(共著, Ecological Economics 50(1-2), 2004年)、「プランテーションと農家林業の狭間で——タイに

おけるパルプ産業のジレンマ」(『アジア研究』53巻2号，2007年)，「コモンズにおける集合行為の2つの解釈とその相互補完性」(『国際開発研究』16巻1号，2007年)など。

島上 宗子(しまがみ　もとこ)
1964年生。京都大学大学院アジア・アフリカ地域研究研究科単位取得退学。一般社団法人あいあいネット副代表理事，京都大学地域研究統合情報センター研究員。インドネシア地域研究，村落自治論。『国境を越えた村おこし——日本と東南アジアをつなぐ』(共著，ＮＴＴ出版，2007年)など。

内藤 大輔(ないとう　だいすけ)★
1978年生。京都大学大学院アジア・アフリカ地域研究研究科博士課程修了。博士(地域研究)。京都大学地域研究統合情報センター，日本学術振興会特別研究員。東南アジア地域研究，政治生態学。「森林認証制度」(『地球環境学事典』総合地球環境学研究所編，弘文堂，2010年)，「FSC森林認証制度の運用における先住民への影響——マレーシア・サバ州FSC認証林の審査結果の分析から」(『林業経済研究』56巻2号，2010年)など。

原田 一宏(はらだ　かずひろ)
1968年生。東京大学大学院農学生命科学研究科博士課程修了。博士(農学)。兵庫県立大学環境人間学部准教授。森林政策学，ポリティカル・エコロジー，インドネシア地域研究。『コモンズの社会学——森・川・海の資源共同管理を考える』(共著，新曜社，2001年)，『躍動するフィールドワーク——研究と実践をつなぐ』(共著，世界思想社，2006年)，『熱帯林の紛争管理——保護と利用の対立を超えて』(原人舎，近刊)など。

増田 和也(ますだ　かずや)
1971年生。京都大学大学院人間・環境学研究科研究指導認定退学。京都大学生存基盤科学研究ユニット研究員・東南アジア研究所特任研究員。文化人類学，東南アジア地域研究。「繰り返される焼畑，一度きりの焼畑——スマトラ・ブタランガン社会における焼畑の記憶と時間の定位」(『ビオストーリー』7巻，2007年)，『東南アジア・南アジア 開発の人類学』(共著，明石書店，2009年)，『開発の社会史——東南アジアにみるジェンダー・マイノリティ・境域の動態』(共著，風響社，2010年)など。

百村 帝彦(ひゃくむら　きみひこ)
1965年生。三重大学大学院生物資源学科学研究科博士前期課程修了。東京大学大学院農学生命科学研究科にて学位取得。博士(農学)。地球環境戦略研究機関森林保全プロジェクト研究員。森林政策学，森林社会学。『生物多様性・生態系と経済の基礎知識』(共著，中央法規，2009年)，『論集 モンスーンアジアの生態史 第1巻 生業の生態史』(共著，弘文堂，2008年)，『ラオス農山村地域研究——フィールドからの問いかけ』(共著，めこん，2008年)など。

小泉　都（こいずみ　みやこ）
1974年生。京都大学大学院アジア・アフリカ地域研究研究科単位取得退学。博士（地域研究）。総合地球環境学研究所プロジェクト研究員。文化人類学, 民族生物学。"Penan Benalui Wild-Plant Use, Classification, and Nomenclature"（百瀬邦泰と共著, *Current Anthropology* 48:454-459, 2007年）など。

服部 志帆（はっとり　しほ）
1977年生。京都大学大学院アジア・アフリカ地域研究研究科博士課程修了。博士（地域研究）。京都大学大学院理学研究科日本学術振興会特別研究員。生態人類学, 民族生物学。「狩猟採集民バカの植物名と利用法に関する知識の個人差」（『アフリカ研究』71号:21-40, 2007年）など。

この本はFSC認証紙を使用しています。
FSC認証は、原材料として使用されている木材が
適切に管理された森林に由来することを意味します。

熱帯アジアの人々と森林管理制度──現場からのガバナンス論

2010年3月20日	初版第1刷印刷
2010年3月30日	初版第1刷発行
編　者	市川昌広・生方史数・内藤大輔
発行者	渡辺博史
発行所	人文書院
	〒612-8447 京都市伏見区竹田西内畑町9
	電話 075-603-1344　振替 01000-8-1103
	http://www.jimbunshoin.co.jp/
制作協力	(株)桜風舎
装丁・デザイン	西田優子
印刷・製本	株式会社図書印刷同朋舎

落丁・乱丁は小社負担にてお取替えいたします。

© Jimbunshoin, 2010　Printed in Japan
ISBN978-4-409-24085-4　C3036

R〈日本複写権センター委託出版物〉
本書の全部または一部を無断で複写複製(コピー)することは、著作権法上の
例外を除き禁じられています。本書からの複写を希望される場合は、日本複写
権センター(03-3401-2382)にご連絡ください。

秋道智彌／市川昌広＝編
東南アジアの森に何が起こっているか
熱帯雨林とモンスーン林からの報告　　　　2500円

異なる気候条件である島嶼部のボルネオ島と大陸部のラオス・中国の事例を取りあげ、大胆な二地域間の比較を試みる。森林と森をめぐる人びとの営みを森林史的・政治生態学的に分析、地域を超えた解決の糸口をさぐる。

池谷和信＝編
熱帯アジアの森の民　　　　2400円
資源利用の環境人類学

グローバル化と環境保護の考えによって、資源として見いだされた熱帯アジアの豊かな森は、もはや住民だけのものではない。従来、自然と共生し独自の文化を形成しているとされてきた「森の民」の真の姿をとらえ、その変容と将来の展望を描く。

秋道智彌＝著
コモンズの人類学　文化・歴史・生態　2600円

中国、東南アジア、オセアニアの海と森に展開するコモンズ（共有地・共有資源）とその取得や保全にまつわる地域の文化・歴史・生態を、長年のフィールドワークをもとに分析。「自然は誰のものか」という切実な疑問を前に、地球と地域の環境問題・資源保全を考える指針。

秋道智彌／岸上伸啓編
紛争の海　水産資源管理の人類学　　3500円

南北の海の資源と漁場をめぐる繰り返される扮装と対立。先住民の知識と漁業権の問題、漁民同士の抗争、鯨をめぐる国際的な政治論争や海洋汚染……。海の紛争にモデルはない。地域から地球規模にいたる現代的な課題にメスを入れ、人類の危機に警鐘を鳴らす。

石塚道子／田沼幸子／冨山一郎＝編
ポスト・ユートピアの人類学　3600円

革命・解放・平和・文明・自由・開発・豊かさ——人類の理想郷としてのユートピアという物語が説得力を失ったあと、ユートピア的な希望を捨て去ることなく生きる人々の夢と経験、希望に、今ここで向き合うために。ユートピアの現実批判力を探る。

表示価格（税抜）は2010年3月現在